上海高校市级重点课程配套教材

智能无人系统定位导航技术

裴 凌　刘彦博　郁文贤　时良仁◎主编

封底二维码使用说明：

1. 刮开本书封底二维码涂层，扫描后下载"交我学"APP。

2. 打开APP，注册并登录，点击右上角再次扫描二维码。

3. 激活后，点击获取数字教材。

4. 本书中的彩色图片用*表示，可扫描本书封底二维码查看。

5. 本书第7章中带★的小节另附参数标定演示视频、标定结果及参数文件，
   可扫描本书封底二维码查看。

上海交通大学出版社
SHANGHAI JIAO TONG UNIVERSITY PRESS

内容提要

  本书聚焦于智能无人系统、环境感知、定位导航、路径规划、决策控制、自主移动平台设计、标定测试、仿真技术以及应用场景等前沿科技领域，以深入浅出的方式，探讨了这些领域的基础原理和实际应用。它旨在为电类学科背景的学生及对无人系统、智能感知等技术感兴趣的学习者提供知识宝库。本书可作为自动化、信息工程、电子技术、计算机、智能感知和机器人等专业的本科及研究生教材，也可作为相关行业工程师的参考读物。

图书在版编目(CIP)数据

  智能无人系统定位导航技术/裴凌等主编.—上海：
上海交通大学出版社,2024.10—ISBN 978-7-313-30639
-5

  Ⅰ.TN96

  中国国家版本馆 CIP 数据核字第 20244ZH570 号

智能无人系统定位导航技术
ZHINENG WUREN XITONG DINGWEI DAOHANG JISHU

主 编：裴 凌 刘彦博 郁文贤 时良仁	
出版发行：上海交通大学出版社	地 址：上海市番禺路 951 号
邮政编码：200030	电 话：021-64071208
印 制：苏州市古得堡数码印刷有限公司	经 销：全国新华书店
开 本：710mm×1000mm 1/16	印 张：19
字 数：326 千字	
版 次：2024 年 10 月第 1 版	印 次：2024 年 10 月第 1 次印刷
书 号：ISBN 978-7-313-30639-5	电子书号：ISBN 978-7-89424-924-1
定 价：58.00 元	

"新工科工程实践与科技 创新系列教材"编委会

本书编委会

组　　编　上海交通大学电子信息与电气工程学院教学发展与学生创新中心

主　　编　裴　凌　上海交通大学电子信息与电气工程学院
　　　　　刘彦博　上海交通大学电子信息与电气工程学院
　　　　　郁文贤　上海交通大学电子信息与电气工程学院
　　　　　时良仁　上海交通大学电子信息与电气工程学院

副主编　　项　艳　上海交通大学电子信息与电气工程学院
　　　　　李　涛　浙江工业大学信息工程学院
　　　　　陈士凯　上海思岚科技有限公司
　　　　　孙伟奇　心动互动娱乐有限公司

参　　编　许景懿　上海交通大学电子信息与电气工程学院
　　　　　孙　振　上海交通大学电子信息与电气工程学院
　　　　　刘国庆　上海交通大学电子信息与电气工程学院
　　　　　熊超然　上海交通大学电子信息与电气工程学院
　　　　　吴　奇　上海交通大学电子信息与电气工程学院
　　　　　金毅诚　上海交通大学电子信息与电气工程学院
　　　　　叶天翔　上海交通大学电子信息与电气工程学院
　　　　　庞　梁　上海思岚科技有限公司
　　　　　胡春旭　深圳地瓜机器人有限公司
　　　　　舒　杰　安谋科技(中国)有限公司
　　　　　李徵宇　上海盛子智能科技有限公司
　　　　　陈彦丞　意法半导体(中国)投资有限公司
　　　　　李乐乐　惠州市德赛西威汽车电子股份有限公司
　　　　　孙驰天　腾讯科技(北京)有限公司
　　　　　张智勇　英特尔(中国)有限公司
　　　　　李发致　上海闵行职业技术学院
　　　　　朱旺旺　李沧区诸作软件服务中心
　　　　　王加恩　上海盛心杰缘智能科技有限公司

前　言
PREFACE

随着国家科技战略布局的深入实施,我们站在了新的历史起点上,迎来了国家发展的重要时期。在这一背景下,新技术的创新应用和产业的快速增长成为推动社会进步的关键力量。特别地,人工智能的场景创新在促进技术发展和支撑经济高质量发展中扮演着至关重要的角色。

本书为"新工科工程实践与科技创新系列教材"之一,该系列教材服务于上海交通大学电子信息与电气工程学院"工程实践与科技创新"系列课程教学。"工程实践与科技创新"系列课程入选2024年度上海高校市级重点课程,该课程是基于电院优势学科、优质教师资源以及现有科创实践基础打造的一系列创新课程,旨在促进大电类学科交叉融合,培养具有广泛创新能力和实践动手能力的优秀学生。

本书聚焦于智能无人系统、环境感知、定位导航、路径规划、决策控制、自主移动平台设计、标定测试、仿真技术以及应用场景等前沿科技领域,内容涉及机器人、人工智能、传感器技术、定位导航技术和自主移动平台等领域,这些领域都是目前高校、科研院所和创新企业关注的前沿热点,是推动科研创新和教学改革的重要方向。本书讲解深入浅出,作者结合长期的科研和教学经验,在本书中介绍相关原理及基础知识的同时,融入应用场景和实践案例,旨在为电类学科背景的学生,以及对无人系统、智能感知等技术感兴趣的学习者提供知识宝库。

本书邀请了多位知名企业专家联合高校教师共同编写而成,由上海交通大学电子信息与电气工程学院裴凌、刘彦博、郁文贤、时良仁担任主编。上海交通大学电子信息与电气工程学院项艳、浙江工业大学李涛、上海思岚科技有限公司陈士凯、心动互动娱乐有限公司孙伟奇担任副主编。上海交通大学电子信息与电气工程学院许景懿、孙振、刘国庆、熊超然、吴奇、金毅诚、叶天翔,上海思岚科技有限公司庞梁,深圳地瓜机器人有限公司胡春旭,安谋科技(中国)有限公司舒杰,上海盛子智能科技有限公司李徵宇,意法半导体(中国)投资有限公司陈彦丞,惠州市德赛西威汽车电子股份有限公司李乐乐,腾讯科技(北京)有限公司孙驰天,英特尔(中国)有限公司张智勇,上海闵行职业技术学院李发致,李沧区诸作软件服务中心朱旺旺,上海盛心杰缘智能科技有限公司王加恩参加了编写。

本书获上海交通大学校级立项教材(基础与核心课程类),可作为自动化、信息工程、电子技术、计算机、智能感知和机器人等专业的本科及研究生教材,也可作为相关行业工程师的参考读物。

由于编者水平有限,本书内容的深度和广度尚存在欠缺,欢迎广大同仁、读者予以批评指正。

编 者

本书部分专业名词缩写列表

A

ACU 平台　Apollo computing unit，全球首个量产自动驾驶计算平台，由百度公司与威马公司联合开发

ASIC　application specific integrated circuit，专用集成电路

B

Bash　Bourne-again shell，是 Bourne shell 的后继兼容版本与开放源代码版本（Bourne shell：一个交换式的命令解释器和命令编程语言）

BGR　与 RGB 基本相同，除了区域顺序颠倒（蓝绿红）

BIOS　basic input output system，基本输入输出系统

BSP　board support package，板级支持包

C

CPU　central processing unit，中央处理器

Cube　机器人定位导航产品

D

DAG　database availability group，数据库可用性组

DEM　digital elevation model，数字高程模型

docker　一个开源应用容器引擎

DSM　digital surface model，数字表面模型

DTM　digital terrain model，数字地形模型

DTU　data transfer unit，数据传输单元

DWA　dynamic wavelength allocation，动态波长分配

E

ECEF　earth-centered earth-fixed，地心地固坐标系

ECU　electronic control unit，电子控制单元

EKF   extended kalman filter，扩展卡尔曼滤波器

F

FOV   field of view，视场

FPGA   field programmable gate array，现场可编程门阵列

G

GAN   generative adversarial network，生成对抗网络

Gazebo   一个开源的多机器人仿真环境

GCP   gear control pedal，变速控制踏板

GIF   graphics interchange format，图形交换格式

GND   ground，电线接地端简称

GNSS   global navigation satellite system，全球导航卫星系统

GPIO   general-purpose input/output，通用输入输出端口

GPRS   general packet radio service，通用分组无线业务

GPU   graphics processing unit，图形处理器

H

HDMI   high definition multimedia interface，高清多媒体接口

HMI   human machine interface，人机接口

HSV   hue(色相)，saturation(饱和度)，value(色明度)，是根据颜色的直观特性创建的颜色空间

I

ICP   iterative closest point，迭代最近点算法

IMU   inertial measurement unit，惯性测量单元(惯性传感器)

INS   information network system，信息网络系统

M

MCU   microcontroller unit，微控制单元

MDP   Markov decision process，马尔可夫决策过程

(华为)MDC 平台   mobile data center，移动数据中心，定位为智能驾驶的计算平台

N

NeRF 技术   neural radiance field，神经辐射场

O

OPTO   optical 的缩写，用于连接光耦合器的光学设备

OTA over-the-air technology，空中下载技术

P

PID proportional integral derivative，比例、积分、微分控制

POI point of information，信息点

PPP precise point positioning，精密单点定位

PPS pulse per second，秒脉冲

R

RGB-D RGB（红绿蓝彩色三通道）＋depth map（深度图）

RMSE root mean squared error，均方根误差

RoI region of interest，感兴趣区域（机器视觉、图像处理中需要处理的区域）

RTK real time kinematic，实时动态测量技术

S

SCube sensor cube，多传感器融合感知导航系统

SDK software development kit，软件开发工具包

SfM structure from motion，运动恢复结构

SIFT scale-invariant feature transform，尺度不变特征变换

SLAMCube 思岚科技公司推出的实现机器人定位导航的核心产品之一

SLAM simultaneous localization and mapping，同步定位与地图构建

Slamware 自主定位导航方案

SoC system on chip，系统级芯片

SPP spatial pyramid pooling，空间金字塔池化

SURF speed up robust features，加速稳健特征

syn in 同步输入

syn out 同步输出

syn synchronize sequence numbers，同步序列编号

T

TTL time to live，计算机网络中数据包在网络中存活的时间限制

U

UPD uncalibrated phase delay，硬件相位延迟

UTC coodinated universal time，协调世界时，又称为世界统一时间、世界标准时间

V

VCU vehicle control unit，整车控制器

VIO visual inertial odometry，视觉惯性里程计

VI visual identity，视觉识别系统

Y

YOLO you only look once，基于深度神经网络的目标检测算法

目　录
CONTENTS

5 无人系统的规划与控制技术

6 多传感器融合感知导航系统(SCube)

1 无人系统计算平台

1.1 ▶ 无人系统概述

　　无人系统是人工智能与实体经济结合的重要应用领域、智能社会的重要支撑、国防现代化的重要发展趋势,对经济发展、社会进步、民生改善和国家安全具有重大作用。2015 年 7 月,国务院印发《关于积极推进"互联网＋"行动的指导意见》,明确提出加快智能无人系统核心技术突破,促进智能家居、智能终端、智能汽车、机器人等领域的推广应用。2017 年 12 月,工业和信息化部印发《促进新一代人工智能产业发展三年行动计划(2018—2020 年)》,提出人工智能重点产品规模化发展,智能网联汽车技术水平大幅提升,智能服务机器人实现规模化应用,智能无人机等产品具有较强的全球竞争力。2019 年 3 月中央审议通过《关于促进人工智能和实体经济深度融合的指导意见》,指出促进人工智能和实体经济深度融合,坚持以市场需求为导向,以产业应用为目标,构建数据驱动、人机协同、跨界融合、共创分享的智能经济形态。智能无人系统是人工智能与实体经济深度融合的重要领域,从总体来看,智能无人系统作为人工智能与实体经济结合的重要应用领域,正加速成为我国的支柱型产业之一,可预期增长速度居自动驾驶产业之首,市场占比将位居装备制造业首位。

　　无人系统产业体系正在逐步形成和完善,国内无人系统的核心产业链也正在逐步形成和完善,无人驾驶汽车、无人机、机器人等规模产业加速发展,已初步形成了智能无人化升级集群、无人系统支撑的社会应用产业集群以及军用无人系统产业集群。目前无人系统基础设施包括网络、大数据、高效能计算和行业应用。目前无人系统总体上还处于发展初期阶段,发展中还会面临技术、市场、应用和政策方面的一系列挑战,亟待深入解决的是无人车、无人机、机器人等产业领域的共性关键技术的研发、测试评估与标准规范及产品性能测试服务平台等重要方面存在的问题,以促进无人系统的健康发展。

1.2 ▶ 无人系统的计算平台

1.2.1 计算平台简介

无人系统计算平台需要软、硬件协同发展促进落地应用。计算平台相当于整个系统的大脑,计算平台上搭载各种芯片处理传感器来接收和描述外界环境的信息。计算平台对数据处理有实时的要求,计算平台的性能和设计会直接影响无人系统的实时性和鲁棒性。计算平台架构如图1-1所示。

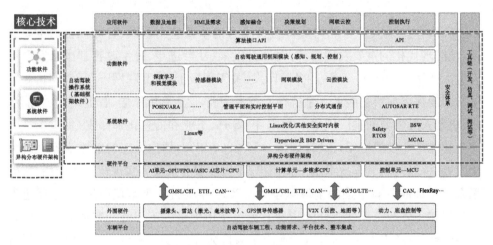

图 1-1　计算平台架构图

1. 异构

计算基础平台需要兼容多类型、多数量的传感器,并具备高安全性和高性能。现有的单一芯片无法满足诸多接口和算力要求,需要采用异构芯片的硬件方案。异构可以体现在单板卡集成多种架构芯片,例如,百度公司的 ACU 平台集成了MCU(微控制单元)、FPGA(现场可编程门阵列)、CPU(中央处理器),华为公司的 MDC 平台集成了"昇腾310"和"鲲鹏920"等芯片;异构也可以体现在功能强大的单芯片(SoC,系统级芯片)同时集成多个架构单元,如英伟达公司的 Xavier 芯片集成了 GPU(图形处理器)和 CPU 两个异构单元。

现有的计算单元采用并行计算架构 AI 芯片,并使用多核 CPU 配置 AI 芯片和进行必要处理。AI 芯片可选用 GPU、FPGA、ASIC(专用集成电路)等。当前完成硬件加速功能的芯片通常依赖内核系统(多用 Linux 系统)进行加速引擎及其他芯片资源的分配与调度。通过加速引擎来实现对多传感器数据的高效处理与融合,获取用于规划及决策的关键信息。AI 单元作为参考架构中算力需求最大的一部分,需要突破成本、功耗和性能的瓶颈以达到产业化要求。

计算单元由多个多核 CPU 组成,计算单元采用多核 CPU 芯片,单核主频高,计算能力强,满足相应功能安全要求。装载 Hypervisor、Linux 等内核系统管理软硬件资源,完成任务调度,可用于执行自动驾驶相关的大部分核心算法。同时整合多源数据完成路径规划、决策控制等功能,如英伟达公司的 Drive AGX Pegasus 平台、华为 MDC600 平台等。

控制单元加载 Classic AUTOSAR 平台基础软件。MCU 通过通信接口与 ECU 相连,满足功能安全 ASIL‐D(automotive safety integrity level D)等级要求。当前 Classic AUTOSAR 平台基础软件的产品化较为成熟,可通过预留通信接口与无人系统集成。

2. 分布弹性

目前的计算平台需要采用分布式硬件方案。自主无人系统要求计算平台具备系统冗余、平滑扩展等特点。一方面考虑异构架构和系统冗余,利用多板卡实现系统的解耦合备份,另一方面采用多板卡分布扩展的方式满足计算平台较高的算力和丰富的接口需求。整体系统在同一无人系统的统一管理适配下,协同实现无人系统的功能,通过变更硬件驱动、通信服务等进行不同芯片的适配。

1.2.2　两种计算平台的介绍

本节分别介绍基于 arm 架构的 SLAMCube 计算平台和基于 X86 架构的 S‐BOX 计算平台。

1. SLAMCube 计算平台

SLAMCube 计算平台采用模块化设计,提供适用多种室内外场景的移动机器人自主定位导航能力,并且在此基础上由集成电源进行控制管理,实现传感器信号采集管理、电机控制管理、自动/应急充电管理等一体化功能。通过适配多种类型的传感器、电机、电池等,以积木化的方式便捷搭建专属的机器人底盘系统,满足多样化需求。

SLAMCube K1M1 计算平台包含主控盒、电源管理盒、传感器采集盒、自动充电通信板、工控机盒等。外接设备包含雷达、空气开关、自动充电片(安装在底盘上,用于与充电桩对桩充电)等。SLAMCube 计算平台的连接如图 1-2 所示。

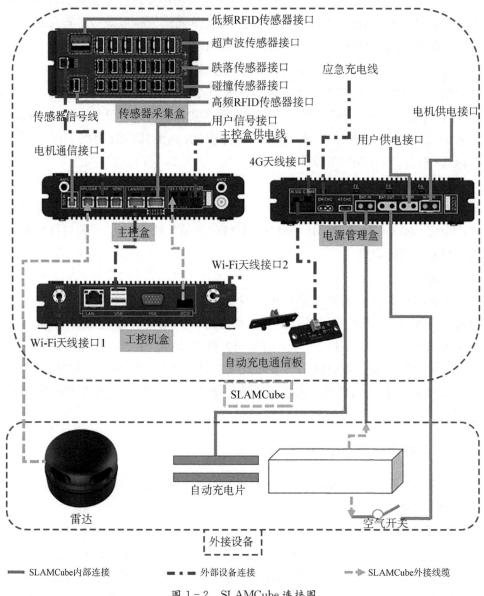

图 1-2　SLAMCube 连接图

SLAMCube 主控盒(见图 1-3)作为系统控制的核心,用于接收雷达及传感器数据,提供 SLAM 以及导航功能并输出电机运动控制,支持工控机扩展,输入电压为 24 V。

图 1-3　SLAMCube 主控盒

SLAMCube 主控盒的接口资源如表 1-1 所示。

表 1-1　SLAMCube 主控盒接口资源

编号	接口	描　　述	备　　注
1	M. SIG	电机通信接口	CAN 通信
2	雷达	RP 雷达通信接口	雷达：支持 A2/A3/S1 雷达已配有线材，线长 35 cm
3	SEN1	传感器采集盒供电通信接口_1	5 V
4	SEN2	传感器采集盒供电通信接口_2	用户可选配
5	LAN/USB	工控机通信接口	
6	U. SIG	用户信号口	
7	12 V. 1	工控机供电口	12 V×3 A
8	12 V. 2	TOF 雷达供电口	
9	C. PWR	电源管理盒通信接口	CAN 通信
10	ANT2	4G 天线	
11	A	指示灯	
12	B	指示灯	故障状态指示灯
13	C	指示灯	
14	D	指示灯	

　　SLAMCube 电源管理盒(见图 1-4)作为系统电源管理的核心,用于接收电池输入,为外部设备(主控/用户/电机)供电,并提供过流保护。支持电池自动与应急充电回路。输入电压范围为 18~28 V,输出电压 5 V 适用于自动充电通信板,输出电压 24 V 适用于主控盒供电、电机供电和用户供电。

图 1-4　SLAMCube 电源管理盒

SLAMCube 电源管理盒的接口资源如表 1-2 所示。

表 1-2　SLAMCube 电源管理盒接口资源

编号	接口	描　述	备　注
1	IR. SIG	自动充电通信板供电通信接口	5 V
2	C. PWR	主控盒供电通信接口	24 V
3	EM. CHC	应急充电接口	需要匹配充电桩
4	AT. CHC	自动充电接口	
5	BAT. IN	电池充电接口	
6	BAT. OUT	电池供电接口	
7	U. PWR	用户供电接口	24 V
8	M. PWR	电机供电接口	24 V
9	F1(竖向)	指示灯	充电保险丝状态
10	F2(竖向)	指示灯	主控盒保险丝状态
11	F3(竖向)	指示灯	用户保险丝状态
12	F4(竖向)	指示灯	电机保险丝状态
13	F1(横向)	充电保险丝	15 A
14	F2(横向)	主控盒保险丝	5 A
15	F3(横向)	用户保险丝	5 A(可定制,最高支持 10 A)
16	F4(横向)	电机保险丝	10 A

SLAMCube 计算平台基于模块化设计的思想,将无人平台的软件控制系统、

双轮差动模型的电机控制系统、常用传感器信号的采集管理系统、电源控制管理系统和自动应急充电管理系统在各模块中实现,并对外提供标准化的传感器、电源和电机控制接口,使开发者能够基于核心控制模组积木式地搭建无人系统平台,如图1-5所示。

图1-5 无人系统平台的核心控制模组示意

2. S-BOX计算平台

S-BOX计算平台是可搭载于多个载体平台的便携式多传感搭载设备。该设备可挂载于无人机、移动机器人平台,也可用作手持平台进行自身定位与周围环境建模。S-BOX计算平台自身搭载了多个传感器设备,如相机和激光雷达,本节主要采用了激光雷达和惯性测量单元(IMU)传感器。此外,S-BOX本身提供了计算平台,可在采集数据的同时完成定位和建图功能,并提供了与第三方进行信息交互的功能。本节介绍的实验将S-BOX设备搭载于不同载体平台上进行数据采集,并在其计算平台上完成定位和建图。

面向便携式的多传感器搭载平台S-BOX是一套独立、重量轻、成本低的设备,可用于实时定位与三维场景重构,集成了多个传感器及计算平台,可搭配SLAM算法实时输出环境的三维点云及设备的位置姿态数据。该平台主要分为3部分:传感器模块、微型计算机平台、控制信息及交互平台。实验平台系统架构如图1-6所示,图1-7展示了设备的整体外观以及外露设备。

表1-3和表1-4分别列出了主要硬件设备和其他配套硬件。主要硬件设备包括现搭载的几种传感器以及用于数据处理和算法运行的计算平台。

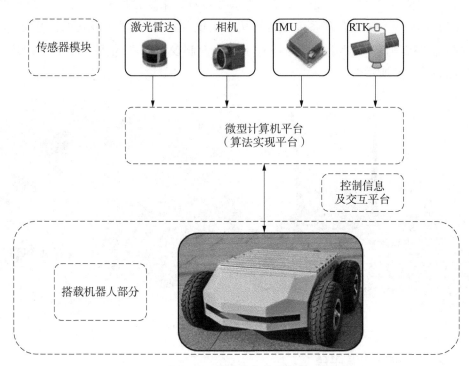

图1-6　实验平台系统架构

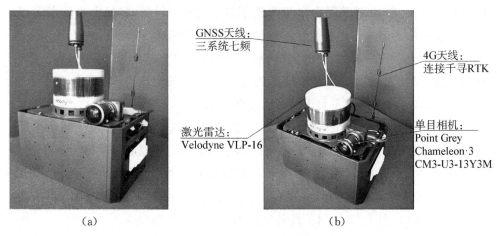

(a)　　　　　　　　　　　　　　(b)

图1-7　整体外观及外露设备

(a)整体外观；(b)外露设备

表1-3 主要硬件设备

名称	规格/型号	生产厂商	备注
激光雷达	Velodyne VLP-16	Velodyne	
单目相机	Point Grey Chameleon3, CM3-U3-13Y3M	Point Grey	
计算机	GB-BRi7H-8550, 四核 i7-8550U 2×USB3.0, 1×USB3.1, 1×USB typeC	技嘉	
计算机配套	32 G 内存: 2×16 金士顿 DDR4 1T SSD: 三星 970 EVO Plus	金士顿 三星	
惯性测量单元(IMU)	Xsens Mti-300-2A8G4	XSENS	配原装 9 针线缆
GNSS 板卡	诺瓦泰 OEM617D	北斗星通	北斗星通代理 支持双天线, 本设备中使用单天线
RTK 4G 无线通信模块	驿唐 DTU MD-649	北京驿唐	由 GPS 厂商(北斗星通)指定配套

表1-4 其他配套硬件

名称	规格/型号	生产厂商	备注
GNSS 天线	三系统七频外置手持机天线 HX-CH7630A, GPS L1/L2, GLONASS L1/L2, BDS B1/B2/B3	北斗星通	
交换机	5 口 mini 百兆网交换机	水星	用于计算机与各网口设备的连接
TTL 转 232 板		订制开发	GNSS 板卡的串口是 TTL 电平, 而 4G DTU 的串口是 232 电平, 需要此板转换
无线模块	PicoStation 2	美国 UBNT	用于设备与计算机无线连接
供电电源板		航佳	为计算机(19 V)、激光雷达(12 V)、交换机(5 V)供电

目前 S-BOX 主要搭载了 5 种传感器,包括单目立体相机、16 线三维激光雷达、工业级 IMU、RTK(real time kinematic)GNSS 板卡以及 Wi-Fi 模块,其中 Wi-Fi 模块主要用来与其他设备进行信息交互,未来也可以将其同时作为一种机会信号,用于位置识别的辅助功能。表 1-5 列出了上述 5 种传感器的特点。

表 1-5 传感器的特点

名称	特点
单目立体相机	输出 RGBD 图像,获取场景与目标图像与深度信息,语义信息丰富,受光照影响,抗干扰能力弱
16 线三维激光雷达	输出 16 线激光点云,获取场景与目标的三维点云数据,具备高精度空间信息,抗干扰能力强,但是语义信息不足
工业级 IMU	输出平台自身的三轴姿态角(或角速率)以及加速度,具有完全的自主特性,具有全天候、全时域定位导航的能力,抗干扰能力强,但是误差累积会造成精度漂移
RTK GNSS 板卡	输出平台的三维空间坐标、速度、时间等信息,具备全天候、全球范围的定位导航能力,具有信号脆弱性,在受遮挡环境和电磁干扰环境中性能快速下降
Wi-Fi 模块	输出环境中 Wi-Fi 热点的信号强度,可用于无线数据通信,同时作为一种机会信号,用于位置识别的辅助功能

S-BOX 计算平台可通过网络通信协议实现与客户端进行双向通信,用户可通过客户端对工控机(指上文的硬件平台和软件平台构成的整体)进行操作,工控机也能将信息传递给客户端,并通过客户端软件对数据做进一步的处理。

S-BOX 计算平台与客户端有两种连接方式:有线连接和无线连接。有线连接时,需要将客户端计算机的 IP 设置为工控机同一网段(192.168.1.×××),并用网线连接,如图 1-8 所示。无线连接时,可以使用任何无线设备完成客户端计算机与工控机的网络连接,具体可根据实际情况自行配置。如果工控机与客户端计算机之间有路由器设备,根据具体情况进行网络配置,只要客户端计算机可以访问到工控机的 IP 即可。

S-BOX 计算平台可用于单人手持操作,也可放置于地面车辆或挂载于空中小型飞行器,既可以用于移动机器人的定位导航,又能够在完成三维环境的建模的同时,通过自身的无限模块实时回传数据。图 1-9 所示为搭载在移动机器人平台上的室内小场景下三维环境定位与建模,通过将工控机上算法运行的结果

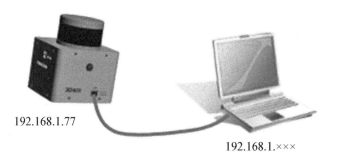

192.168.1.77

192.168.1.×××

图1-8 有线连接示意

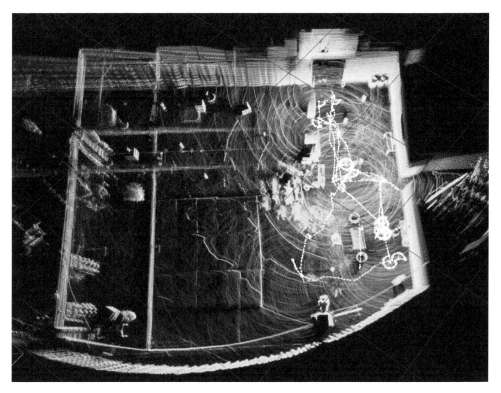

图1-9 室内小场景下三维环境定位与建模*

（机器人运动轨迹和地图点云数据）传输到客户端，通过客户端软件进行显示，其中，白色为移动机器人平台的运动轨迹。

时间同步要求多个传感器处于同一个时间源。由于本节所介绍的各个传感器都是单独采购的，导致不同硬件的时间戳定义不同，且各硬件自身时间晶振精

* 本书中的彩色图片可扫描封底二维码查看，后文中的彩色图片不再逐一说明，均用 * 表示。

度会有微小偏差,故需要从硬件和软件两方面来完成时间同步。

硬件同步方案首先要解决时间源的问题,该平台采用 GNSS 时间充当整个系统的全局时间基准源。由于各个传感器提供了接收外部脉冲触发的输入引脚功能,因而可以通过触发其他设备的脉冲输出引脚,作为当前需要校正的设备触发输入(校正内部时钟的输入引脚)来实现硬件时间的基准统一。

图 1-10 是 S-BOX 计算平台的硬件连线示意,概述如下。

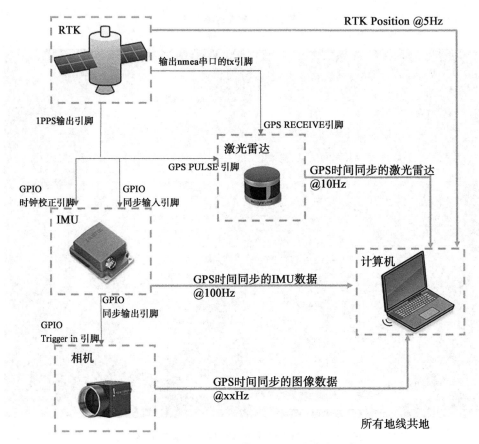

图 1-10　S-BOX 计算平台的硬件连线示意

(1) GNSS 板卡相当于整个系统的时间基准源,其 PPS 脉冲输出引脚,分别接入 IMU 和激光雷达中,用来校正其内部的硬件时钟,实现它们三者物理采集时间基准的统一。

(2) IMU 可设置频率的脉冲输出功能,将其输出脉冲接入相机的外触发引脚,这样相机和 IMU 的物理采集时间也统一了,进而整个系统的基准就统一了。

图1-11为实物连线示意,具体的传感器引脚定义可以从各器件的手册中得到。

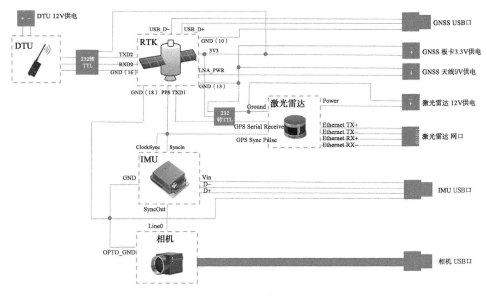

图1-11 实物连线示意

硬件同步主要解决时钟基准统一的问题,接下来还要处理软件层面如何统一的问题。这里最理想的情况是:①每个传感器都可以输出自身硬件的时间戳,则不用做任何工作,问题直接解决了,因为硬件时间源已经统一,各自输出的硬件时间可直接使用;②如果某些硬件不能输出内部时间戳,还需要通过软件控制各硬件,同时开始采集,然后根据已设定好的传感器频率,对各传感器数据计数,从而按固定计数比例进行统一。

但实际情况是,有的传感器不支持输出内部时间戳,有的传感器也无法利用软件控制何时采集,所以软件驱动的编写需要根据各个传感器输出数据的特性,具体情况具体分析。现将各个传感器输出数据特性总结如下。

1) IMU

(1) 软件输出数据中带有自身硬件的时间戳。

(2) 软件可控制同步功能的启动与停止。

(3) 硬件上可设置 IMU 的 syn out 引脚,发出任意频率的脉冲(频率上限为400 Hz,用于触发相机);IMU 的 clock in 引脚可接入 PPS 脉冲用于校正 IMU 内部时钟,同时 PPS 脉冲须接入 IMU 的 syn in 引脚,以便 IMU 知道何时发生了校正(或者说何时收到了一次 PPS 脉冲)。

(4) 输出数据中带有一切相关联的硬件脉冲信号的指示标志(上述的 syn in、syn out 发生时,IMU 输出的数据中有相关标志位可及时表示)。

2) 相机

(1) 只输出图像、无内部时间戳信息。

(2) 图像的输出完全受控于 IMU,与 IMU 脉冲输出信号是物理对齐的。

3) GNSS

(1) 获取卫星信息序列,GPS 信号有效时,卫星信息序列中包含时间戳信息,即 GPS UTC。

(2) 用软件控制 PPS 及获取卫星信息的启动与停止。

(3) 获取卫星信息序列与 PPS 脉冲输出是物理对齐的。

4) 激光雷达

(1) 输出数据中带有自身硬件的时间戳(形式不太方便使用,只包含分钟及以下单位)。

(2) 激光雷达接入 PPS 脉冲及带卫星信息的串口线后,若串口线中的卫星信息包含有效 UTC 时间(一般是 GPS 信号有效时),激光雷达可将内部硬件时间与此 UTC 时间对齐。

(3) 软件上不方便控制采集数据的启停。

(4) 激光雷达数据输出与接入的 PPS 不对齐。

表 1-6 对各个传感器的同步特点进行了总结。

表 1-6　各传感器同步特点

传感器	是否支持输出自身硬件时间戳	输出的自身硬件时间戳是否具有连续性	软件是否可以控制数据采集和脉冲功能的启动与停止	是否支持输出脉冲标志(包括自身输出的脉冲和接收到的脉冲)	数据的输出与硬件脉冲是否物理对齐
IMU	是	是	是	是	是
相机	否	—	—	否	是
GNSS	是	否	是	否	是
激光雷达	是	是	否	否	否

根据各传感器的同步特点,本节将以 IMU 驱动为软件系统的核心,其他传感器的时间戳都以 IMU 输出的时间戳为基准,主要有以下原因。

（1）IMU 可以不受外界干扰输出其内部的时间戳，而 GNSS 板卡输出的 GPS UTC 时间是由"是否到外部 GPS 信号"来决定的。换句话说，如果使用 GNSS 的 GPS UTC 时间为系统基准的话，系统在室内或室外受遮挡时就无法使用；同理，激光雷达虽然可以持续输出其内部时间戳，但其时间戳受 GNSS PPS 校正影响，受限于 GPS 信号。

（2）IMU 可以在其输出的数据中判断 PPS 何时到来以及相机硬触发脉冲到来的时刻，这就为其他传感器如何具体设置时间戳提供了依据。

1.3 ▶ 无人系统的软件平台

1.3.1 无人系统的软件架构

无人系统贯穿了线控底盘、硬件平台、软件平台、功能实现等自动驾驶汽车的开发。操作系统的引入促进了硬件和软件接口的集成，从而实现了硬件模块化，使得制造商能够通过大规模生产和专业化开发，低成本地实现产品的高性能化发展。无人系统由各种硬件组合的硬件模块组成，并且需要能够管理这些硬件的操作系统。

目前无人系统开源操作系统平台应用较多的有 AutoWare 基金会的 AutoWare、百度公司的 Apollo、英伟达公司的 NVIDIA Drive。硬件系统方面，Apollo 和 NVIDIA DriveWorks 都搭建了基于 64 位×86 指令集的 CPU 和 GPU 架构。AutoWare 主要使用英伟达公司的 AGX Xavier 或 PX2，支持 ARM 的 V8 指令集架构 CPU，也支持 64 位×86 指令集的 CPU 和 GPU 架构。EB Robinnos Predictor 适配车载嵌入式系统，支持 ARM 架构。

1. AutoWare 平台架构

AutoWare 最早由日本名古屋大学加藤伸平教授带领的研究小组于 2015 年 8 月正式发布。2015 年 12 月下旬，加藤伸平教授创立了 Tier Ⅳ，以维护 AutoWare 并将其应用于真正的自动驾驶汽车。AutoWare 是世界上第一个用于自动驾驶技术的"多合一"开源软件。AutoWare 最早集成了 ROS 系统，并且应用于自动驾驶，其系统架构如图 1-12 所示。

2. Apollo 系统架构

Apollo 是目前全球最大的自动驾驶开放平台。Apollo 已经形成自动驾驶、车路协同、智能车联三大开放平台，截至 2019 年，Apollo 拥有生态合作伙伴 177 家，包括汽车制造企业，如宝马、戴姆勒、大众、丰田、福特、中国第一汽车集团有限

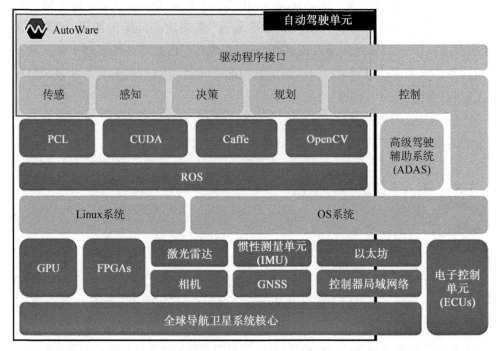

图 1-12 AutoWare 系统架构

公司(一汽)、北京汽车集团有限公司(北汽)等,一级零部件供应商,如博世、大陆、德尔福、法雷奥等,还有一些芯片公司、传感器公司等完整的产业链。截至 2019 年,百度自动驾驶获得了 T4 牌照以及 120 张载人测试牌照,测试里程超过 300 万公里。

2023 年 12 月,百度公司正式发布自动驾驶平台 Apollo 9.0 及其系统架构图(见图 1-13)。Apollo 9.0 通过引入路边对道路的驾驶支持,增强了先前 Apollo 版本中复杂的城市道路自动驾驶能力。早期 Apollo 从 1.0 到 3.0 版本,操作系统应用的是 ROS 系统。Apollo 自 5.0 版本起,提出由 CyberRT 系统替代 ROS 系统。

3. ACU - Advanced 平台架构

百度公司的 ACU 平台搭载了非常复杂的系统,为了能够发挥硬件的最大性能,同时承接不同的算法和应用的需求,百度公司针对硬件上层进行了底层软件的开发。底层软件包括运行在 MCU 和 SOC 上的 BSP 和驱动,同时分别在不同的处理器上运行不同的操作系统。通常在 SOC 上支持 Linux 或者符合功能安全需要的 QNX 操作系统。在 MCU 端通常使用 ROS 或者 AUTOSAR 类的操作系统,能够更好地完成对车相关应用的集成和开发。ACU - Advanced 软件系统架构如图 1-14 所示。

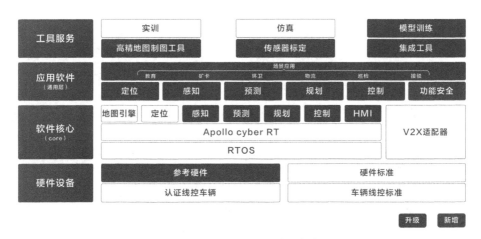

图 1-13 Apollo 9.0 系统架构

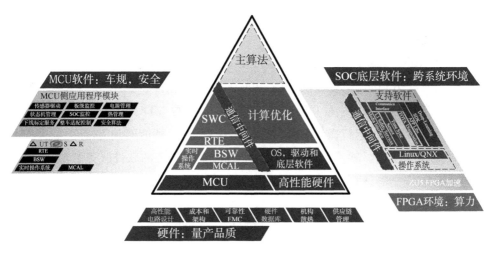

图 1-14 ACU-Advanced 软件系统架构*

4. NVIDIA Drive 平台架构

智行者计算平台中 NVIDIA Drive 属于端到端的开放式自动驾驶平台(见图 1-15),开放软件栈包含了 ASIL-D OS、深度学习、计算机视觉 SDK 到自动驾驶应用,合作伙伴能够利用英伟达平台的所有或部分特征。NVIDIA Drive 整合了深度学习、传感器融合和环绕立体视觉等技术且基于 Drive PX 打造的自动驾驶软件堆栈,可以实时理解车辆周围的情况,完成精确定位并规划安全高效的路径。

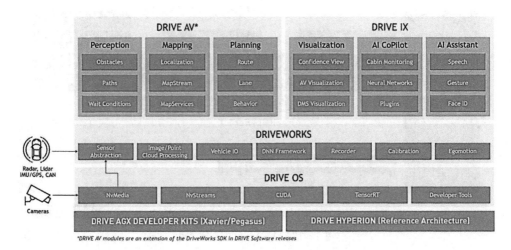

图 1-15　NVIDIA Drive 系统架构①*

5. MDC 300/F 平台架构

华为 MDC 300/F 平台软件是运行在 MDC 300/F 硬件上的平台软件,系统架构如图 1-16 所示,主要提供 MDC 300/F 的基础软件和软件平台,未来会搭载鸿蒙操作系统(Hong Meng OS)。基础软件主要负责 MDC 300/F 硬件设备的驱动和初始化,引导和运行操作系统,并提供 AI 算子库、智能驾驶支持库、软件中间件等基础支撑功能。软件平台提供与智能驾驶业务相关的软件服务和功能,包括诊断、升级、安全等。自 2018 年以来,华为公司开始大力发展自动驾驶硬件和软件系统的生态发展。

MDC 平台软件主要包括以下对外可呈现的功能组件和特性。

1) BIOS

BIOS 负责启动 MDC 系统,加载和引导操作系统,再由操作系统加载和启动应用软件。

2) 操作系统

操作系统即 OS(operating system),是管理 MDC 硬件与软件资源的系统程序,同时也是 MDC 系统的内核与基石。操作系统需要处理许多基本事务,如管理与配置内存、决定系统资源供需的优先次序、控制输入设备与输出设备、操作网络与管理文件系统等。

---

① 图片来源:https://developer.nvidia.cn/drive

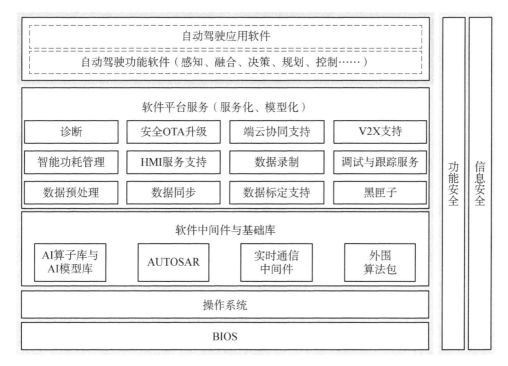

图1-16 MDC 300/F平台软件系统架构

3）软件中间件与基础库

从MDC平台客户应用的角度讲，MDC平台软件提供的软件中间件包括以下部分。

（1）AI算子库及AI模型库管理，以便支撑客户进行智能驾驶AI软件开发。

（2）AUTOSAR软件中间件，包括兼容AUTOSAR标准的CP（AUTOSAR classic platform）及AP（AUTOSAR adaptive platform）中间件，以支撑客户基于AUTOSAR标准接口进行智能驾驶应用软件的开发。

（3）实时通信中间件，智能驾驶软件对通信的实时性和确定性时延要求很高。

（4）智能驾驶外围算法包，主要为智能驾驶软件提供基本的算法库。

4）软件平台服务

从MDC平台客户应用的角度讲，MDC软件平台服务主要包括以下部分。

（1）诊断，是指在不拆卸MDC的条件下，为确定汽车智能驾驶系统技术状况或查明故障部位、原因所进行的检查、分析和判断工作。

（2）安全升级，支持 MDC 300/F 上的软件升级以及升级过程中的安全保证。

（3）端云协同支持，端云协同是指智能驾驶车辆（端）与云上服务之间的协同应用，包括应用升级、地图更新、数据采集甚至远程控制等协同功能。

（4）V2X（vehicle to everything）支持，V2X 车联网通信主要分为三大类：V2V（vehicle to vehicle）、V2I（vehicle to infrastructure）和 V2P（vehicle to pedestrian）。运输实体，如车辆、路侧基础设施和行人，可以收集处理当地环境的信息（如从其他车辆或传感器设备接收的信息），以提供更多的智能服务，如碰撞警告或自主驾驶。

（5）智能功耗管理，智能驾驶计算平台的智能功耗管理支持运行模式、待机模式、休眠模式等不同的工作模式，并支持不同工作模式之间的状态切换，从而实现对智能驾驶系统的智能功耗管理，最大限度地降低和优化功耗。

（6）HMI（human machine interface）服务支持，支持与车载信息娱乐系统进行交互，通过 HMI 接口与车载信息娱乐系统进行通信，包括智能驾驶启动、退出等命令控制及系统的状态显示等。

（7）数据录制，是智能驾驶汽车路测数据记录和获取的重要方式，智能驾驶计算平台软件支持在路测过程中对车辆周边环境及车辆本身状态和控制信息的录制和存储功能。

（8）调试与跟踪服务，MDC 平台提供调试和跟踪服务，通过 MDC Development Studio 工具，客户可以对软件进行调试与跟踪，同时 MDC 平台软件也提供日志、诊断、告警等功能，协助进行问题定位。

（9）数据预处理，智能驾驶计算平台软件提供相机图像数据的预处理，以及激光雷达、毫米波雷达、超声波传感器、IMU/GPS 等传感器数据接口抽象或者透传（透明传输）功能，也提供车辆状态数据及车控数据接口的抽象或者透传功能。

（10）传感器/车辆数据同步，MDC 300/F 平台软件提供不同传感器以及车辆数据的时间同步支持功能。

（11）传感器/车辆标定支持，智能驾驶计算平台软件提供传感器标定以及车辆参数标定支持功能。

（12）黑匣子，智能驾驶计算平台软件支持内置和外置黑匣子数据记录和查询功能。

MDC 300/F 硬件平台操作系统目前也可以搭载 ROS 系统进行开发。软硬件资源的结合使得无人驾驶技术快速发展，加速落地。从系统上来说，目前无人系统包括 4 个方面,分别为传感器、感知系统、规划系统、控制系统,其中感知系统包括了探测和定位系统。行业内已经有许多公司开始布局上述各个子系统。无人系统支持在简单的城市道路上自动驾驶的车辆,车辆能够安全地在道路上行驶,避免与障碍物碰撞,在交通信号灯处停车,并在需要时改变车道以到达目的地,系统包括 4 个部分:线控底盘、硬件平台、软件平台和功能实现。

1.3.2 无人系统的操作系统

1. ROS 系统

ROS,即机器人操作系统(robot of system),是一种开源机器人操作系统,其结构如图 1-17 所示。

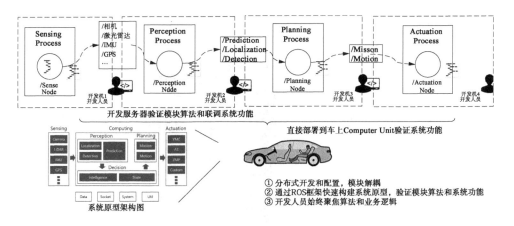

图 1-17 ROS 的结构

ROS 具有分布式进程、功能包单位管理、公共存储 API 类型以及支持多种编程语言等特点。此外,它还具有与操作系统类似的硬件抽象、底层驱动管理、消息传递等功能。更准确地讲,ROS 应当算作一种类操作系统。使用 ROS 前需要先安装诸如 Linux 版本的 Ubuntu 操作系统、Windows 操作系统或 Mac OS 操作系统,之后再安装 ROS,以便使用进程管理系统、文件系统、用户界面和程序实用程序。线控底盘中电子控制单元(ECU),通过 CAN 总线与硬件平台的工控机平台通信。在硬件平台上搭建 Ubuntu 操作系统,在 Ubuntu 操作系统上搭建 ROS,在 ROS 上可通过部署不同的感知模块来实现不同的功能。

ROS 是一种开源、灵活的编程机器人软件框架,它提供了一个硬件抽象层,开发人员可以在其中构建机器人应用程序,而不用担心底层硬件。ROS 还提供了不同的软件工具实现可视化和调试机器人数据。ROS 很早就在机器人行业得到应用，很多知名的机器人开源库，例如基于 quaternion 的坐标转换、三维点云处理驱动、规划系统方面的 MoveIt、OpenRAVE 规划库、控制系统方面的 OROCOS 实时运动控制库、视觉图像处理方面的 OpenCV 和 PCL 开源库、定位算法 SLAM 等都是基于 ROS 开发的，这其中的很多库都应用在自动驾驶领域中。

自 2018 年以来，ROS 可以支持 Ubuntu 操作系统和 Windows 操作系统，并在很多开源系统上运行，如 Android、Arch、Debian、OS X 等。同时随着近年来自动驾驶技术的快速发展，ROS 也针对 ARM 处理器编译了核心库和部分功能包，如 NVIDIA Jetson 的 Xavier 平台等。如表 1－7 所示，截至 2020 年 5 月，ROS 已经发布了很多版本。

表 1－7 ROS 的不同版本

ROS 发行版本	发布日期	海报	停止支持日期
Noetic	2020 年 5 月		2025 年 5 月
Melodic	2018 年 5 月		2023 年 5 月
Lunar	2017 年 5 月		2019 年 5 月

（续表）

ROS 发行版本	发布日期	海报	停止支持日期
Kinetic	2016 年 5 月		2021 年 4 月
Jade	2015 年 5 月		2017 年 5 月
Indigo	2015 年 7 月		2019 年 4 月
⋮	⋮	⋮	⋮
Box	2010 年 3 月		—

　　ROS 框架的核心是消息传递中间件，其中进程即使在不同机器上运行时也可以相互通信和交换数据。ROS 的消息传递可以是同步的，也可以是异步的。ROS 中的软件以包的形式组织，具有良好的模块性和可重用性，新的机器人可以直接使用功能包而不修改包内的任何代码。

　　文件系统级可以解释 ROS 文件在硬盘上的组织形式。从图 1-18 中可以看到，ROS 的文件系统级可以主要分为元包（meta packages）、包（packages）、包清单（package manifest）、消息（messages）、服务（services）、代码（code）和杂项文件（others）。

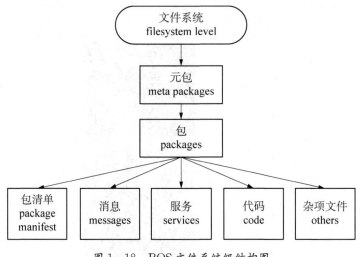

图 1-18　ROS 文件系统级结构图

（1）元包（meta packages），指将特定应用程序的包分组在一起。例如，在 ROS 中有一个称为导航的元包用于移动机器人导航，它可以保存相关包的信息，并在其安装过程中自动安装这些相关的包。

（2）包（packages），ROS 中的软件主要为 ROS 包的形式。我们可以认为 ROS 包是 ROS 的构建单元。包可以包括 ROS 节点/进程、数据集和配置文件。

（3）包清单（package manifest），每个包内都有一个名为 package.xml 的清单文件。该文件由包所需的名称、版本、作者、许可证和依赖项等信息组成。元包的 package.xml 文件由相关包的名称组成。

（4）消息（messages），ROS 通过发送 ROS 消息进行通信。这种消息数据可以在后缀为 .msg 的文件中定义，这些文件称为消息文件。我们通常遵循惯例，将消息文件保存在 our_package/msg/message_files.msg。

（5）服务（services），是计算图级中的一个概念。与 ROS 消息类似，约定是在 our_package/srv/service_files.srv 下放置服务定义。

ROS 计算图级是一种 ROS 处理数据的网络图（见图 1-19）。ROS 计算图级主要由节点、节点管理器、参数服务器、服务、功能包、消息及主题组成。

（1）节点（node）。ROS 节点只是一个使用 ROS API 进行相互通信的中间过程，也可以理解为实现运算功能的进场。机器人可以用许多节点来执行其计算。例如，自主移动机器人可以具有用于硬件接口、读取激光扫描以及定位和映射的节点。我们可以使用 ROS 客户端库创建 ROS 节点。

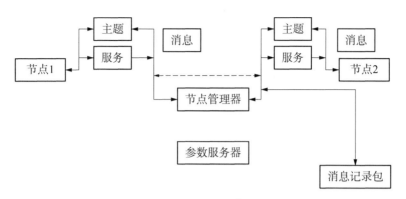

图 1-19　ROS 计算图级

（2）节点管理器（master）。节点管理器是帮助不同 ROS 节点之间建立连接的中间节点，拥有关于在 ROS 环境中运行的所有节点的所有信息细节。它能交换一个节点与另一个节点的信息，以便建立它们之间的连接。在交换信息之后，两个 ROS 节点便建立起了连接，或者我们可以将节点管理器理解为一个信息库，节点可以在节点管理器中相互查找。

（3）参数服务器（parameter server）。参数服务器是 ROS 非常重要的一个部分。节点可以在参数服务器中存储变量并设置其隐私。如果参数具有全局范围，则可以由所有其他节点访问。

（4）消息（message）。ROS 节点可以以多种方式彼此通信。节点以 ROS 消息的形式发送和接收数据。ROS 消息是 ROS 节点用来交换数据的数据结构，如图 1-20 所示。

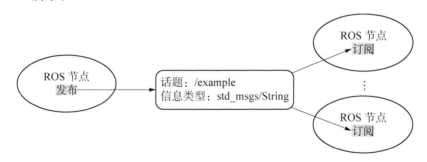

图 1-20　话题模型（发布/订阅）

（5）主题（topic）。通过主题，ROS 节点之间可以进行信息的交换。当一个节点向一个主题发布信息后，另一个节点便可以实时从该主题中订阅该信息，以此完成信息的传递与交换。通常来说，一个节点可以同时发布和接收多个主题。

节点之间的发布和订阅主题主要通过节点管理器来完成。

（6）服务（service）。服务是节点之间的另外一种沟通方式，类似于主题。节点可以通过发布和订阅主题进行沟通，换句话说，节点之间是平等的。但是如果通过服务的方式传递信息，将分成服务端和客户端。提供服务的节点为服务端，使用服务的节点为客户端。服务端会执行服务路径并将结果发送给客户端，在此之前，客户端必须一直等待结果的送达。

（7）消息记录包（bags）。在记录和回溯 ROS 主题中，包是很有用的工具。有时，可能会遇到没有实际硬件的工作情况。我们可以使用包来记录传感器数据，在其他硬件上检测数据并回溯。

无人系统中将每个传感器抽象成很多个不同的节点（node），各种传感器挂在 ROS 系统中。在系统中想要保证不同传感器与系统的通信，就要了解 ROS 节点的通信原理。ROS 中节点如何通过主题进行相互通信？图 1-21 简单说明了节点间的通信流程。

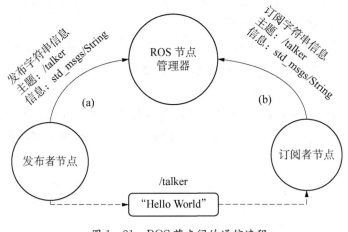

图 1-21 ROS 节点间的通信流程

如图 1-21 所示，流程中有两个节点，称为 talker（发布者）节点和 listener（订阅者）节点。talker 节点将名为 Hello World 的字符串消息发布到名为/talker 的主题中，listener 节点订阅该主题。可以观察到 talker.py 发布的消息后，listener.py 订阅 talker.py 发布的消息。

（1）在运行 ROS 中的任何节点之前，我们应该启动 ROS 主节点。启动之后，它将等待节点。当 talker 节点开始运行时，它将首先连接到 ROS 节点管理器（master），并与节点管理器交换发布主题细节，这包括主题名称、消息类型和发布节点。主节点的 URI(统一资源标识符,uniform resource identifier)是一个全局值,所有节点都可以连接到它。主服务器维护与其连接的发布服务器的表。每当发布者的详细信息更改时,表就会自动更新。

(2) 当我们启动 listener 节点时,它将连接到主节点并交换节点的详细信息,例如要订阅的主题、它的消息类型和节点 URI。主服务器还会维护订阅者表,类似于发布者。

(3) 每当存在用于相同主题的订阅者和发布者时,主节点将与订阅者交换发布者 URI。这将帮助两个节点彼此连接并交换数据。在它们彼此连接之后,主节点就不起任何作用了。数据不会经过主节点,节点是相互连接和交换消息的。

命令如下:

```
1.  $ mkdir ~ /catkin_ws/src/tutorial/src # 建立文件夹
2.  $ cd ~ /catkin_ws/src/tutorial/src    # 打开文件夹
3.  $ touch talker.py                     # 新建.py 文件
```

打开 talker. py 文件,输入如下命令:

```
1.  $ vim/vi talker.py                    # 打开 talker.py 文件
```

在新弹出的终端页面中,按下"A"键或"I"键,或者单击"insert"(插入)图标,输入如下命令:

```
1.  # ! /usr/bin/env python
2.  # 此语句确保此脚本为 py 脚本
3.
4.  import rospy
5.  # 编写 ros 节点必须导入
6.  from std_msgs.msg import String
7.  # std_msgs.msg 表明使用此标准,string 表明发布的消息类型是 string
8.
9.  def talker():
10.     pub =  rospy.Publisher('chatter', String, queue_size= 10)
11.  # 声明节点发布到 chatter 话题上的消息类型为 string
12.  # queue_size 在 hydro 版本中新增的,当订阅者接收的不如发布的快,
13.  # 最多有 10 个最新的消息预留在缓存区中
14.     rospy.init_node('talker', anonymous= True)
```

```
15.    # 定义节点的名称为 talker(不能有特殊符号), anonymous= True 表示当有节点名
         称重复时,可以在后边自动加数字区分
16.        rate =  rospy.Rate(10)
17.    #  10hz 与 rate.sleep()配合使用,表示以 10hz 的频率发布消息
18.        while not rospy.is_shutdown():
19.    # 循环:检查 rospy 没有被关闭则执行
20.            hello_str =  "hello world % s" %  rospy.get_time()
21.            rospy.loginfo(hello_str)
22.    # 三个任务:消息被打印到屏幕;它被写入 Node 的日志文件;被写入 rosout
23.            pub.publish(hello_str)                       # 发布
24.            rate.sleep()                                 # 休息睡眠
25.
26.    if __name__ = = '__main__':
27.        try:
28.            talker()
29.        except rospy.ROSInterruptException:
30.            pass
```

接着按下"ESC"键后,再次输入:wq,然后按下"Enter"键。保存后它会自动退出 vim,然后输入如下命令:

```
1.   $  chmod + x talker.py              # 使节点可执行
```

可用同样的方法建立 listener 节点,命令如下:

```
1.   $  cd ~ /catkin_ws/src/tutorial/src       # 打开文件夹
2.   $  touch listener.py                       # 新建.py 文件
```

打开 listener.py 文件,输入如下命令:

```
2.   $  vim/vi listener.py              # 打开 talker.py 文件
```

在新弹出的终端页面中,按下"A"键或"I"键或者单击"insert"(插入)图标,输入如下命令:

```
1.   # ! /usr/bin/env python
2.   # 此语句确保此脚本为 py 脚本
```

```
3.
4.   import rospy
5.   # 编写 ros 节点必须导入
6.   from std_msgs.msg import String
7.   # std_msgs.msg 表明使用此标准,,string 表明发布的消息类型是 string
8.
9.   def callback(data):
10.      rospy.loginfo(rospy.get_caller_id() +  'I heard % s', data.data)
11.   # 将订阅的消息打印到屏幕
12.   def listener():
13.
14.      rospy.init_node('listener', anonymous= True)
15.   # 定义节点的名称为 listener(不能有特殊符号),
16.   # anonymous= True 表示当有节点名称重复时,可以在后边自动加数字区分
17.      rospy.Subscriber('chatter', String, callback)
18.   # 声明节点订阅 chatter 话题上的消息类型为 string
19.      rospy.spin()
20.
21.   if __name__ = =  '__main__':
22.      listener()
```

接着按下"ESC"键后,再次输入:wq,然后按下"Enter"键。保存后它会自动退出 vim,然后输入如下命令:

```
1.  $  chmod + x listener.py            # 使节点可执行
```

打开 ～/catkin_ws/src/tutorial 文件目录,运行 talker. py,命令如下:

```
1.  $  rosrun tutorial talker.py          # 执行节点
```

运行 talker. py 后,弹出如下终端页面信息:

```
[INFO] [WallTime: 1394915011.927728] hello world 1394915011.93
[INFO] [WallTime: 1394915012.027887] hello world 1394915012.03
[INFO] [WallTime: 1394915012.127884] hello world 1394915012.13
......
```

按下快捷键"Ctrl＋Alt＋T",打开新的终端页面,在页面中输入如下命令:

```
1.  $ rosrun tutorial listener.py          # 执行节点
```

运行 listener.py 后,弹出如下终端页面信息:

```
〔INFO〕〔WallTime: 1394915043.555022〕/listener_9056_1394915043253I heard hello
world 1394915043.55
   〔INFO〕〔WallTime: 1394915043.654982〕/listener_9056_1394915043253I heard hello
world 1394915043.65
   〔INFO〕〔WallTime: 1394915043.754936〕/listener_9056_1394915043253I heard hello
world 1394915043.75

   ...
```

此时,完成了 talker.py 发布的 chatter 消息后,listener.py 订阅 talker.py 发布的 chatter 消息。

2. CyberRT 系统

百度公司在 Apollo3.0 版本之后,又提出了 CyberRT 框架系统。Cyber 的概念与 ROS 的很多概念相近:

(1)节点,类似于 ROS 节点的概念,是整个网络中最小的通信单元,可以通过 reader(读取器)和 writer(写入器)与其他节点进行通信。

(2)通道(channel),节点可以发布消息到话题,也可以订阅话题以接收消息。节点之间以数据流的形式,通过 writer 到 reader 发布订阅关系,建立 Cyber 所有通信节点的拓扑关系。

(3)消息(message),是数据的载体,用于订阅或发布到一个话题。支持 rawmessage 和 protobuf 两种消息格式,可满足不同场景的使用需求。

(4)组件(component),是一个包含完整通信节点的最小数据处理单元,一个进程内可以加载多个组件,以完成复杂的数据流式处理任务。多组通道消息可以通过简单的融合策略,根据消息到达的先后顺序等待融合。

(5)有向无环图(directed acyclic graph,DAG)配置,使节点形成有向无环图的配置文件,可以配置为单一的运行任务。

(6)launch 配置,定义模块拓扑结构的配置文件,可以通过加载多个 DAG 载入多个模块。

学习 ROS 开源系统对后续学习百度 Apollo 计算平台的 CyberRT 系统有很

大的帮助。这一节已经介绍了 ROS 的 talker. py 节点与 listener. py 节点的代码编写和调试。下面用 CyberRT 系统的 talker. py 节点和 listener. py 与 ROS 的节点做对比。

以下是百度 CyberRT 系统的 talker. py 节点代码：

```
1.  def test_talker_class():
2.      msg= ChatterBenchmak()
3.      msg.content= "py:talker:send Alex!"
4.      msg.stamp= 9999
5.      msg.seq= 0
6.      print msg
7.      test_node= Cyber.Node("node_name1")
8.      g_count= 1
9.
10.      writer= test_node.create_writer("channel/chatter",
11.                                ChatterBenchmak,10)
12.      while not cyber.is_shutdown():   # CyberRT 节点判断按键是否按下
13.          time.sleep(1)
14.          g_count= g_count+ 1
15.          msg.seq= g_count
16.          msg.content = "Hello world"
17.          print "write msg- > % s"% msg
18.          writer.write(msg)              # CyberRT 发布节点消息
19.
20. if __name__ = = '__main__':
21.      cyber.init("talker_sample")              # CyberRT 节点初始化节点
22.      test_talker_class()
23.      cyber.shutdowm()                        # CyberRT 节点结束
```

以下是百度 CyberRT 系统的 listener. py 节点代码：

```
1.  def callback(data):
2.      print "="* 80
3.      print "msg- > py:reader callback msg- >:"
4.      print data
5.      print "="* 80
6.
7.  def test_listener_class():
```

```
8.     print "="* 120
9.     test_node= cyber.Node("listener")
10.    test_node.create_reader ("channel/chatter",
11.                             ChatterBenchmark.callback)
12.                                ♯CyberRT 订阅节点消息
13.    test_node.spin()
14.
15. if __name__ = = '__main__':
16.    cyber.init()                 ♯CyberRT 节点初始化节点
17.    test_listener_class()
18.    cyber.shutdowm()             ♯CyberRT 节点结束
```

表 1-8 列出了百度 Apollo 计算平台的 CyberRT 系统和 ROS 系统的对比，从表中可以看出两者的区别与联系。

表 1-8　CyberRT 系统与 ROS 系统的对比

CyberRT	ROS	注　　释
channel	topic	channel 用于管理数据通道，用户可以通过 publish/subscribe 相同的 channel 实现通信
node	node	每一个模块包含 node 并通过 node 实现通信。一个模块通过定义 read/write 和 service/client，使用不同的通信模式
reader/writer	publish/subscribe	订阅者模式，向 channel 读写消息的类，通常作为 node 主要的消息传输接口
service/client	service/client	请求/响应模式，支持节点间双向通信
message	message	CyberRT 中应用于模块间通信的数据单元，其实现基于 protobuf
parameter	parameter	parameter 服务提供全局参数访问接口，该服务基于 service/client 模式
record file	bag file	用于记录从 channel 发送或接收的消息，能够重新回放之前的操作行为
launch file	launch file	提供一种启动模块的便利途径，通过在 launch file 中定义一个或多个 dag 文件，可以同时启动多个 modules
component	—	组件之间通过 CyberRT channel 通信
task	—	用于异步计算任务的分配

（续表）

CyberRT	ROS	注　　释
croutine	—	协程,优化线程使用于系统资源分配
scheduler	—	任务调度器,用户空间
dag file	—	定义模块拓扑结构的配置文件

本章小结

　　本章主要介绍了无人系统的基础知识、无人系统的计算平台和软件平台。无人系统的计算平台部分主要对 SLAMCube 计算平台和 S-BOX 平台进行介绍；无人系统的软件平台主要介绍了 AutoWare 平台架构、百度 Apollo 计算平台架构、ACU-Advanced 平台架构、NVIDIA Drive 平台架构、MDC 300/F 平台架构,以及开源 ROS 和 CyberRT 系统的调试过程。

2 自主移动平台

2.1 ▶ 基于 SLAMCube 的移动平台方案设计

2.1.1 系统框架

基于 SLAMCube 的整机系统由 SLAMWare、传感器、结构框架、电源组成，如图 2-1 所示。

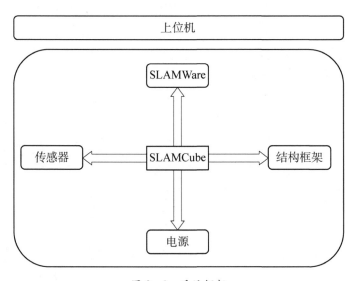

图 2-1 系统框架

1. 运动模型和轮组布局

运动模型和轮组布局方案如表 2-1 所示。

表 2-1　运动模型和轮组布局

项目	参数和设计	常用方式	备注
运动模型	原点、中心点重合	驱动轮中置,旋转半径小	运动模型与机器人算法控制紧密联系,根据场景的需求可以选择合适的运动模型
	原点、中心点偏心	驱动轮偏置,旋转半径大	
	原点、全向轮	三轮或四轮驱动、旋转半径小	
轮组布局	中置中驱	前进、后退、原地旋转	—
	前置前驱/后置后驱	前进、后退、大转弯半径	
	四轮差速驱动	前进、后退、大转弯半径	
	全向轮驱动	360°方向前进、后退、原地旋转	

其中,SLAMWare 支持的轮组布局方案如图 2-2 所示,扩展轮组布局方案如图 2-3 所示。

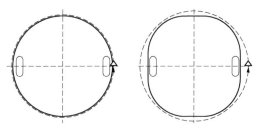

图 2-2　SLAMWare 支持的轮组布局方案

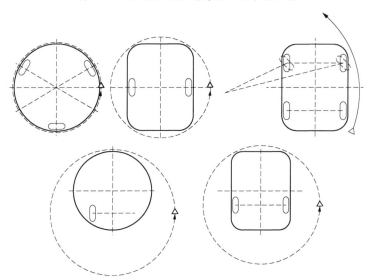

图 2-3　SLAMWare 扩展轮组布局方案

运动系统结构布局框架如图 2-4 所示,其基础部件为轮组、电池和(部分避障)传感器。此外,常用的运动系统布局示例分别如图 2-5 和图 2-6 所示。

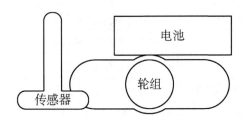

图 2-4 运动系统结构布局框架

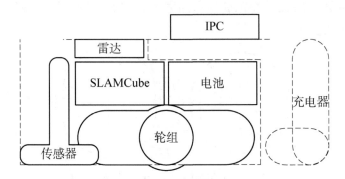

图 2-5 常用的运动系统布局示例 1

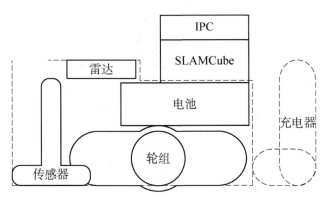

图 2-6 常用的运动系统布局示例 2

2. 典型设计堆叠方案

图 2-7 展示了一些典型设计的堆叠方式。

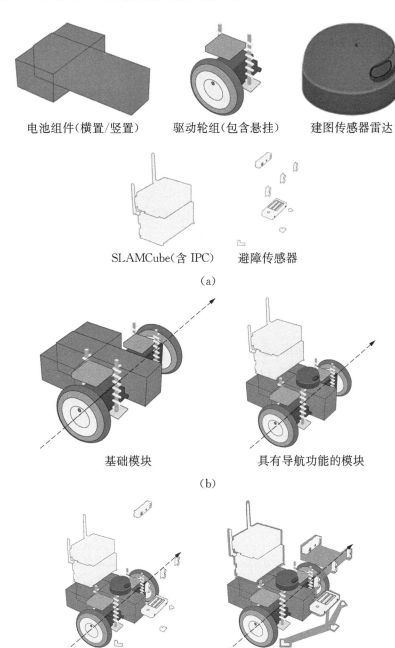

电池组件(横置/竖置)　　驱动轮组(包含悬挂)　　建图传感器雷达

SLAMCube(含 IPC)　　避障传感器

(a)

基础模块　　　　具有导航功能的模块

(b)

具有导航、避障功能的模块　　功能模块示意

(c)

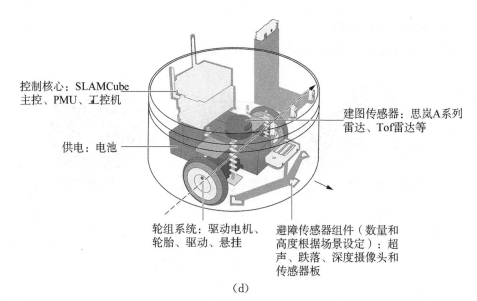

控制核心：SLAMCube
主控、PMU、工控机

建图传感器：思岚A系列
雷达、Tof雷达等

供电：电池

轮组系统：驱动电机、
轮胎、驱动、悬挂

避障传感器组件（数量和
高度根据场景设定）：超
声、跌落、深度摄像头和
传感器板

(d)

图 2-7　典型设计堆叠方案示例

2.1.2　结构设计

1. 建图传感器

根据场景的特点与面积，选择合适的建图传感器，搭载思岚定制的场景化软件，使用户对使用场景概况有初步的认识，指导用户进一步设计选型和整机设计，如表 2-2 所示。

表 2-2　建图传感器的选择

场景	建图面积/m²	建图传感器	场景特点	导航软件
家用	100～500	A1M8、A2M6	面积小、障碍物多	SLAMWare
便利店	500～1 000	A2M6、A3M1	有货架、有人流周期性、布局规则	SLAMWare
超市/卖场	1 000～5 000	A3M1、S1	有货架、有人流周期性、布局规则、周期性调整布局	SLAMWare
商用场所：办公楼、酒店等	>5 000	S1、T1	布局规则、有人流周期性、有长走廊	SLAMWare
工业场所	>10 000	T1	有大型设备和机械，有大量的人员和物料流动	SLAMWare

表 2-3 所示为一些常用的建图传感器。

表2-3 常用的建图传感器

型号	扫描范围/°	测量距离/m	尺寸/(mm×mm)或(mm×mm×mm)	偏角(俯仰角)/°
A2M6	360	0.2～8	Φ76×41	±1.5
A3M1	360	0.2～25	Φ76×41	±1.5
S1	270	0.3～40	55.5×55.5×51	±1.5
T1	270	0.05～40	60×73×85	±1.5
sick	270	30	71×60×85.75	±3

图2-8所示为RPLiDAR A系列传感器的安装要求,该系列传感器的参数如表2-4所示。

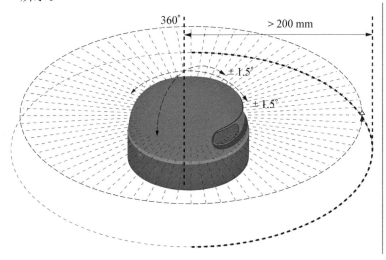

图2-8 RPLiDAR A系列传感器的安装要求

表2-4 RPLiDAR A系列传感器的参数

项目	参数和说明	常用方式	图示
扫描角度	正常使用360°扫描范围,最低不小于270°扫描范围	雷达层360°无遮挡,至少保证270°无遮挡	
设计要求	雷达设计要求: 雷达放置高度可根据用户设计而定。 ① 扫描层高度不低于规格书光学窗口尺寸(以激光发射器为中心保证上下10 mm空间无遮挡),	雷达激光器中心距离地面高度为180～250 mm,可直接使用思岚标准充电桩	

（续表）

项目	参数和说明	常用方式	图示
	保持扫描层除支撑柱外无遮挡； ② A系统激光雷达中心距离外边缘不低于200 mm； ③ 雷达组装时须可调平，调平范围<1.5°		
	机体设计要求： ① 扫描层支撑柱可位于雷达层机体范围内； ② 支撑柱/件需要喷涂或者氧化黑色亚光； ③ 支撑柱数量根据用户设计而定	雷达层使用3～4根圆形或者方形铝型材支撑，型材截面尺寸不超过20 mm×20 mm，型材表面氧化黑色	
调平测试	调节方向：左右、前后 设计方案：垫片、装配误差 测试方法：雷达安装在完整轮组的底盘上，将机器置于大理石地面，旋转1周，观测激光点在放置于18 cm处的挡板上的位置是否在参数范围内	思岚提供测试用例	

图2-9展示了TOF系列传感器的安装要求，该系列传感器的参数如表2-5所示。

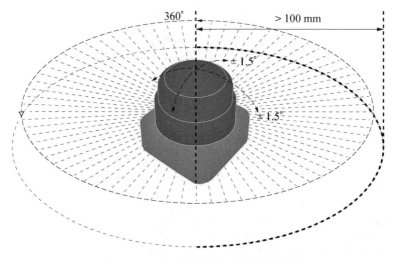

图2-9　TOF系列传感器的安装要求

表 2-5　TOF 系列传感器的参数

项目	参数和说明	常用方式	图示
扫描角度	正常使用 270°~360°扫描范围	雷达层 360°无遮挡；至少保证 270°无遮挡	
设计要求	雷达设计要求： ① 高度可根据用户设计而定； ② 扫描层高度不低于规格书光学窗口尺寸(以光学窗口为中心保证上下 20 mm 空间无遮挡)，保持扫描层除支撑柱外无遮挡； ③ S1 雷达中心距离外边缘不低于 100 mm； ④ 雷达组装时须可调平，调平范围<1.5°	雷达视窗中心距离地面高度为 180~250 mm，可直接使用思岚标准充电桩	
	机体设计要求： ① 扫描层支撑柱位于雷达层机体范围内； ② 支撑柱/件需要喷涂或者氧化黑色亚光； ③ 支撑柱数量根据用户设计而定	雷达层使用 3~4 根圆形或者方形铝型材支撑，型材截面尺寸不超过 20 mm×20 mm，型材表面氧化黑色	
调平测试	调节方向：左右、前后 设计方案：垫片、装配误差 测试方法：雷达安装在完整轮组的底盘上，将机器置于大理石地面，旋转 1 周，观测激光点在放置于 20 m 处的挡板上的位置是否在参数范围内	思岚提供测试用例	

2. 驱动轮、电机和载重

驱动轮组包括电机、驱动器和悬挂系统。其中，电机额定供电电压为 24 V，整机供电功率为 240 W，电机部分限流为 2 A，单个驱动轮提供的功率为 48 W 左右。驱动轮及其相关参数如图 2-10 所示。

万向轮(SLAMCube 系统)/in	水平越障/mm	垂直越障/mm
2~2.5	20	15
3	35	15~20
3.5~4	50	25~30

图 2-10　驱动轮及其相关参数

驱动轮组的设计如表 2-6 所示。

表 2-6 驱动轮组的设计

项目	参数和设计	常用方式	图示
电机/轮组	电机中置；驱动轴固定处做软胶套缓冲消除异响和震动；电机固定保证同心度；前后万向轮支撑	6.5 in 轮毂电机中置，前后各两个最小 2 in 万向轮；根据底盘大小和越障要求万向轮尺寸可更换(2.5 in、3 in、3.5 in、4 in)	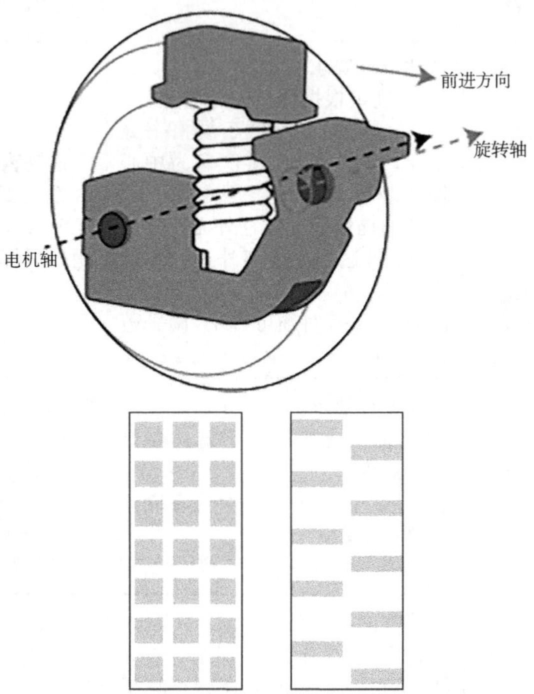
悬挂系统	推荐横向拖曳式悬挂。注意事项：相对运动固定件之间使用塑料件隔片减少金属件之间的摩擦产生的异响	旋转轴和固定轴处做软胶隔离或者塑料隔片隔离	
轮胎	轮胎选用耐磨橡胶；轮胎表面设计做防打滑纹理	网格纹或者横条纹	

不同电机类型的理论计算和实际测试分别如表 2-7、表 2-8 所示。

表 2-7 不同电机类型的理论计算

电机类型	机型	运行速度(速度与载重反比)/(m/s)	整机重量/kg
GGM，30 W、24 V	ZEUS、Apollo	0.7(0.5)	≤107
安普思轮毂电机，250 W、24 V	Apollo	0.7(0.5)	≤892
电机限流 2 A、24 V，单轮功率 48 W	SLAMCube	0.7(0.5)	——

表 2-8 不同电机类型的实际测试

电机类型(24 V 限流 2 A)	机型	运行速度(速度与载重反比)/(m/s)	整机重量/kg
GGM，30 W	ZEUS	0.5	载重>50 整机>100

（续表）

电机类型 （24 V 限流 2 A）	机型	运行速度（速度与 载重反比）/(m/s)	整机重量/kg
中菱轮毂电机，150～350 W（最多 用 48 W×2）	Apollo	0.5	整机 35 载重＞50 单侧载重 35 kg 电机报警
安普思轮毂电机 250 W（最多用 36 W×2）	Apollo	0.5	——

3. 避障传感器

接下来从磁跌落、TOF 跌落、深度摄像头、超声、倒车雷达、RFID 等多个项目介绍避障传感器的相关参数和设计，如表 2 - 9 所示。

表 2 - 9　避障传感器的相关参数设计

项目	参数和设计	常用方式	图示
磁跌落	① 磁传感器距离地面小于 35 mm； ② 向地面方向无金属等隔磁材料阻挡； ③ 不能直接裸露机体外； ④ 水平放置无倾斜； ⑤ 碰条安装须外露、稳定牢靠	正前方均布 3 组，每组相隔 60°，正前方一个	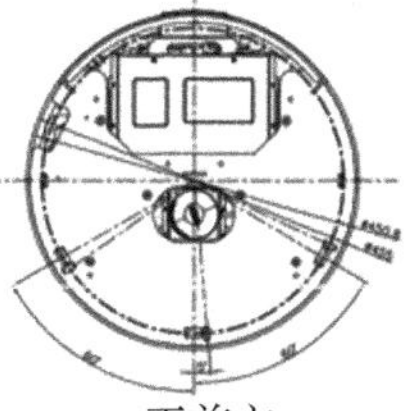 正前方 IUF 磁传感器
TOF 跌落	① TOF 跌落距离地面不小于 45 mm； ② 向地面方向红外发射与接收无遮挡； ③ 水平放置无倾斜； ④ 根据不同的电机选型，距离万向轮有安全距离设置	TOF 与万向轮中心安全距离： GGM＞64 mm 中菱＞57 mm 安普思＞26 mm	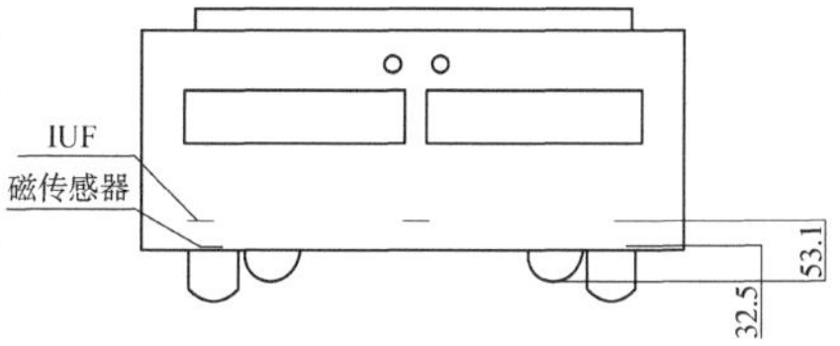
深度摄像头	参照厂家规格书建议； 位置安装方式依据环境的建议； 场景下算法已配置的高度要求	① 根据应用场景、障碍物形式和机器大小等调整 $d_1/d_2/\beta$ 等参数； ② 摄像头前方加遮挡镜片	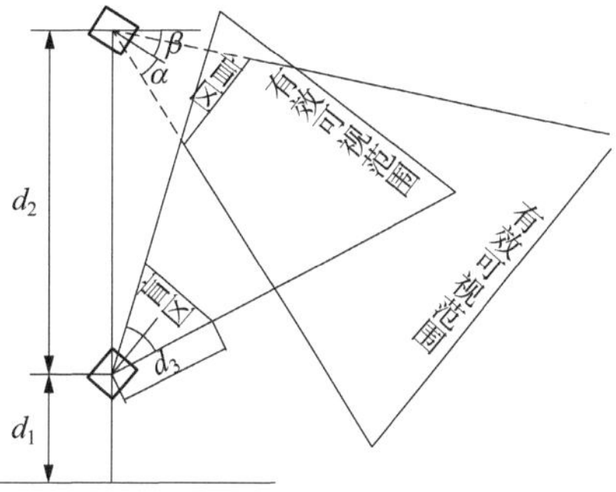 双/多深度摄像头

(续表)

项目	参数和设计	常用方式	图示
超声	设计要求: ① 发射头与壳体有充足间隙无碰触; ② 网罩孔径、孔距、距离超声头有一定距离 注意事项: 需要通过玻璃检测、窄道、低矮障碍物测试用例	正前方有 6 个超声波,夹角 20°,离地高度 150 mm	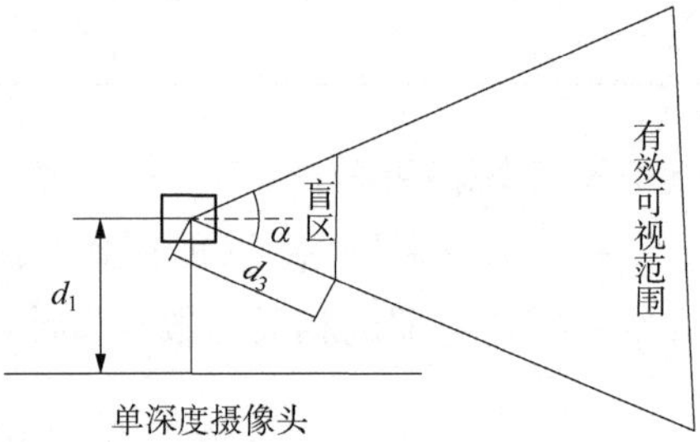
倒车雷达	器件前方无遮挡	① 外露壳体; ② 前方均布 3 个倒车雷达,夹角 60°	
RFID	高频识别标签:增加保护层设计		

4. 天线

天线的设计要求如表 2-10 所示。

表 2-10　天线的设计要求

项目	参数和设计	常用方式	图示
安装位置	① 4G 天线; ② Wi-Fi 天线	待测试结果	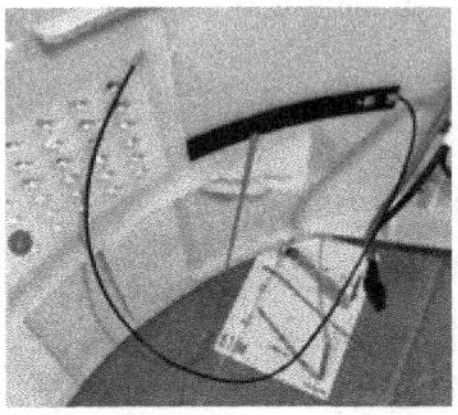 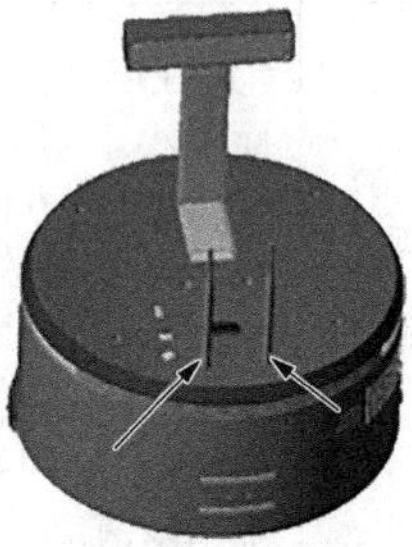
设计要求	① 天线须避开金属遮蔽的区域; ② 尽量外露壳体		

5. 电池和重心

电池放置在平台底部,整机设计重心居中,且重心高度不超过整机高度的 1/2,如图 2-11 所示。

6. 自动充电

自动充电的设计要求如表 2-11 所示。

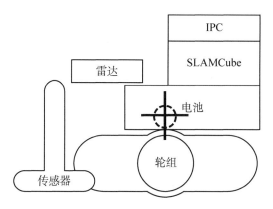

图 2-11 重心设计示意

表 2-11 自动充电的设计要求

项目	参数和设计	常用方式	图示
安装位置	① 一般安装在机器人后部或者下方； ② 接触式导电充电	① 图示安装位置使用思岚标准充电桩C1M1，设计参数参考思岚充电桩模型； ② 红外对桩参考模型（方形，图形）； ③ 考虑机器整体的旋转半径，外壳在选装过程中与充电桩无干涉	正确：充电片位于最大旋转半径外
设计要求	充电片工艺： ① 铝镀镍； ② 充电片安装支架需要 V0 级防火材料； ③ 红外对桩方案设计参考； ④ 后方充电片：需要突出机体最大的旋转半径		错误：充电片位于最大旋转半径内

7. 整机包材

整机包材的设计要求如表 2-12 所示。

表 2-12 整机包材的设计要求

项目	参数和设计	常用方式
包材材料	瓦楞纸箱、发泡聚乙烯、木托	内部发泡聚乙烯使机体固定限位、缓冲、5层瓦楞纸外包箱、底部木托承重
测试标准	跌落测试条件：6面，3边，1角，依据包装的重量适合做310 mm 的高度自由跌落。 振动测试条件：按照固定位移振动实验，振动台转速 240 rad/s，频率 4 Hz，测试时间 60 min	

8. 整机测试

整机测试的设计要求如表 2 - 13 所示。

表 2 - 13　整机测试的设计要求

项目	参数和设计	常用方式
基础参数	设计参数是否达标	参考"思岚底盘产品评估体系表"
运动性能	底盘运动性能是否达标	
可靠性	底盘可靠性测试	

2.2 ▶ 思岚机器人平台

2.2.1　雅典娜 Athena 2.0 PRO MAX 通用机器人平台

Athena 2.0 PRO MAX 是一款由 SLAMtec 研发的小型可扩展、低成本机器人平台,可满足小型机器人应用开发的需求,如智能巡检机器人、货柜运送机器人、餐厅送餐机器人等。该平台内置思岚最新升级版的高性能 SLAMCube2 自主导航定位系统,使其具备路径规划与定位导航功能,从而能搭载不同应用在各种商用环境中工作。

1. 基本功能与特点

1)小巧玲珑,运动灵活

体积小,运动灵活,能满足小场景灵活运动和免部署的需求,能轻松通过狭小的窄道、能轻松越过坡道,过坎时具有较高的稳定性。

2)多楼层配送 ,轻部署

Athena 2.0 PRO MAX 能搭载思岚最新升级的智能梯控 4.0,能适应不同品牌的电梯部署,结合 Robostudio 2.0 软件,真正做到轻部署、快速使用。

最新版智能梯控 4.0 真正解决了在狂风暴雨恶劣天气和高层楼气压通信不定时的痛点难题,能够提供对电梯状态的精准检测,程序控制呼梯、控梯。结合酒店、餐饮机器人和助力机器人的自主乘梯、出梯,为机器人的多楼层运行场景提供了可行且可靠的解决方案。

3）自主建图定位与导航

Athena 2.0 PRO MAX 内置思岚最新升级版的 SLAMCube2 自主导航定位系统,稳定性更强,能容纳更多的接口,由 3 盒变 1 盒的结构设计,节约了更多底盘空间,其具备的路径规划、自主建图与定位导航功能真正解决了机器人设计中"我在哪里?""我要去哪里?"以及"我该如何去?"这三大问题。机器人在工作过程中无须人为协助,能根据需要自动寻找路径,自动定位,实现自主移动。此外,它还支持多路线巡逻模式。

4）接口丰富,扩展性强

该平台拥有完全开放的软硬件平台并提供外扩硬件支持,接口丰富,打破开发平台和编程语言的限制,适合所有类型的上位机,可通过 SLAMWare SDK 进行业务逻辑应用开发。

5）360°防护和智能避障

Athena 2.0 PRO MAX 采用双深度摄像头、碰撞传感器、激光雷达等多传感器融合的方式,能快速准确地识别周边动态、静态交互环境,实现智能避障,极大地降低安全事故发生的概率。同时支持防跌、防撞保护以及紧急制动功能,使得配送过程可以做到 360°防护,安全行走。

6）自动返回充电

Athena 2.0 PRO MAX 使用时保证充足的电量以顺利完成指派任务。当电池电量低于设定阈值时,会自动返回充电装置充电。

特别说明:底盘单独运行时,自动回充功能无法触发,需要开启配送或消毒插件才能使用。定制机型和搭配整机使用则有自动回充功能。

7）多机调度与协同

在大型酒店、写字楼、商场等场景中,多台机器相遇会根据任务优先级进行避让,多台机器协同共同完成任务,更进一步地提高了配送和引领效率。

Athena 2.0 PRO MAX 支持局域网协同作业、云平台管理协同作业,可以根据环境动态调整机身速度和配送路径,实现高效、安全、可靠的多点配送。

2. 结构特点

Athena 2.0 PRO MAX 的外观如图 2 - 12 所示,具体的参数如表 2 - 14 所示。

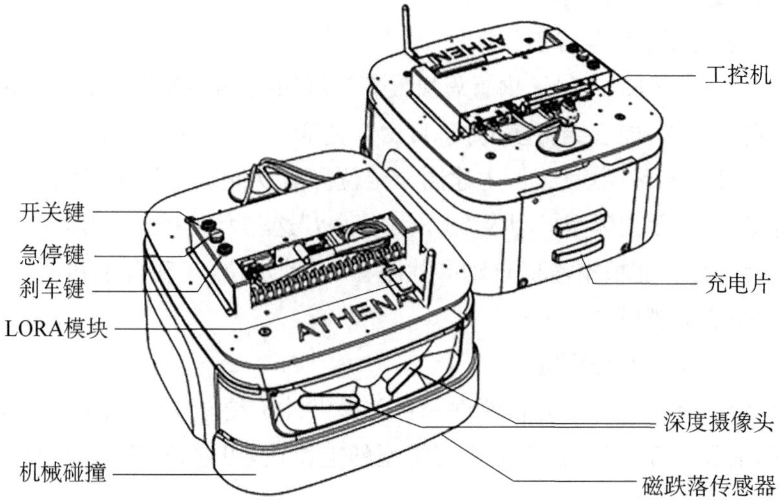

图 2-12　Athena 2.0 PRO MAX 外观

表 2-14　Athena 2.0 PRO MAX 参数

机器名			Athena 2.0 PRO MAX 底盘
核心功能			SLAMWare™ 定位导航
质量与体积		长度×宽度	428 mm×460 mm
		高度	232 mm(不含中控)
		雷达中心层高度	211 mm
		最小离地间隙	28 mm
		净重	22 kg
		额定负重	40 kg
传感器性能参数	激光雷达传感器	型号	RPLiDAR S2(DTOF 原理)
		测距精度	全量程±30 mm
		最大扫描半径	0.05～30 m(90%反射率,白色物体) 0.05～10 m(10%反射率,黑色物体)
	深度摄像头传感器	数量	标准 2 个
		探测距离	0.3～2 m(随照明条件而变化)
		视场(FOV)	H:147°±3°, V:51°±3°
	物理磁传感器	数量	2 个
		最大探测距离	3.5 cm

（续表）

传感器性能参数	物理碰撞传感器	数量	2 个
		触发方式	物理碰撞
		触发距离	0.3～0.5 cm
		触发力值	8 N
建图性能		地图分辨率	5 cm
		单次最大建图面积	300 m×300 m(5 cm 地图分辨率)
		最大运行面积	100 000 m²
运动参数		最大行走速度	1.2 m/s
		默认行走速度	0.7 m/s
		建图模式最大行走速度	0.6 m/s
		最大跨越坡度	10° 坡道:底盘最大坡角度 10°
			坡度为 18％坡道
			整机质心高度 180 mm 以内安全坡道 10°以内
			坡度 100％是指 45°坡道,100 m 的长度高度差是 100 m
		垂直过坎高度	2 cm
		水平过坎宽度	4 cm
		最小通过窄道距离	55 cm
运动参数		到点精度（AVG）	±4 cm
		到点精度（MAX）	±8 cm
		最小到点角度	±3.0°
		多机避障	最大支持 3 台机器人同场景使用
			LORA 模块(标配)
电机		轮对	2 个 6.5 in 轮毂电机4 个 2.5 in 万向轮
用户接口	硬件接口	电源接口	DC 24 V　10 A
		HDMI	HDMI×1
		开关	刹车释放×1,急停(I/O)×1,电源开关×1

（续表）

用户接口	硬件接口	音频	3.5 mm 耳麦插座×1
			LINE_MIC 音频插针（与耳麦插座 Co-lay）×1
			双声道 5 W/8 Ω 功放喇叭插针×1
	网络接口	以太坊	RJ45 千兆网口×1
		Wi-Fi 频段	2.4 GHz
	软件接口	SLAMWare™	HTTP 协议接口，可支持不同开发语言和开发平台，如 Windows、IOS、Android、Linux 系统等
网络		Wi-Fi	无须验证的网络环境
		4G	国内外运营商 4G 卡（根据需求付费定制）
电池及续航能力		容量规格	18 AH 18650 三元锂电芯（标配）
		静止状态	＞19 h（空载，常温环境）
		空载运行时间	＞10 h（空载，常温环境）
		满载续航时间	8 h（40 kg，常温环境）
		充电时间	4～5 h（标准充电桩）
		电池寿命	800 次充放电循环下降到初始容量的 60%
功耗		待机功耗	17 W（空载）
		满负重额定功耗（额定负重 40 kg）	40 W（运动）
		外接负载最大功耗	240 W

3. 开发方式

Athena 2.0 底盘的 Agent SDK 是基于 C++语言开发的，以降低用户接入成本并提升 SDK 的健壮性为主，同时兼容性强，支持 Java、C++、C、Kotlin 等多种语言。以下将详细介绍基于 Athena 2.0 底盘的 Agent SDK 调用的相关示例及使用指南。

1）系统间调用框架

Robot App 通过通信对机器人定位、移动、回桩进行控制。同时，Robot App 根据各种业务场景向机器人发送指令，Robot Agent 将为 Robot App 提供数据接口、任务操作接口、业务服务，如图 2 - 13 所示。

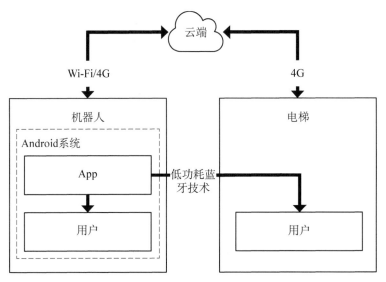

图 2-13　Athena 2.0 各系统间的通信

2）各系统的功能说明

（1）Robot Agent。Robot Agent 为运行在 Athena 2.0 底盘上的一个服务程序，云端、梯控端均通过其与梯控设备通信。在 Robot 系统内部，Robot Agent 向上与 Robot App 进行通信，接收来自 Robot App 的指令，对 Robot 进行控制、发送 Robot 状态。

Robot Agent 核心功能为向上与 Robot Cloud、Robot App 进行通信，上报机器人状态、接收控制指令。

（2）Elevator Agent。Elevator Agent 为运行在梯控主控盒 Linux 系统上的一个服务程序，云端、机器人端均通过其与梯控设备通信。在梯控系统内部，Elevator Agent 向下与 Elevator Controller 通过 UDP 进行通信，发送控梯指令、获取电梯状态。

Elevator Agent 的核心功能为向上与 Robot Cloud、Robot App 进行通信，上报电梯状态、接收控梯指令；向下与 Elevator Controller 通信，获取电梯状态、下发控梯指令。

（3）Robot Cloud。Robot Cloud 是一组为了实现机器人远程管理、调度、控制而提供的服务，运行在云端，一头与机器人通信，另一头与梯控设备通信，因此梯控是其中的一部分功能。Robot Cloud 通过 MQTT 协议与运行在梯控主控盒上的 Elevator Agent 进行通信。

　　Robot Cloud 的核心功能包含下发指令，控制电梯到达指定的楼层；下发指令，控制电梯开门；下发指令，控制电梯关门；获取电梯上下行状态；获取电梯当前所在楼层。

　　3) 程序示例

　　以下是 Robot App 调用 Robot Agent 接口查询电池状态示例 GET http://127. 0. 0. 1：1448/api/core/system/v1/power/status，返回的数据格式为 application/json，程序如下：

```
interface AgentApi {
/* *
 * get 方式调用 value:接口地址
 * PowerStatus：接口返回 json 格式对应的 bean 格式的 date class 的值
 * /
 @ GET{"/core/system/v1/power/status"}
 fun queryPowerStatus():Call< PowerStatus>
}
/* *
 * batteryPercentage：90 电池电量百分比,0~100
 * dockingStatus：对桩状态
 * isCharging：是否正在充电...
 * /
data class PowerStatus(
        val batteryPercentage:Int, val dockingStatus:String, val isCharging:Boolean,
        val isDCConnected:Boolean, val powerStage:string, val sleepMode:String
)
/* *
 * retrofit 接口代理类
 * /
object AgentServiceCreator {
    fun < T>  create(serviceClass:Class< T> , timeout:Long):T =
            Retrofit.Builder().baseUlr("http://127.0.0.1:1448/api/")
                            .addConverterFactory（GsonConverterFactory. create
                            ()).client(
                                    OkHttpClient. Builder（）. retry0nConnection-
                                    Failure(true)
                                        .connectTimeout（timeout, TimeUnit.
                                        SECONDS)
                                        .addInterceptor { chain →
```

```
                                        val originalRequest = chain.
                                        request()
                                        val requestBuilder=
                                            originalRequest.
                                            newBuilder(). addHeader
                                            ("Connection", "close")
                                        chain. proceed (requestBuilder.
                                        build())
                                    }.build()
                        }
                    .build().create(serviceClass)
}
//查询电量,返回值为 powerstatus
val powerStatus = AgenServiceCreator.create(AgentApi::class.java, 1L).queryPowerStatus
().await()
        Result,success(powerStatus)
```

以下是 Robot App 调用 Robot Agent 接口使机器人跨楼层移动POSThttp://127.0.0.1:1448/api/core/motion/v1/actions,请求报文格式为application/json,程序如下:

```
{
"action_name":"slamtec.agent.actions.MultiFloorMoveAction",
"options":{
    "target":{
        "poi_name":"201"//表示前往名称为 201 的 poi
    }
}
}// JavaScript Document
```

4) Robot API 详情列表

Athena 2.0 PRO MAX 的 API 列表如表 2-15 所示。

表 2-15　Athena 2.0 PRO MAX API 列表

功能模块	API
SLAM/定位、建图相关功能	获取机器人位姿
	设置机器人位姿

（续表）

功能模块	API
SLAM/定位、建图相关功能	获取定位质量
	是否支持定位
	开启/暂停定位
	是否开启建图
	开启/暂停建图
	获取充电桩位置
	设置充电桩位置
	获取当前地图
	清除当前地图
Artifact / 人工标记地图元素	获取所有虚拟线段
	添加虚拟线段
	修改虚拟线段
	清空虚拟线段
	删除虚拟线段
	获取当前地图中的所有 POI
	添加 POI
	清空 POI
	根据 ID 查找 POI
	修改 POI
	删除 POI
Motion / 机器人运动控制	获取所有支持的 Action
	获取当前行为
	终止当前行为
	创建新的运动行为
	查询 Action 状态
固件升级	获取固件升级进度
Android 应用程序管理	获取所有自定义安装的 App
	安装 App
	卸载某个 App

（续表）

功能模块	API
Multi-floor/多楼层地图和 POI 管理，乘电梯等功能	跨楼层移动
	跨楼层回桩
	获取所有楼层信息
	获取机器人所在楼层信息
	设置机器人所在楼层信息
	获取 POI 信息
	上传地图到机器人
	持久化保存当前地图
	重新加载地图
Delivery/配送服务相关接口	获取操作密码
	设置操作密码
	获取机器配置信息
	获取配送相关的设置信息
	查询任务信息
	创建任务
	取消所有任务
	取消某个任务
	获取当前任务状态
	暂停/继续执行任务
	开始取物
	结束取物
	获取事物信息
餐厅送餐服务相关接口	获取设备电量
	获取设备健康状态信息
	获取 POI 信息
	获取操作密码
	创建新的运动行为
	获取当前行为
	终止当前行为
	关闭或重启机器人

2.2.2 Hermes PRO MAX 通用机器人平台

Hermes PRO MAX 是一款由 SLAMtec 研发的中小型可扩展、低成本机器人平台,可满足中小型机器人应用开发的需求,如智能巡检机器人、货柜运送机器人、酒店配送机器人、餐厅送餐机器人等。

1. 基本功能

1) 自主导航

Hermes PRO MAX 内置的高性能 SLAMCube 自主导航定位系统套件使其具备路径规划与定位导航功能,同样解决了机器人设计中"我在哪里?""我要去哪里?""我该如何去?"这三大问题,从而能搭载不同应用在各种商用环境中工作。Hermes 可根据任务目标点,自动定位,自动路径规划,实现自主移动。

2) 协同作业

Hermes PRO MAX 支持多机协同作业,以满足运行工作环境相对复杂、高峰期任务多的需求。Hermes PRO MAX 支持局域网协同作业、云平台管理协同作业两种模式,可以根据环境,动态调整机身速度和配送路径,实现高效、安全、可靠的多点配送。

3) 多楼层配送

智能梯控 4.0 能够提供对电梯状态的精准检测、程序控制呼梯、控梯,结合酒店机器人,助力机器人的自主乘梯、出梯,为机器人的多楼层运行场景提供了可行且可靠的解决方案。智能梯控 3.0 不止搭载酒店机器人,作为相对独立的一套解决方案,通过 API 接口,智能梯控同样可以与其他的智能设备或者第三方应用进行交互,以满足客户差异化的定制需求。

4) 智能避障

Hermes PRO MAX 采用多传感器融合的方式,能快速准确地识别周边动态交互环境,实现智能避障,极大地降低安全事故发生的概率。

5) 360°防护

Hermes PRO MAX 采用多传感器数据融合技术,使机器人在不确定的环境中具备高度的自治能力和对环境的感知能力,而多传感器数据融合技术正是提高机器人系统感知能力的有效方法。Hermes PRO MAX 包含激光雷达、磁传感器、深度摄像头、碰撞传感器、超声波传感器等,能在复杂多变的商业环境中应变自如,成功完成自主建图、定位与导航。

6）自动返回充电

Hermes PRO MAX 使用时保证充足的电量以顺利完成指派任务。当电池电量低于设定阈值时，Hermes PRO MAX 自动返回充电装置充电。

特别说明：Hermes PRO MAX 底盘单独运行时，自动返回充电功能无法触发，需要开启配送或消毒插件才能使用。定制机型和搭配整机使用则有自动返回充电功能。

2. 结构特点

Hermes PRO MAX 的外观如图 2-14 所示，具体的参数如表 2-16 所示。

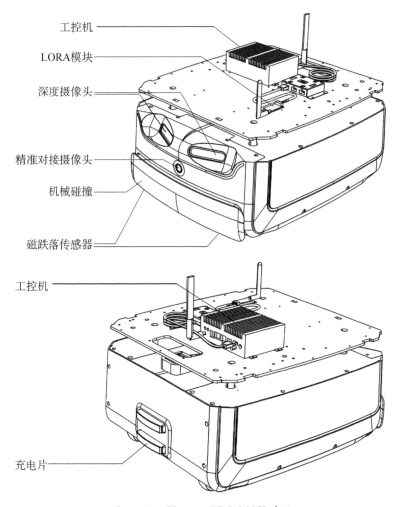

图 2-14　Hermes PRO MAX 外观

表 2-16　Hermes PRO MAX 参数

主机		
机器名	Hermes PRO MAX	
核心功能	SLAMWare™ 定位导航	
项目	指标	值
质量与体积	长度×宽度	54.5 cm×46.5 cm
	高度	27.2 cm(不含中控)
	净重	40 kg(不含中控)
	额定负重	50 kg
	最大负重 (平行水泥路面)	80 kg
传感器性能参数	激光雷达传感器	型号	RPLiDAR S2P(DTOF 原理)
		最大扫描半径	0.05～50 m(90%反射率,白色物体) 0.05～10 m(12%反射率,黑色物体)
		测距精度	全量程±30 mm
	深度摄像头传感器	数量	2 个(可增配 1pcs)
		探测距离	0.3～2 m
		视场(FOV)	H:146.6°±3°; V:117.7°±3°
	精准对接摄像头	对接精度	±1.5 cm
		角度	±1.0°
	物理磁传感器	数量	2 个
		最大探测距离	3.5 cm
	物理碰撞传感器	数量	2 个
		触发方式	物理碰撞
		触发距离	0.3～0.5 cm
		触发力值	8 N
建图性能	地图分辨率	1.5 cm
	单次最大建图面积	500 m×500 m(5 cm 地图分辨率) 350 m×350 m(1.5 cm 地图分辨率)
运动参数	最大行走速度	1.2 m/s (可定制 1.5 m/s)
	默认行走速度	1 m/s

（续表）

项目	指标	值
运动参数	最大跨越坡度	10°坡道：底盘最大坡角度 10°
		坡度为 18％坡道
		整机质心高度 18 cm 以内，安全坡道 10°以内
		坡度 100％是指 45°坡道，100 m 的长度高度差是 100 m
	垂直过坎高度	2 cm（满负重）
	水平过坎宽度	4 cm（满负重）
	最小通过窄道距离	75 cm
	到点精度（AVG）	±2 cm
	到点精度（MAX）	±4 cm
	最小到点角度	±1.0°
	多机避障	最大支持 3 台机器人同场景使用
		LORA 模块（标配）
电机	轮对	7NM 6.5 in 轮毂电机×2
		2.5 in 工业万向轮×2； 3 in 工业万向轮×2（前）
用户接口	硬件接口 电源接口	电源接口：DC 24 V 10 A；
	硬件接口 4G 模块	可付费增配 4G 模块
	硬件接口 HDMI	HDMI×1
	硬件接口 音频	3.5 mm MIC_IN 耳麦插座×1 LINE_OUT 音频插座×1
	网络接口 以太坊	以太坊：RJ45 千兆网口×1
	网络接口 Wi-Fi 频段	2.4/5 GHz
	软件接口 SLAMWare™	haodeSDK2.0 http 协议 API 接口，可支持不同开发语言和开发平台，如 Windows、IOS、Android、Linux 系统
网络	Wi-Fi	无须验证的网络环境
	4G	国内外运营商 4G 卡（根据需求定制）

（续表）

项目	指标	值
电池及续航能力	容量规格	35AH 三元锂电芯（标配）
	空载持续运行时间	＞20 h（空载）
	满载持续运行时间	＞12 h
	充电时间	4～5 h（快充充电桩）
	电池寿命	800 次充放电循环下降到初始容量的 60％
功耗	待机额定功耗	48 W（空载）
	满负重运行额定功耗（满负重 80 kg）	78 W（满载）
	外接负载最大功耗	240 W
噪声	工作噪声	≤60 dB
工作环境	工作温度	0～40℃
	运输存储条件	−25～＋55℃
	工作湿度	20％～90％rh
	使用海拔	≤2 000 m

3. 开发方式

Hermes PRO MAX 底盘的 Agent SDK 是基于 C＋＋语言开发的，以降低用户接入成本并提升 SDK 的健壮性为主，同时兼容性强，支持 Java、C＋＋、C、Kotlin 等多种语言。以下为基于 Hermes PRO MAX 底盘的 Agent SDK 调用的相关示例及使用指南。

1）系统间调用框架

Robot App 通过通信对机器人定位、移动、回桩进行控制；同时 Robot App 根据各种业务场景向机器人发送指令，Robot Agent 将提供数据接口、任务操作接口、业务服务给 Robot App（见图 2 - 13）。

2）各系统的功能说明

（1）Robot Agent。Robot Agent 为运行在 Hermes 底盘上的一个服务程序，云端、梯控端均是通过其与梯控设备通信。在 Robot 系统内部，Robot Agent 向上与 Robot App 进行通信，接收来自 Robot App 的指令，对 Robot 进行控制，并发送 Robot 状态。Robot Agent 核心功能为向上与 Robot Cloud、Robot App 进行通信，上报机器人状态、接收控制指令。

（2）Elevator Agent。Elevator Agent 为运行在梯控主控盒 Linux 系统上的一个服务程序，云端、机器人端均通过其与梯控设备通信。在梯控系统内部，Elevator Agent 向下与 Elevator Controller 通过 UDP 进行通信，发送控梯指令、获取电梯状态。Elevator Agent 的核心功能为向上与 Robot Cloud、Robot App 进行通信，上报电梯状态、接收控梯指令；向下与 Elevator Controller 通信，获取电梯状态、下发控梯指令。

（3）Robot Cloud。Robot Cloud 是一组为了实现机器人远程管理、调度、控制而提供的服务，运行在云端，一头同机器人通信，一头与梯控设备通信，因此梯控是其中的一部分功能。Robot Cloud 通过 MQTT 协议与运行在梯控主控盒上的 Elevator Agent 进行通信。其核心功能如下：下发指令，控制电梯到达指定的楼层；下发指令，控制电梯开门；下发指令，控制电梯关门；获取电梯上下行状态；获取电梯当前所在楼层。

（4）Robot App。餐厅送餐 App 为运行在机器人上的服务程序，应用场景为餐厅，它通过 Robot Studio 图形化工具绘制地图加载到机器人本地，通用应用人机交互，实现多点任务配送，如图 2-15 所示。其核心功能包括获取设备电量，获取设备健康状态信息，获取 POI 信息，获取操作密码，创建新的运动行为，获取当前行为，终止当前行为，关闭或重启机器人。

部署阶段

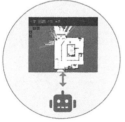

1. 运维人员绘制地图
   并加载至 Robot

送餐业务中

2. 餐厅服务员将菜品
   放到 Robot 内部

3. 服务员输入指定桌号

4. Robot 前往目的地配送

5. Robot到达目的地后，语言　　6. Robot配送完后将自动返回
通知顾客"您的菜品已到！"　　取餐点，等待下一次指令

图 2-15　餐厅送餐业务流程图

3）程序示例

以下是 Robot App 调用 Robot Agent 接口查询电池状态示例 GET http://127. 0. 0. 1：1448/api/core/system/v1/power/status，返回的数据格式为 application/json，程序如下：

```
interface AgentApi {
/* *
 * get 方式调用 value:接口地址
 * PowerStatus：接口返回 json 格式对应的 bean 格式的 date class 的值
 * /
@ GET{"/core/system/v1/power/status"}
fun queryPowerStatus():Call< PowerStatus>
}
/* *
 * batteryPercentage : 90 电池电量百分比,0~ 100
 * dockingStatus : 对桩状态
 * isCharging : 是否正在充电...
 * /
data class PowerStatus(
    val batteryPercentage:Int, val dockingStatus:String, val isCharging:Boolean,
    val isDCConnected:Boolean, val powerStage:string, val sleepMode:String
)
/* *
 * retrofit 接口代理类
 * /
object AgentServiceCreator {
    fun < T>  create(serviceClass:Class< T>  , timeout:Long):T =
        Retrofit.Builder().baseUlr("http://127.0.0.1:1448/api/")
```

```
                    .addConverterFactory（GsonConverterFactory. create
            （）).client(
                    OkHttpClient. Builder（）. retry0nConnection-
                    Failure(true)
                            .connectTimeout（timeout, TimeUnit.
                            SECONDS)
                            .addInterceptor { chain →
                                val originalRequest =  chain.
                                request（）
                                val requestBuilder=
                                        originalRequest.
                                        newBuilder（）. addHeader
                                        ("Connection", "close")
                                chain. proceed（requestBuilder.
                                build（))
                            }.build（)
                    }
                    .build（）.create(serviceClass)
}
//查询电量,返回值为 powerstatus
val powerStatus =  AgenServiceCreator. create（AgentApi：: class. java,  1L）.
queryPowerStatus（）.await（）
        Result,success(powerStatus)
```

　　以下是 Robot App 调用 Robot Agent 接口使机器人跨楼层移动 POSThttp：//127. 0. 0. 1：1448/api/core/motion/v1/actions,请求报文格式为 application/json,程序如下：

```
{
"action_name":"slamtec.agent.actions.MultiFloorMoveAction"
"options":{
    "target":{
        "poi_name":"201"//表示前往名称为 201 的 poi
    }
}
}// JaveScript Document
```

　　4）Robot API 详情列表

Hermes PRO MAX 的 API 列表如表 2-17 所示。

表 2-17　Hermes PRO MAX API 列表

功能模块	API
SLAM/定位、建图相关功能	获取机器人位姿
	设置机器人位姿
	获取定位质量
	是否支持定位
	开启/暂停定位
	是否开启建图
	开启/暂停建图
	获取充电桩位置
	设置充电桩位置
	获取当前地图
	清除当前地图
Artifact/人工标记地图元素	获取所有虚拟线段
	添加虚拟线段
	修改虚拟线段
	清空虚拟线段
	删除虚拟线段
	获取当前地图中的所有 POI
	添加 POI
	清空 POI
	根据 ID 查找 POI
	修改 POI
	删除 POI
Motion/机器人运动控制	获取所有支持的 Action
	获取当前行为
	终止当前行为
	创建新的运动行为
	查询 Action 状态

（续表）

功能模块	API
固件升级	获取固件升级进度
Android 应用程序管理	获取所有自定义安装的 App
	安装 App
	卸载某个 App
Multi-floor/多楼层地图和 POI 管理，乘电梯等功能	跨楼层移动
	跨楼层回桩
	获取所有楼层信息
	获取机器人所在楼层信息
	设置机器人所在楼层信息
	获取 POI 信息
	上传地图到机器人
	持久化保存当前地图
	重新加载地图
Delivery/配送服务相关接口	获取操作密码
	设置操作密码
	获取机器配置信息
	获取配送相关的设置信息
	查询任务信息
	创建任务
	取消所有任务
	取消某个任务
	获取当前任务状态
	暂停/继续执行任务
	开始取物
	结束取物
	获取事物信息
	注:配送业务相关请向市场部咨询

（续表）

功能模块	API
餐厅送餐服务相关接口	获取设备电量
	获取设备健康状态信息
	获取 POI 信息
	获取操作密码
	创建新的运动行为
	获取当前行为
	终止当前行为
	关闭或重启机器人

本章小结

本章介绍了基于 SLAMCube 的整机扩展设计，并介绍了思岚的雅典娜 Athena 2.0 PRO MAX 通用机器人平台和 Hermes PRO MAX 通用机器人平台。

3 无人系统环境感知

3.1 ▸ 无人系统环境感知概述

3.1.1 图像场景理解

计算机视觉中图像理解的任务有多种，主要包含图像分类、目标检测、语义分割、实例分割等，并且大部分已经发展得较为成熟。图像分类是对图像中物体的类别进行判断，并不在图像中做出标记。目标检测是将一帧图像中检测出的物体进行标注，使用矩形框的形式标记检测出的物体位置。语义分割是对图像中的每一个像素点都进行标注，将整幅图像根据物体类别的不同进行区域的划分以及每个像素点的标注。而实例分割则可以看作是目标检测与语义分割的互相补足，实例分割可以检测出图像中包含的物体，并且其标注框的边缘更加精确，另外弥补了语义分割中无法区分同类但不同物体的缺陷。不同的图像任务如图 3 - 1 所示。

(a)

(b)

(c)   (d)

图 3-1 不同的图像任务示意图①

(a)图像分类；(b)目标检测；(c)语义分割；(d)实例分割

目标检测与实例分割技术已经相对成熟，从 2017 年以大规模数据集 ImageNet 为基础举办的视觉识别挑战大赛（ImageNet Large-scale Visual Recognition Challenge，ILSVRC)的结果可以看出，物体定位冠军 DPN 的检测错误率仅为 0.062 3%。目标检测的方法主要可分为两阶段法和单阶段法。

两阶段法对图像的处理分为前期提出候选区域和后期对候选区域进行特征提取以及目标类别的判断与位置的细化，整体上是由较为分明的两步进行目标检测，由传统的候选区域提取发展而来的。在两阶段法的发展历程中比较经典的代表是基于 R-CNN(region-based convolutional neural networks)的一系列工作。2013 年 Ross 等提出用 R-CNN 进行物体检测和语义分割，首先使用选择性搜索生成上千个候选区域，再结合 CNN 对每个区域进行特征提取，最终使用 SVM 和回归方法判断物体类别并完善目标边界框位置。R-CNN 首先将卷积神经网络引入了目标检测领域。2015 年 Ross 对 R-CNN 进行修改，提出 Fast R-CNN，相比较于 R-CNN，Fast R-CNN 对每一个候选区域都使用 CNN 进行特征提取，Fast R-CNN 在原始图像上使用 CNN 进行特征提取后再进行候选区域的选取，由此提高了运行速度。2015 年 Ross 对以往的算法再次改进提出 Faster R-CNN，并提出使用 RPN(region proposal network)代替选择性搜索进行候选框的提取，由此可以正式作为两阶段法的端到端深度检测方式。2017 年何恺明提出 Mask R-CNN，相较之前的方法增加了 Mask 分支，从而可以生成像素级的目标检测结果。

单阶段法一般为端到端的以彩色图像为输入的深度神经网络，没有候选区域提取的过程，直接在网络中便可完成特征提取、边界框估计、目标分类等一系列任

---

① 图片来源：https://thinking-teams.com/2021/08/25/learning-words-with-pictures/

务。2015 年 Joseph 提出 YOLO 算法可以进行实时的物体检测,这是最早的单阶段目标检测方法。YOLO 算法在输入图像后直接进行卷积处理,并且在同一个分支得到包含物体类别与定位结果的向量。同年,Wei 等提出单阶段的 SSD 进行目标检测,其首先使用 VGG 进行特征提取,然后再使用 CNN 提取不同尺度的特征图,在对应的特征图上有对应的边界框大小及比例,得到许多可能的检测框后再使用 NMS(non maximum suppression)得到最终的结果。SSD 相较于 YOLO 可以适用于更多不同大小的物体,但是 SSD 也比较依赖图像增强处理。后续有很多单阶段的目标检测算法都是基于 SSD 进行修改得到的。

两阶段法相较于单阶段法,由于候选区域提取的部分是单独几层网络进行实现的,因此运算速度较慢,但是其整体的准确度较高。而单阶段的方法由于是端到端的实现方式且一般仅有一个分支,所以相对而言运行速度快一些,但在精度上并没有特别明显的突破。在之后的发展中,两阶段法与单阶段法也在相互借鉴优势,并且整体上朝着更快、更准确的方向发展。

3.1.2　点云分割与标注

目前真实世界点云的主流获取方式主要有两种,一种是通过 RGBD 相机,另一种是通过激光雷达。由于获取方式不同,其点云的质量与特性也不同。RGBD 相机的主流解决方案是双目、结构光以及 TOF(time of flight)三种技术。而激光雷达的实质是利用传感器自身发出的激光,通过接收发射到障碍物上返回的激光,计算发射与接收时间差来计算与周围环境中物体的距离。两者相比较而言,RGBD 的造价相对低,但精度相对较差,分辨率高于激光雷达。相应地,针对这两种由不同传感器得到的点云数据,其场景分割的方式也不尽相同。RGBD 与激光雷达点云如图 3-2 所示。

图 3-2　RGBD 与激光雷达点云*

RGBD 相机得到的数据,一般会将其以四维的、带有深度信息的图像数据作为整体输入场景分割的深度神经网络中进行训练,整体的网络结构与传统的图像分割网络相似。

而激光雷达因为其准确性较高且不易受光照影响,所以更多地应用在自动驾驶领域与机器人领域,面对的应用情况大多是道路场景。不同于 RGBD 数据的规则性,激光点云的无序性和数量的不确定性阻止了它直接进入深度学习的研究范围,因此首先得到发展的激光点云分割方法大部分都基于模型,对于某一类物体进行建模,而后将分割或聚类出的部分点云与模型进行比对,得到此类物体的标签。比如厦门大学研究团队对车载激光雷达扫描的点云进行灯杆一类的提取,其精度可达 90%,但适用范围较窄。

随着点云深度学习的研究深入,需要大量带有标注的数据,在此过程中许多真实场景数据集得以构建。常见的数据集囊括的场景无外乎室内与道路场景,室内场景大多使用 RGBD 相机采集,而自动驾驶数据集一般使用激光雷达进行距离的测量。ScanNet 是美国斯坦福大学与普林斯顿大学联合推出的 RGBD 视频数据集,包含三维相机的位姿、表面重建和实例语义,并且使用众包的方式进行语义标注。Large Scale Parsing 是斯坦福大学的室内数据集,使用 RGBD 相机采集,共包含 6 个区域,每个区域都是斯坦福大学教学楼中的一层,数据集包含超过 7×10^5 张深度图。KITTI 数据集是较早的、较为完善的自动驾驶数据集,使用激光雷达进行点云数据的采集,包含城市、郊区等丰富的道路场景。近几年又出现了另外一些很好的自动驾驶数据集,诸如百度公司的 Apollo、本田公司的 H3D、安波福公司的 nuScenes 等,均包含激光雷达采集的数据。

有了充足的数据集之后,大量的点云场景理解网络也随之产生,这些点云分割网络的输入不尽相同,主要分为人工提取特征、点云的二维投影、体素格以及原始点云。2016 年清华大学联合百度公司提出基于点云俯瞰图的 MV3D,将三维的激光雷达点云投影为二维的图像,输入网络中进行三维物体检测。2017 年苹果公司提出基于体素格的 VoxelNet,将激光雷达点云分为等量的体素输入网络中,通过训练得到三维物体检测结果。在同年的 IEEE 国际计算机视觉与模式识别会议(IEEE Conference on Computer Vision and Pattern Recognition, CVPR)中,斯坦福大学提出使用点云数据直接输入的网络 PointNet,将三维坐标直接输入网络中,可以实现分类、分割等功能。

3.1.3　跨模态学习

深度学习在初始阶段大多使用单一种类的数据,比如图像、文字、语音等,并且分别在各自的领域内进行深入的研究与性能提升。但当结果达到一定程度之后，再次提升的难度会变得很大，性能的提升遭遇瓶颈。比如图像分类任务的发展状况可以从每一年的 ILSVRC 挑战成绩看出，从 2012 年至 2014 年，测试集前5 名预测类别的误差率由 16% 下降至 6% 左右，然而从 2015 年至 2017 年，误差率仅从 3% 左右下降至 2% 左右，进一步的提升变得愈发困难，因此各国研究人员也开始从各方面考虑进一步有效提升算法效果或者打开新研究领域的方法，其中扩展输入数据的维度便是一种方式。

所谓跨模态学习，就是通过不同传感器获得不同形式的数据。使用跨模态的数据可以提升原本对世界的认知，使之达到更高的维度，比如看到图像可以联想到相关的语言或者听到一段声音可以联想出画面。跨模态学习的底层输入中数据的维度与特征是不同的，但其高层中习得的标签语义等信息是高度相关的。想要完成一个整体的跨模态学习网络则需要针对 5 个方面进行研究，其中包括多模态间共同表示方法的学习、模态间的相互对应关系、模态间的对齐方式、多模态特征的融合方法以及协同学习的能力，某些网络中的有些方面可能会合为一个问题。跨模态学习的研究可以分为针对以上网络基础结构与方法的研究，也可以分为集中在不同应用领域、不同模态数据的整体跨模态网络的研究。虽然跨模态学习并未在方法上有统一的标准，但这些年针对各方面、各类数据的研究均有进行。跨模态学习示例如图 3-3 所示。

图 3-3 跨模态学习示例

对于基础网络结构与模态间处理方法的研究，基于图像与文字语义模态数据的相对较多。2015 年美国哥伦比亚大学科研团队等提出使用正交的深度结构学习图像和关键词的多模态表示的压缩哈希码。2015 年浙江大学科研团队等提出使用局部-全局的对齐方法进行深度跨模态学习来进行排序，寻求最相关的图像与文字的组合。2017 年中国科学院大学研究人员提出使用 RNN（recurrent neural network）进行谣言检测的语句与图形的多模态融合。

　　随着多模态学习的深入与推广,基于多种不同模态数据组合的相关研究越来越多,但大部分还是围绕"图像加一种其他模态的数据"这种类型。在 2017 年国际计算机视觉大会(International Conference on Computer Vision, ICCV)上,阿里巴巴公司联合西安的几所高等院校与微软公司研究人员提出视觉语义的层级多模态 LSTM,可以将图像中识别出的目标区域与相应文字描述进行对应。2018年牛津大学研究人员提出说话者声音与图像的跨模态匹配,对语音与说话者图像分别进行特征提取后进行整合,然后是对这 N 个组合进行是否正确的二分类判断,可以实现声音与多个图像的匹配或者图像与多个声音之间的匹配。同年的CVPR 中,美国麻省理工学院研究人员发表的一篇关于人体姿态识别的论文使用跨模态网络结合了视觉与微波两种不同形态的数据,最终得到了在有墙体遮挡的情况下也可以识别人体姿态的效果。而结合视觉与点云的研究中,大部分使用的RGBD 点云,大多直接使用四维数据进行输入,没有稀疏度的差别,不涉及跨模态的学习方法。

3.2 ▶ 激光雷达传感器

3.2.1 激光雷达传感器的分类

　　根据激光雷达的不同结构可分为机械激光雷达、混合固态激光雷达和固态激光雷达,其他不同的分类如图 3-4 所示。

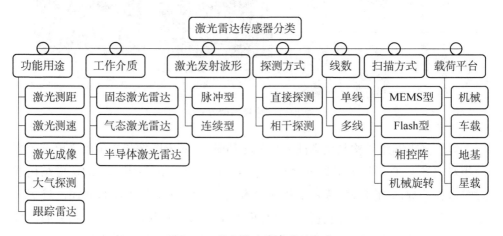

图 3-4　激光雷达传感器的分类

1. 机械激光雷达传感器

机械激光雷达是指其发射系统和接收系统存在宏观意义上的转动,也就是通过不断旋转的发射头,将速度更快、发射更准的激光从"线"变成"面",并在竖直方向上排布多束激光,形成多个面,达到动态扫描并动态接收信息的目的。以Velodyne 公司生产的第一代机械激光雷达(HDL‐64E)传感器为例,竖直排列的激光发射器呈不同角度向外发射,实现垂直角度的覆盖,同时在高速旋转的马达壳体带动下,实现水平角度 360°的全覆盖。因此汽车行驶过程中就一直处于 360°旋转状态中,如图 3‐5 所示。

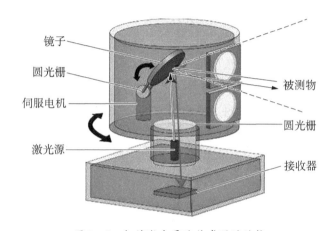

图 3‐5　机械激光雷达传感器的结构

2. 混合固态激光雷达传感器

混合固态激光雷达传感器是用半导体"微动"器件来代替宏观机械式扫描器,在微观尺度上实现雷达发射端的激光扫描方式。MEMS 扫描镜是一种硅基半导体元器件,属于固态电子元件;但是 MEMS 扫描镜并不"安分",内部集成了"可动"的微型镜面;由此可见 MEMS 扫描镜兼具"固态"和"运动"两种属性,故称为混合固态。

混合固态激光雷达传感器工作时,单从外观上是看不到旋转的,巧妙之处是将机械旋转部件做得更加小巧并深藏在外壳之中。

3. 固态激光雷达传感器

相比于机械激光雷达传感器,固态激光雷达传感器结构上最大的特点就是没有旋转部件,体积相对较小,分为 OPA 固态激光雷达和 Flash 固态激光雷达两种。

1) OPA 固态激光雷达

光学相控阵(optical phased array,OPA)技术运用相干原理(类似的是两圈水波相互叠加后,有的方向会相互抵消,有的会相互增强),采用多个光源组成阵列,首先通过控制各光源的发光时间差,合成具有特定方向的主光束,然后再加以控制,主光束便可以实现对不同方向的扫描。没有任何机械结构,自然也没有旋转,因此,相较于传统的机械雷达,OPA固态激光雷达具有扫描速度快、精度高、可控性好、体积小等优点,但也易形成旁瓣,影响光束作用距离和角分辨率,同时生产难度高。

2) Flash 固态激光雷达

Flash 原本的意思为快闪。Flash 激光雷达的原理也是快闪,它不像 MEMS 或 OPA 方法进行扫描,而是短时间内直接发射一大片覆盖探测区域的激光,再以高度灵敏的接收器来完成对环境周围图像的绘制。因此,Flash 固态激光雷达属于非扫描式雷达,发射面阵光,是以二维或三维图像为重点输出内容的激光雷达。从某种意义上讲,它类似于黑夜中的照相机,光源由自己主动发出。Flash 固态雷达的一大优势是它能够快速记录整个场景,避免了扫描过程中目标或激光雷达移动带来的各种麻烦。不过,这种方式也有缺陷,比如探测距离较近。

3.2.2　激光雷达传感器的基本原理

激光雷达主要由激光发射器、激光接收器、信号处理单元和旋转机构构成,称为激光雷达的四大核心组件,如图 3-6 所示。

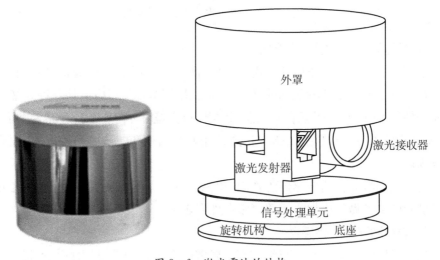

图 3-6　激光雷达的结构

(1) 激光发射器,是激光雷达中的激光发射机构。在工作过程中,它会以脉冲的方式点亮。以 RPLIDARA3 系列雷达为例,每秒点亮和熄灭 16 000 次。

（2）激光接收器，激光器发射的激光照射到障碍物以后，通过障碍物的反射，反射光线会经由镜头组汇聚到接收器上。

（3）信号处理单元，负责控制激光器的发射，处理接收器收到的信号。根据这些信息计算目标物体的距离信息。

（4）旋转机构，以上3个组件构成了测量的核心部件，旋转机构负责将上述核心部件以稳定的转速旋转，从而实现对所在平面的扫描，并产生实时的平面图信息。

激光雷达以激光作为信号源，由激光器发射出的脉冲激光发射到树木、道路、桥梁和建筑物上引起散射，一部分光波会反射到激光雷达的接收器上，然后测量反射或散射信号到达发射机的时间、信号强弱程度和频率变化等参数，从而确定被测目标的距离、运动速度以及方位。脉冲激光不断地扫描目标物，就可以得到目标物上全部目标点的数据，用此数据进行成像处理后，可得到精确的三维立体图像，如图3-7和图3-8所示。

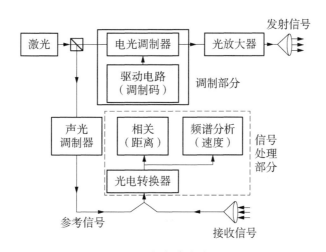

图3-7 激光雷达的原理

图3-8 激光雷达发射激光的演示

激光雷达的测距方法一般有三角测距法、脉冲测距法（time of flight，TOF）和调幅连续波测距法。不同产品采用的测距方法不一样，这里以 TOF 为例进行介绍。

TOF 的基本原理是从测距点向被测目标发射一束短而强的脉冲激光，脉冲激光到达目标后会反射回一部分，被光功能接收器接收。假设目标距离为 L，脉冲激光往返的时间间隔是 t，光速为 c，测距公式为 $L=tc/2$。时间间隔 t 的确定是测距的关键，实际的脉冲激光雷达利用时钟晶体振荡器和脉冲计数器来确定时间 t，时钟晶体振荡器用于产生固定频率的电脉冲振荡 $\Delta T=1/f$，脉冲计数器对晶体振荡器产生的电脉冲的计数为 N，如图 3-9 所示。

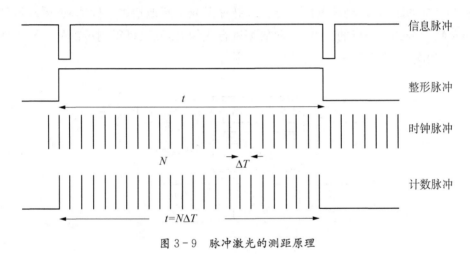

图 3-9　脉冲激光的测距原理

3.2.3　激光雷达传感器在无人系统中应用

在智能网联汽车驾驶中，可利用激光雷达具有高精度、高分辨率的优势以及激光雷达能精确测量目标的位置、形状及状态等达到探测、识别、跟踪目标的目的特性，目前激光雷达传感器广泛应用于高级驾驶辅助系统（advanced driving assistance system，ADAS）、自适应巡航系统（adaptive cruise control，ACC）、前方碰撞警告系统（forward collision warning system，FCW）、自动紧急刹车系统（autonomous emergency braking，AEB）等方向，具体表现在以下几方面。

（1）障碍物检测与分割。利用高精度地图限定感兴趣区域（RoI）后，基于全卷积深度神经网络学习点云特征并预测障碍物的相关属性，进行前景障碍物检测与分割，如图 3-10 所示。

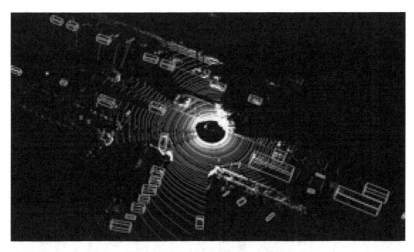

图 3-10 前景障碍物检测与分割*

（2）可通行空间检测。利用高精度地图限定 RoI 后，可依据 RoI 内部（比如可行驶道路和交叉口）的点云的高度及连续性信息判断点云处是否可通行，如图 3-11 所示。

图 3-11 三维空间扫描点云*

（3）高精度电子地图（见图 3-12）制图与定位。利用多线激光雷达的点云信息与地图采集车载组合惯导的信息，进行高精度地图制作。自动驾驶汽车利用激光点云信息与高精度地图匹配,以此实现高精度定位。

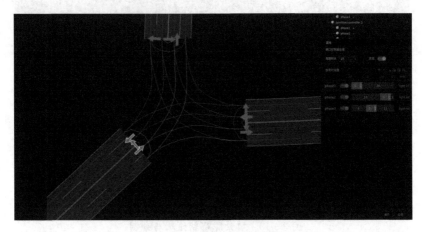

图 3-12　高精度电子地图*

　　(4) 障碍物轨迹预测(见图 3-13)。根据激光雷达的感知数据与障碍物所在车道的拓扑关系(道路连接关系)进行障碍物的轨迹预测,以此作为无人车规划(避障、换道、超车等)的判断依据。

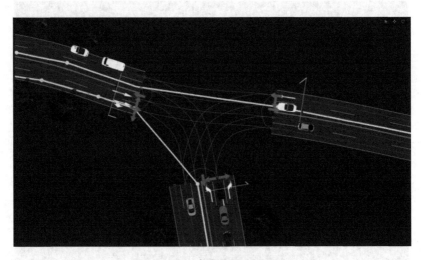

图 3-13　障碍物轨迹预测*

　　二维激光 SLAM 主要估计移动物体的 3-DoF 位姿,多用于室内定位。为了获得物体的 6-DoF 位姿,需要使用能够获得三维空间特征的传感器,如三维激光雷达。相比于二维激光雷达,三维激光雷达获取的环境信息更加丰富,定位也更高,但同时成本也更高。三维激光雷达主要应用于三维重建、自动驾驶等领域。

点云配准算法是三维激光 SLAM 的核心算法之一,它主要分为迭代最近邻(ICP)算法及基于 ICP 算法改进的一系列算法、正态分布变换(normal distribution transform, NDT)算法和基于特征点匹配的点云算法。ICP 算法是一种精配准算法,耗时较长,主要用于后端优化。Kenji Koide 等提出的 HDL 算法是根据 ICP 算法的配准结果进行回环检测;NDT 算法是一种粗配准算法,可用于激光里程计前端,如自动驾驶开源算法 AutoWare 在激光定位模块中推荐使用 NDT 算法来进行激光雷达当前帧和三维点云地图的匹配。由于 ICP 的计算时间较长,而 NDT 算法针对不同数据集,其参数的设置要求较高,因此,研究者把目光投向基于特征点的点云配准算法。

Zhang 等提出的 LOAM 算法,在前端里程计中通过提取边缘点和平面点进行点云配准,并在 LOAM 基础上做了改进,在特征点提取之前,通过剔除地面点和点云分割提高点云数据关联的准确性。利用激光几何信息和点云强度提取描述子,该方法既可以用于前端里程计,又可用于回环检测。基于特征点配准的点云配准方法,利用 SIFT 算法进行特征点提取并根据法向量进行数据关联,提升了配准的速度和精度。

相比于视觉 SLAM,激光 SLAM 总体来讲缺乏回环检测的能力。传统的激光 SLAM 通过点云配准的方式进行回环,原因在于三维激光点云缺乏图像所能提供的强大的、可描述的外观信息,很难提取有效的描述子进行目标识别。随着深度学习与 SLAM 的结合,研究者开始利用网络提取描述子,用于回环检测或特征匹配。SegMatch 提出了基于三维点云分割的回环检测算法,在局部描述和全局描述中选取折中方案并基于三维线段匹配进行可靠的位置识别,该方法可以在大规模、非结构化环境下可靠、良好地运行。基于深度学习的点云描述方法与由粗到细序列匹配策略相结合,从原始的大规模三维点云中提取全局描述子。

3.3 ▸ 视觉传感器

3.3.1　视觉传感器的分类

广义的视觉传感器(见图 3-14)主要由光源、镜头、图像传感器、模数转换器、图像处理器、图像存储器等组成;狭义的视觉传感器就是指图像传感器,它的作用是将镜头所成的图像转换为数字或模拟信号输出,是视觉检测的核心部件,分为 CCD 图像传感器和 CMOS 图像传感器两种。

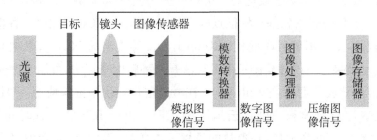

图 3-14 广义的视觉传感器

智能网联汽车上的视觉传感器主要指车载视觉传感器,是 ADAS 系统的主要视觉传感器,借由镜头采集图像后,由视觉传感器内的感光组件电路及控制组件对图像进行处理并转化为计算机可以处理的数字信号,从而实现感知车辆周边的路况情况。

智能网联汽车上的视觉传感器按视野覆盖位置可分为前视、环视(侧视+后视)及内视,其中前视视觉传感器最为关键。根据汽车视觉传感器摄像头的模块不同,又有单目摄像头、双目摄像头、多目摄像头等几种类型。表 3-1 列出了不同类型的视觉传感器。

表 3-1 不同类型的视觉传感器

分类	优点	缺点	主要产品厂商
单目摄像头	成本和量产难度相对较低	图像识别算法研发壁垒、数据库建立成本较高,定焦镜头难以同时观察不同距离的图像	Mobileye
双目摄像头	测距精确	使用多个摄像头,成本较高;计算量巨大,对计算芯片要求高,目前大多使用 FPGA;对摄像头之间的误差精度要求高,量产、安装较困难	博世、大陆、LG、电装、日立
多目摄像头	全覆盖视角		蔚来、Mobileye

3.3.2 视觉传感器的基本原理

不同类型的视觉传感器,其工作原理有所不同。

1. 单目摄像头视觉传感器的工作原理

这种视觉传感器的工作原理是"先识别后测距",首先通过图像匹配,对图像进行识别,然后根据图像的大小和高度进一步估计障碍物和车辆的移动时间。单目摄像头是自动驾驶车辆系统中最重要的传感器之一,通过车道线检测和车辆检测,可以实现车道保持和自适应巡航功能。它具有成本低、帧速率高、信息丰富、检测距离远等优点,但易受光照、气候等环境影响,缺乏目标距离等深度信息,对目标速度的测量也有一定影响。

单目摄像头视觉传感器计算距离(见图 3-15)时,先通过图像匹配进行目标识别(识别各种车型、行人、物体等),再通过目标在图像中的大小去估算目标距离。这就要求在估算距离之前首先对目标进行准确识别,是汽车还是行人,是货车、越野车还是小轿车。

图 3-15 单目视觉传感器计算距离

2. 双目摄像头视觉传感器的工作原理

这种视觉传感器的工作原理是先对物体与本车的距离进行测量,然后再对物体进行识别,在测量距离阶段,先利用视差直接测量物体与汽车之间的距离,原理与人眼相似。当两只眼睛注视同一物体时会有视差,分别闭上左、右眼看物体时,会感觉有位移,这种位移大小可以用来测量目标物体的距离。在目标识别阶段,双目摄像头视觉传感器仍然使用与单目摄像头视觉传感器相同的符号特征提取和机器学习算法来进一步识别目标。与单目摄像头相比,双目摄像头更适用于获取单目摄像头无法准确识别的信息。由于目标距离越远、视差越小,双目摄像头在 20 m 内测距精度较高,随着距离增加,精度会下降。

利用双目摄像头从两个不同角度对同一目标成像,从而获取视差信息,推算

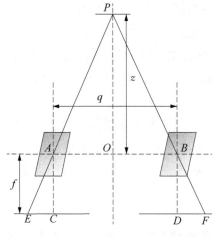

图 3-16 双目摄像头视觉传感器计算
距离

目标距离。双目视觉测距的具体算法如图 3-16 所示。A 和 B 为左右两个相机，P 为目标点，E 和 F 分别为 A 和 B 的成像点，则 P 点在两个相机中的视差为 $d = EC + DF$。

可以看出，三角形 ACE 与 POA 相似；同理，三角形 BDF 与 POB 相似。推导可得 $d = (fq)/z$，其中 f 为相机焦距，q 为两相机光轴的距离（两个镜头之间的距离是 $10\sim20$ cm），z 为目标到相机平面的距离，则距离 $z = (fq)/d$，而 f 和 q 可认为是固定参数，所以求出视差信号 d 即可求得距离 z。

3. 多目摄像头视觉传感器的工作原理

多目摄像头视觉传感器利用两个以上的摄像头同时获取场景信息，并通过多帧图像的分析与融合，实现对场景的全方位感知和理解。这种方法的核心原理是基于视差原理，即通过不同视角下同一个物体在图像中的位置变化来推断物体的距离与深度信息。

3.3.3 视觉传感器的主要参数

视觉传感器的主要参数有像素、帧率、靶面尺寸、感光度、信噪比和电子快门等。

1. 像素

视觉传感器上有许多感光单元，它们可以将光线转换成电荷，从而形成对应于景物的电子图像，而在传感器中，每一个感光单元对应着一个像素。所以，像素越多，代表着传感器能够感测的物体细节越多，从而图像就越清晰。

2. 帧率

帧率代表单位时间所记录或者播放图片的数量，连续播放一系列图片就会产生动画效果，根据人的视觉系统，当图片的播放速度大于 15 帧/s 时，人眼就无法看出图片的跳跃，当速度达到 $24\sim30$ 帧/s 时，已经基本察觉不到闪烁现象。每秒的帧数或者说帧率表示图形传感器在处理场时每秒能够更新的次数，高的频率可以得到更流畅、更逼真的视觉体验。

3. 靶面尺寸

靶面尺寸也就是视觉传感器感光部分的大小。一般用英寸(in)①来表示,通常这个数据指的是这个图像传感器的对角线长度,如常见的有1/3 in。靶面越大,意味着通光量越好,而靶面越小则比较容易获得更大的景深,比如1/2 in可以有比较大的通光量,而1/4 in可以比较容易获得较大的景深。

4. 感光度

感光度代表通过CCD或CMOS以及相关的电子线路感应入射光线的强弱,感光度越高,感光面对光的敏感度就越强,快门速度就越高,这在拍摄运动车辆、夜间监控的时候尤其显得重要。

5. 信噪比

信噪比指信号电压对于噪声电压的比值,单位为dB。一般摄像机给出的信噪比值均是AGC(自动增益控制)关闭时的值,因为当AGC接通时,会对小信号进行提升,使得噪声电子也相应提高。信噪比的典型值为45~55 dB,若为50 dB,则图像有少量噪声,图像质量较好;若为60 dB,则图像质量良好,不出现噪声。这说明信噪比越大,对噪声的控制越好。

6. 电子快门

电子快门用来控制图像传感器的感光时间,由于图像传感器的感光值就是信号电荷的积累,感光越长,信号电荷积累时间也越长,输出信号电流的幅值也越大,因此电子快门越快,越适合在强光下拍摄。

3.3.4 视觉传感器在无人系统中的应用

智能网联汽车的视觉传感器可实现前向碰撞预警、交通标志识别、盲点监测、驾驶员注意力监控、停车辅助、车道保持等功能。

1. 前向碰撞预警系统

前向碰撞预警系统的基本功能是通过视觉传感器检测前车与本车的运动状态,当有碰撞的危险时,可向驾驶员发出警告,如图3-17所示。

2. 交通标志识别系统

交通标志识别系统通过特征识别算法,利用前置视觉传感器组合模式识别道路上的交通标志,提示警告或自动调整车辆运行状态,从而提高车辆的安全性和合规性,提醒驾驶员注意前方的交通标志,如图3-18所示。

---

① 1 in = 0.0254 m。

图 3-17 前向碰撞预警系统

3. 盲点监测系统

盲点监测系统又称为并线辅助系统，主要功能是扫除后视镜盲区并通过侧方视觉传感器或雷达将车左、右后视镜盲区内的影像显示在车内，如图 3-19 所示。

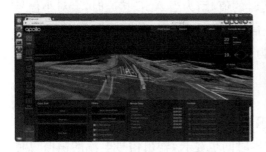

图 3-18 交通标志识别系统*

图 3-19 盲点监测系统*

4. 驾驶员注意力监控系统

驾驶员注意力监控系统也称为疲劳监测系统或注意力辅助系统，是一种基于驾驶员生理反应特性的驾驶员疲劳监测预警技术。通过不断检测驾驶员的驾驶习惯，当感觉驾驶员在疲劳驾驶时可以及时向驾驶员发出警告，提醒驾驶员应适当在安全岛停车休息，如图 3-20 所示。

（a）

（b）

图 3-20 驾驶员注意力监控系统*

5. 停车辅助系统

停车辅助系统是用于停车或倒车的安全辅助装置,有手动和自动两种类型的汽车倒车辅助。停车辅助系统包括多个安装在汽车周围的视觉传感器、图像采集组件、视频合成/处理组件、数字图像处理组件和车辆显示器。这些装置可以同时采集车辆周围的图像,对图像处理单元进行变形恢复→视图转换→图像拼接→图像增强,最终形成车辆360°全景仰视图,如图3-21所示。

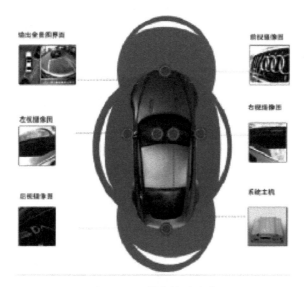

图 3-21　停车辅助系统

6. 车道保持系统

车道保持系统(lane keeping system, LKS)的基本功能是通过视觉传感器对车道线进行检测,验证本车在车道内的位置,并可自动调整转向,使本车保持在车道内行驶,如图3-22所示。

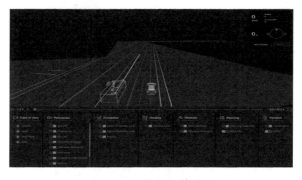

图 3-22　车道保持系统

3.4 ▶ 无人系统中激光点云和视觉图像的融合

3.4.1 KITTI 数据集

本节中使用的数据为 RGB 图像与激光点云，通过对多个数据集的调查研究，最终决定采用 KITTI 数据集进行算法的设计验证以及实验验证。

KITTI 数据集是一个适用于移动机器人及自动驾驶领域的数据集，其数据采集自移动轿车平台，采集场景为德国卡尔斯鲁厄市的交通道路，数据集旨在推动计算机视觉以及自动驾驶方向的相关算法研究。KITTI 数据集采集平台结构如图 3-23 所示，配备多种传感器，包括两个高分辨率的彩色相机、两个灰度相机、激光雷达、GPS/IMU 惯性导航系统以及 4 个变焦距镜头。因此数据集也包含相机图像、激光扫描、高精确度的 GPS 测量以及 IMU 的加速度等丰富的数据，可以进行多种任务的研究。

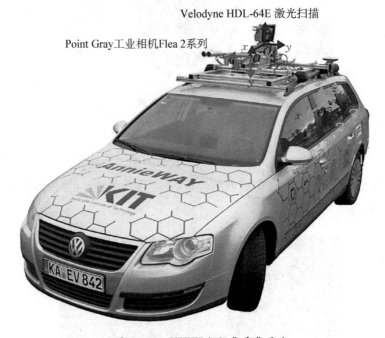

图 3-23　KITTI 数据集采集平台

整体数据集包含在 10～100 Hz 频率下采集的 6 小时交通场景，涵盖从高速公路到城区道路的多种情形，包含许多静态与动态的物体。数据集提供的原始数据总大小为 180 GB,分为道路、城市、住所、校园与人群 5 种场景类别,其提供的数据除各传感器采集的数据外,还包含三维目标的边界框以及传感器的标定信息。KITTI 数据集还针对不同的研究任务需求提供不同的子数据集,如视觉里程计、光流估计、物体检测等任务。在本节的研究中,我们使用三维目标检测的子数据集进行实验。

3.4.2 激光点云和视觉图像的数据对齐

1. 相机成像原理

本节内容研究的图像数据为通过单目相机获得的彩色图像,共有 RGB 3 个通道的数据,并且使用小孔成像相机模型(见图 3 - 24)来进行后续的计算。KITTI 数据集中的彩色图像使用 8 bit 的 PNG 文件格式进行无损压缩的存储,大小被截取为 1 382×512 像素。

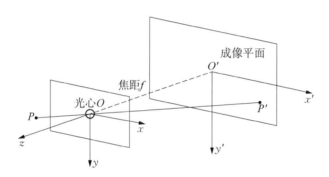

图 3 - 24 小孔成像相机模型

在进行后续从二维到三维对齐的步骤之前,我们首先要了解相机的成像原理,用以计算相机坐标系下的空间点与相片坐标系下的像素点之前的投影关系。此处使用较为常见的小孔成像模型来类比相机的成像过程,其几何模型如图 3 - 25 所示。在图中存在两个坐标系,即相机坐标系与图像坐标系,相机坐标系以光心 O 为原点,x、y、z 为三轴,图像坐标系以光心在成像平面的投影 O' 为原点,x'、y' 为两轴。假设三维空间内的一点 P 在相机坐标系下的坐标为 $[x, y, z]^{\mathrm{T}}$,其在成像平面的投影点 P' 的坐标为 $[x', y']^{\mathrm{T}}$。 从图中可以看出 P 及 P' 关于光心 O 存在相似关系,有

$$\frac{z}{f} = \frac{x}{x'} = \frac{y}{y'}$$

进而可以得到 P' 在成像平面的坐标为

$$\begin{cases} x' = f\dfrac{x}{z} \\ y' = f\dfrac{y}{z} \end{cases}$$

成像平面坐标系与最终的像素坐标系不等价,两个坐标系之间的相对位置关系如图 3-25 所示,像素坐标系以图像的左上角为原点,而成像平面坐标系的原点在成像的中心,两个坐标系之间存在缩放与平移的关系。

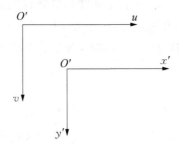

图 3-25 成像平面坐标系与像素坐标系之间的相对位置

假设像素坐标系相较成像平面坐标系的偏移量为 $[c_{x'},\ c_{y'}]^{\mathrm{T}}$,且像素坐标系在 u、v 两轴上的缩放倍率为 $\alpha_{x'}$ 和 $\alpha_{y'}$,将 P' 的坐标代入缩放平移关系,可得

$$\begin{cases} u = \alpha_{x'}x' = \alpha_{x'}f\dfrac{x}{z} \\ v = \alpha_{y'}y' = \alpha_{y'}f\dfrac{y}{z} \end{cases}$$

将式中的 $\alpha_{x'}f$、$\alpha_{y'}f$ 记作 $f_{x'}$、$f_{y'}$,并用齐次坐标系的矩阵形式表示为

$$\begin{bmatrix} u \\ v \\ 1 \end{bmatrix} = \frac{1}{z}\begin{bmatrix} f_{x'} & 0 & c_{x'} \\ 0 & f_{y'} & c_{y'} \\ 0 & 0 & 1 \end{bmatrix}\begin{bmatrix} x \\ y \\ z \end{bmatrix} = \frac{1}{z}\boldsymbol{KP}$$

式中,$\boldsymbol{K}$ 称为内参数矩阵,一般认为仅与相机自身相关并固定不变,可通过相机出厂信息或标定方法确定。

因此小孔相机模型的成像过程可以总结如下:相机坐标系下的空间点坐标右乘相机内参数可得到像素坐标系下的像素坐标,即

$$p = KP$$

2. 激光点云数据

点云是三维空间内点的集合,其关键信息是每个点的三维坐标,也可以包含诸如颜色、反射强度等信息。点云的获取方式包括从真实世界中采集、从虚拟数据中采样。从真实世界中采集,一般可使用 RGBD 相机和激光雷达,通常激光雷达采集的数据准确度更高。从虚拟数据中获取的方式有通过三维模型的数据获取、通过对三维栅格的采样以及从三维重建的过程中获得等。

在 KITTI 数据集中,激光雷达的每一帧扫描结果使用浮点二进制形式存储,并且每一点都包含三维空间中的坐标 (x, y, z) 以及反射强度 r。激光雷达型号为 Velodyne HDL-64E,包含 64 条激光线,有效范围为 120 m,水平方向上视角为 360°,分辨率为 0.08°,垂直方向上视角为 26.9°,分辨率约为 0.4°,每秒可获取多达 2.2×10^6 个点云,如图 3-26 所示。

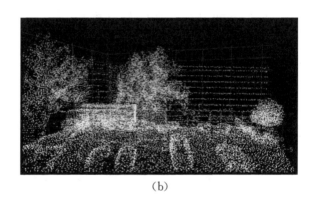

（a）　　　　　　　　　　　　　　　（b）

图 3-26　Velodyne 64 线激光雷达及点云效果图

（a）Velodyne 64 线激光雷达；（b）点云效果图

3. 数据对齐

为了提高系统的鲁棒性,许多基于多传感器融合的算法应用于各个方面。多传感器融合的过程包含必要的时间同步与空间同步,在本节介绍的相机与激光雷达的联合标注中也不例外。在处理已经采集到的数据时,时间同步就是将同一时刻采集到的数据进行整合,形成一帧完整的观测。不同传感器的采集频率可能不同,一般采用时间戳的形式寻找同一时刻的观测数据。这里使用 KITTI 数据集进行实验,KITTI 数据集提供带有时间戳的不同传感器的数据以及经过时间同步的数据,使用起来较为方便,此处不再赘述时间同步过程。经过时间同步后,不同传感器数据在空间上的同步也十分必要，此处对相机与激光雷达得到数据进行空间同步的过程展开描述。

在得到二维图像的像素级标注之后，需要将标注结果赋给像素点对应的点云，因此需要进行激光雷达局部坐标系下的点云坐标与像素坐标系下的像素点的变换。由 3.4.2 节可以了解，在相同的视野下，激光雷达的点云数据量远少于高分辨率相机的像素点数据量，因此在进行两个坐标系下坐标变换时，采取将激光雷达局部坐标系下的空间点变换到像素坐标系下，将稀疏的激光雷达点云对应到稠密的像素点，使用这种方法则在相同视场下的每一个点云坐标都可以找到对应的像素点。此外单目相机与激光雷达有不同的视场，激光雷达在水平方向上的感知范围是 $360°$，远大于相机的视野范围，因此需要对点云数据进行截取来保证图像与点云范围相同。整体数据对齐过程共分为三维坐标变换、从三维到二维的投影及视场对齐三个步骤。

数据对齐过程中首先要进行不同三维坐标系下的坐标变换，因为激光雷达与相机的摆放朝向及位置均有不同，即其位姿存在差异，因此两个局部坐标系之间也存在平移与旋转的变换关系，如图 3-27 所示。假设激光雷达坐标系为 $O_1-x_1y_1z_1$，相机坐标系为 $O_2-x_2y_2z_2$，两个坐标系的三轴朝向与原点位置均不相同，而两者之间变换关系的参数需要经过联合标定来确定。标定方法是一个可以进行单独深入研究的课题，这里不做详细介绍，因此我们使用已经标定好的参数进行计算。KITTI 数据集中提供相机与激光雷达的联合标定结果，以及相机内参数的标定结果。若要自行采集数据进行实验验证，则需要首先进行相机与激光雷达的联合标定以及相机的自身标定来得到必需的参数。假设激光雷达坐标系下一点 P 的坐标为 $[x_1, y_1, z_1]^T$，其在相机局部坐标系下的坐标为 $[x_2, y_2, z_2]^T$，现在我们有两个坐标系的变换矩阵 T，可以得到以下关系：

$$\begin{bmatrix} x_2 \\ y_2 \\ z_2 \\ 1 \end{bmatrix} = \begin{bmatrix} \boldsymbol{R} & t \\ 0^T & 1 \end{bmatrix} \begin{bmatrix} x_1 \\ y_1 \\ z_1 \\ 1 \end{bmatrix} = \boldsymbol{T} \begin{bmatrix} x_1 \\ y_1 \\ z_1 \\ 1 \end{bmatrix} \tag{3-1}$$

式中，$\boldsymbol{R}$ 为两个坐标系间的旋转矩阵；t 为两个坐标系间的平移量，可通过相机与激光雷达的联合标定得到。

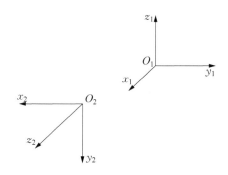

图 3-27　相机坐标系与激光雷达坐标系

根据式(3-1),可以将激光雷达坐标系下的点云坐标 $[x_1, y_1, z_1]^T$ 变换到相机坐标系下的坐标 $[x_2, y_2, z_2]^T$,其表示的仍是同一点 P,但因坐标系不同,其坐标值也发生了变化,这是数据对齐中的第一步。

将激光雷达坐标系下的点云变换到相机坐标系下的空间坐标之后,需要将相机坐标系下的点云与像素坐标系下的像素点进行对应。在此需要根据相机的内部参数来计算点云与像素间的对应关系,根据 3.4.2 节中相机成像原理的介绍可得

$$\begin{bmatrix} u \\ v \\ 1 \end{bmatrix} = \frac{1}{z_1} \begin{bmatrix} f_x & 0 & c_x \\ 0 & f_y & c_y \\ 0 & 0 & 1 \end{bmatrix} \begin{bmatrix} x_2 \\ y_2 \\ z_2 \end{bmatrix} = \frac{1}{z_1} K \begin{bmatrix} x_2 \\ y_2 \\ z_2 \end{bmatrix}$$

在 KITTI 数据集中,相机的内部参数已经被标定好并提供 P2、R0_rect 进行计算,公式为 $x = P2 * R0\_rect * Tr\_velo\_to\_cam * y$

相机坐标系下的点云经投影后可以得到其对应的像素坐标,但经计算得到的像素坐标并不一定是整数,因后续需要进行点云与像素标签的传递,所以需要将点云对应到确切的像素点才能得到所需的标签。此处在图像中选择与计算得到的像素坐标最接近的像素点作为其最终的结果。

$$(u, v) = \text{round}(u', v')$$

在进行了从三维激光雷达点云到二维像素的投影后,还有一个问题需要解决,也就是点云与图像所涵盖的真实世界的范围不同。如 3.3.1 节中所介绍的,图像与点云在水平与垂直方向上均有不同的视野,主要是水平方向上的差异较大。单目相机水平视角小于 $180°$,激光雷达水平视角为 $360°$,而在本节中需要使用视觉信息的标注结果来辅助进行点云的标注,因此需要将点云截取至图像所涵盖的范围内。

3.4.2节讲解了从三维到二维的投影得到点云与像素点之间的对应关系,但因其视野不同,并非所有点云的投影都在图像的范围内,所以仅保留投影后坐标符合标准的点云进行后续的计算。此处设置图像的大小为阈值,点云对应的像素若在此范围内则保留,其关系可以表示为式(3-2)。此处实际上是保留了图像范围内的点云,因此最终可以得到相同视野的点云与图像。

$$\begin{cases} 0 \leqslant u' \leqslant u \\ 0 \leqslant v' \leqslant v \end{cases} \tag{3-2}$$

当视场对齐之后,数据对齐的过程便完成了。对于在相同图像范围内的点云,每一个空间点都有其对应的像素点。结合二维图像的标注结果,在此范围内的点云通过其与像素的对应关系,可以得到每个点云的初步标注结果。

3.4.3 实验验证及结果分析

KITTI 数据集针对不同的任务提供不同传感器、不同附加信息的子数据集,在本节中采用三维物体检测的子数据集,主要使用左相机的彩色图像、激光雷达的点云数据、相机标定结果和训练集的真值信息。真值信息包含三维空间内的物体标注情况,但是形式为相机局部坐标系下的三维边界框,而非每个激光雷达点云的标注情况,因此需要根据其真值生成每个点的标签,以便进行后续的实验结果的评价。

KITTI 提供的物体标注真值格式如图3-28所示,真值共包含9组数字,分别为物体类别、是否截断、遮挡情况、物体观测角度、二维边界框、三维物体维度、

```
#Values    Name       Description
----------------------------------------------------------------
   1       type       Describes the type of object: 'Car', 'Van', 'Truck',
                      'Pedestrian', 'Person_sitting', 'Cyclist', 'Tram',
                      'Misc' or 'DontCare'
   1       truncated  Float from 0 (non-truncated) to 1 (truncated), where
                      truncated refers to the object leaving image boundaries
   1       occluded   Integer (0,1,2,3) indicating occlusion state:
                      0 = fully visible, 1 = partly occluded
                      2 = largely occluded, 3 = unknown
   1       alpha      Observation angle of object, ranging [-pi..pi]
   4       bbox       2D bounding box of object in the image (0-based index):
                      contains left, top, right, bottom pixel coordinates
   3       dimensions 3D object dimensions: height, width, length (in meters)
   3       location   3D object location x,y,z in camera coordinates (in meters)
   1       rotation_y Rotation ry around Y-axis in camera coordinates [-pi..pi]
   1       score      Only for results: Float, indicating confidence in
                      detection, needed for p/r curves, higher is better.
```

图3-28 KITTI数据集物体标注真值格式

三维物体位置、y 轴旋转情况、检测结果置信度。为了得到每个点云点的标签真值，首先要获得三维物体的边界框，在此中用到三维物体维度以及三维物体位置。使用这两组参数，得到物体在相机坐标系下的边界范围。然而点云的数据是基于激光雷达局部坐标系的，因此还需要按照 3.4.3 节所述的三维变换方法，将点云的原始坐标变换到相机局部坐标系下。经过变换后，点云坐标与物体真值信息均在相机坐标系下，此时将位置在物体边界框内的点云标注为真值中的类别。

每一帧图像的真值信息根据物体的数量不同，可能会包含多条真值信息，因此需要对每一条信息重复上述的真值生成过程，从而得到每一个点云点的物体类别信息。

针对本章提出的视觉辅助点云初步标注方法，这里进行在单场景下的实验测试，对于同一场景下的点云与图像数据进行实验。

首先对二维图像的像素级别进行标注，使用 Mask R - CNN 在 KITTI 数据集上进行推理，得到每帧图像的分割结果。如图 3 - 29 所示，可以看出实例分割网络在 KITTI 数据集上对于特定的道路交通物体类别有较好的识别效果。

(a)

(b)

图 3 - 29　图像标注效果对比图

经过二维与三维对齐的点云与图像对齐后，将图像标签传递至相同视野的三维点云,其效果如图 3-30 所示。可以看出三维与二维的视野范围相同,并且对于两种数据中相同的物体也进行了同样的标注。从这两幅图片上可以定性地看出,视觉辅助的初步点云标注可以达到标注的目的,接下来从定量的角度来分析通过这种方法得到的点云标签的准确程度。

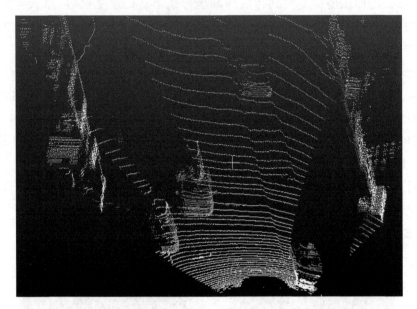

图 3-30 图像标签传递至相同视野的三维点云效果图*

KITTI 数据集的物体检测任务中提供的真值数据共包括 3 种类别:汽车、行人和自行车,而其中汽车所占的物体总数的比例最大。在标注效果的评判中,采用 3 个指标来评价视觉辅助点云初步标注算法的效果,即准确率(accuracy)、精确率(precision)和查全率(recall)。预测的结果一般会分为 4 种情况:TP(true positive)、FP(false positive)、TN(true negative)、FN(false negative)。根据这 4 种预测结果,进一步可以定义不同的评价指标,本节使用准确率(accuracy)、精确率(precision)、查全率(recall)3 个指标来评价标注结果,3 种指标的定义如下:

$$
\begin{cases}
\text{accuracy} = \dfrac{\text{TP} + \text{TN}}{\text{TP} + \text{FP} + \text{TN} + \text{FN}} \\[2mm]
\text{precision} = \dfrac{\text{TP}}{\text{TP} + \text{FP}} \\[2mm]
\text{recall} = \dfrac{\text{TP}}{\text{TP} + \text{FN}}
\end{cases}
$$

此处我们对 KITTI 数据集中的道路情况进行测试,其结果如表 3-2 所示,准确率在 86% 以上,精确度为 73%,查全率为 85% 左右。从中可以看出点云标注的结果中包含较多的杂点,因此车辆类别的准确率较为低下。这些杂点的情况一方面可能是由二维图像本身检测的误差带来的,另一方面可能是经由二维到三维的标注过程引入。因此在进行视觉辅助的激光雷达点云初标注后,还需要进行进一步的点云标签校正,从而进一步优化结果。

表 3-2　视觉辅助初步标注结果

阶段	准确率/%	精确度/%	查全率/%
Mask R-CNN	86.97	73.06	84.73

本章小结

本章主要介绍了无人系统环境感知传感器中的激光雷达传感器和视觉传感器,并介绍了三维点云和二维图像融合的方法,详细描述了具体步骤。此外介绍了 KITTI 数据集,相机成像原理和激光点云数据类型,阐述了三维激光点云到二维视觉图像的数据对齐步骤,并通过 KITTI 数据集进行了实验验证。

4 无人系统定位技术

4.1 ▶ 无人系统定位技术概述

无人系统的定位主要通过粒子滤波进行。粒子滤波是指通过寻找一组在状态空间中传播的随机样本来近似表示概率密度函数,用样本均值代替积分运算,进而获得系统状态的最小方差估计的过程,这些样本被形象地称为"粒子",故而该过程称为粒子滤波。比较常见的是粒子滤波维护一个姿态向量(x, y, yaw),默认 roll/pitch 相对足够准,运动预测可以从陀螺仪中取得加速度和角速度。粒子滤波需要注意样本贫化和其他可能的灾难定位错误,一小部分粒子可以持续从现在 GPS 的位置估计中获得。

样本数量的自适应控制需要根据实际情况有效调整。因为已有了高精度光学雷达点云地图,所以可以很自然地用实时点云数据和已经建好的地图进行匹配。讲到三维点云匹配必然要提及迭代最近点(iterative closest point, ICP)算法。ICP 算法的目标是在给出两组点云的情况下,假设场景不变,算出这两组点云之间的姿态(pose)。最早的 ICP 原理,就是第一组点云的每个点在第二组点云里找到一个最近的匹配,之后通过所有的匹配来计算均方误差,进而调整估计的位置,这样进行多次迭代,最终算出两组点云的相对位置。因此,在预先有地图的情况下,用实时的点云加上一个大概位置猜测就可以精准算出无人车的当前位置,并且根据时间相邻的两帧点云也可以算出一个相对位置。

另外,因为无人车是一个复杂的多系统融合体,所以光学雷达、摄像机和六轴陀螺仪都必须配备。一旦配备摄像机和陀螺仪,那么做各种视觉测程法和最近的视觉通用测程法 SLAM 就是自然选择。上述粒子滤波、各种版本的卡尔曼滤波以及图像和关键帧等概念,都属于 SLAM 范畴。值得注意的是,对于多传感器多信息源融合，只要算法正确并且工程实践扎实，其效果一定会比单一传感器好。虽然 ICP 已有很多改进，比如 point-to-distance 测量改进，用 kd-tree 加速查找改进等，但都需要很好的初始化位置，否则 ICP 很容易陷入局部最优的困境而无法实现全局最优，这时非常需要图像视觉补充。图像的特征点提取描述计算可以让匹配更精准，速度虽不慢，但距离太远会导致精准度下降，而且有很多图像视觉无法解决的情况，因此，可以说多传感器多信息源融合的作用不是"让它变好"，而是"没你不行"。更明显的一点是，GPS 技术在户外的应用已经十分可靠，没有理由不使用它来首先确定无人车的大概位置。

4.2 ▶ 传统地图与高精度地图

4.2.1　传统地图

1. 栅格化地图

栅格化地图和矢量化地图是常见的地图组织格式。具体到导航任务最终可以采用的地图，可以细分为若干种类型，不同类型的地图针对的任务类型不同，面向的导航对象也不同。具体的任务类型包括区域通行、局部避障、语义分割、城市机动和野外机动等，导航对象包括有人平台和无人平台。

栅格化地图是一种常用的地图表示方法，可简称为栅格图。栅格图是彩色地图或分版胶片通过扫描形成地图图像后，经过数字变换和图像处理所形成的地图图像数据，基本的构图单元是栅格，也就是像素，从数据组织方式上来看是由点阵组成的。它将地图区域划分为规则的网格或像素，每个网格或像素代表地图上的一个特定区域。每个网格或像素可以包含有关该区域的地理信息，例如地物类型、海拔高度、道路网络等。栅格图通常由计算机生成和处理，已应用于许多领域，包括地理信息系统（GIS）、导航系统、遥感分析等。

0 维矢量表现为具有一定数值的一个栅格单元，每个栅格单元也称为点单元，在矩阵中称为栅格，该栅格有一定的大小，其大小反映了数据的分辨率。一维矢量表现为按线性特征相连接的一组相邻栅格单元的集合。二维矢量表现为按二维形状特征连续分布的一组栅格单元的集合。每个单元的数值表示空间地理现象，如森林、湖泊、居民区等。图 4-1 展示了一个点、一条线和一个面的栅格表示。

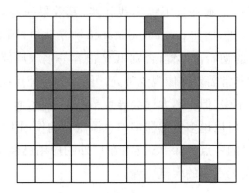

图 4-1　栅格数据位置和形状的表达

栅格描述的空间对象属性明确，位置隐含，其位置坐标按如下方法确定。

（1）直接记录栅格单元的行列号，栅格单元的行列号通常以左上角为坐标零点。

（2）在给定分辨率参数（行数和列数）的前提下，将栅格单元按顺序编号，编号顺序左上角为起点，右下角为终点。

假设当前栅格单元行列号为 (i, j)，$i = 1, 2, \cdots, n$，$j = 1, 2, 3, \cdots, m$，一个栅格单元所代表的空间区域大小为 Δx、Δy 栅格区域的原点坐标为 (x_0, y_0)，那么当前栅格单元的平面坐标为

$$x = x_0 + j\Delta x$$
$$y = y_0 + i\Delta y$$

栅格数据表达中通常不存储空间拓扑关系，空间关系的确定一般通过计算求得。对栅格数据进行空间关系分析计算时，常用四邻域、八邻域、二十四邻域作为算法的基础，如图 4-2 所示。

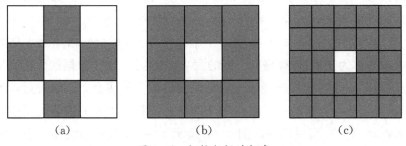

图 4-2　栅格数据的邻域

(a)四邻域；(b)八邻域；(c)二十四邻域

栅格图是纸质地图的扫描图像,在形式和内容上保留了原彩色地图的主要特色和风格,易于被常年使用军用地图的各级指挥人员、参谋人员所接受;数据结构简单,整个数据按行按列依次组成,每个像素有一个颜色值或灰度值;生产速度快、成本低,但是数据量大,在存储和管理上需要采用一定的压缩技术。

栅格图是一种扫描图像,使用起来方法比较单一,通常作为地理背景使用,无法提取地图要素和内容,不能对地表现象和物体进行个体定义和描述,不能分层、分类、分要素检索和使用,因此使用起来有很大的局限性。

生成栅格图的数据源于 DEM 高程数据,本节使用的 DEM 高程包括各个栅格的经度、纬度以及高程,高程值可以使用米或英尺作为单位,并以浮点数或整数形式存储。通过这些高程值,可以绘制地形表面的高程模型,同时提供不同分辨率的地形。分辨率是指栅格单元代表的地理空间大小,它表示每个栅格单元所覆盖的地面面积。较小的分辨率意味着栅格单元更小,可以提供更高的精度,但会增加数据量和计算需求。图 4-3 所示为米级精度的输入 TIFF 数据。

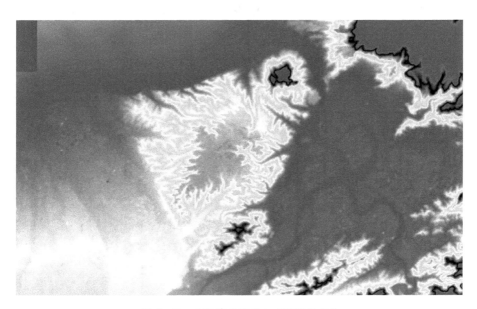

图 4-3　米级精度的输入 TIFF 数据*

生成栅格图,首先读取输入的 TIFF 格式文件,TIFF 格式文件包含近红外、红边范围、短波红外等波段,用 gdal 库来处理 TIFF 格式的文件。读取红绿蓝(RGB)三波段数据,返回一个 gdal. Dataset 类型的对象,获取 TIFF 图像的宽度以及高度,定义结果数组,将 RGB 三波段的矩阵存储,读取波段数值,将波段数值存储为 numpy 数据,结果存放在数组里。

在生成栅格图之前,通常需要对获取的数据进行预处理。这可能包括数据的投影或坐标系统转换、数据校正、噪声或异常值处理等。预处理的目标是确保数据的一致性、准确性和适应性。在这里,我们过滤掉输入数据里面的杂波。

然后,需要保证栅格数据使用的坐标系为 WGS84 转换出来的数据精度为 10~12,其中经度范围为 121°181 945 800 781′~121°588 345 800 781′,纬度范围为 24°9 363 106 445 312′~25°1 834 106 453 125′。

在栅格化之前,将地理数据转换为栅格形式。确定栅格参数:确定生成栅格地图的参数,例如栅格单元的大小(分辨率)、坐标范围、高程单位等。这些参数将决定地图的精度、覆盖范围和细节程度。这涉及将地理数据划分为规则的栅格单元,并为每个栅格单元分配相应的属性值。

同时,根据需求的不同,我们给不同的栅格赋予了油耗、可否通行、速度等属性。根据要求绘制相应的矢量图形,将矢量图形内部赋予一定的属性,使其成为障碍物。TIFF 文件中的像素构成了栅格,所以不需要额外绘制栅格图形。但是由于栅格数量众多,如果显示栅格会将图像都遮盖,所以上述过程中不显示栅格。还可以选择是否添加障碍物,是否生成障碍地图。

栅格图生成后,使用地图渲染和可视化技术呈现地图。选择适当的颜色映射方案、图层叠加、透明度设置等,这使地图易于理解和解释。最后,将栅格地图输出为 TIFF 或者 shapefile 格式的文件。图 4-4 总结了栅格图的生成步骤。

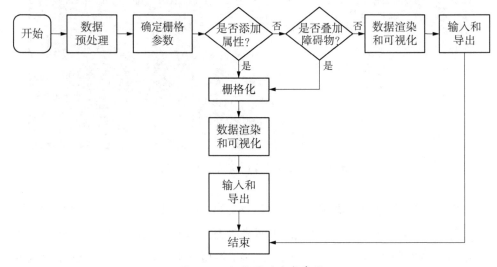

图 4-4 栅格图的生成步骤

对于矢量障碍物栅格图（见图 4-5），底图采用原始的 DEM 数据，渐变色映射采用高程数值从低值到高值，使用渐变色表示不同数值范围。矢量障碍物设置好透明度以及线条粗细，叠加在 DEM 图层上，由于尺度过大，矢量障碍物看起来就像一个点。

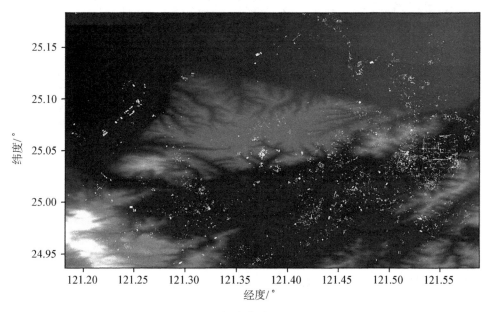

图 4-5　矢量障碍物栅格图*

根据实际地图，赋予不同的栅格内部不同的属性。图 4-6 中，属性为 0 的代表不可通行，属性为 1 的代表机动车在该环境下的行驶速度（相对速度）为 1，属性为 3 的代表机动车在该环境下的行驶速度为 3。

在生成栅格的时候，确保数据以栅格形式存在，并且每个像素具有特定的值或属性。栅格可以是灰度栅格（单波段）或多波段栅格，具体取决于需求和数据类型。选择适当的分辨率是栅格地图生成的重要考虑因素。较低的分辨率可以减小数据量，但可能会损失细节，而较高的分辨率可以提供更准确的表示，但会增加数据量和处理需求。

确保栅格图使用正确的坐标系统和投影，这是确保地理数据在地图上正确对应位置的关键。在生成 TIFF 栅格图之前，需要确保数据已根据正确的地理坐标系统进行投影或变换。栅格数据可以具有不同的数据类型，如整数、浮点数、布尔值等，需要注意每个栅格的精度的有效位数，才能用有限的内存存储足够多的信息。

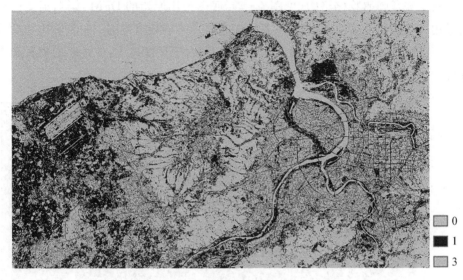

图 4-6 速度栅格图*

2. 泰森多边形地图

泰森多边形(Thiessen polygons)地图,也称为沃罗诺伊图(Voronoi diagram)或泰森图,是一种将空间分割成互不重叠的多边形区域的地图。它以其独特的属性在地理信息系统(GIS)和空间分析中得到广泛应用,如图 4-7 所示。

泰森多边形的概念源于数学家 Georgy Voronoi 在 1908 年提出的沃罗诺伊理论,其基本思想是通过将空间中的点集划分为不同的区域,使得每个点所在的区域都是与其最近的点所组成的区域。

点集的分布对泰森多边形地图的生成具有重要影响,不同的点集分布模式会导致不同形状的泰森多边形。下面描述一些常见的点集分布模式及其对泰森多边形形状特征的影响。

(1) 均匀分布。当点集均匀分布在空间中时,泰森多边形的形状会更加规则、对称,各个多边形的面积和边长相对一致。这种分布模式下的泰森多边形地图对于地理分析来说较为理想,可以用于空间插值、区域划分和统计分析等。例如,对于均匀分布的人口数据点,可以通过泰森多边形地图更准确地划分人口密度、人口聚集区域等。

(2) 聚集分布。当点集呈现聚集分布模式时,泰森多边形的形状会更多地受到聚集点的影响,聚集点周围的多边形会更小,而空缺区域的多边形会更大。这种分布模式下的泰森多边形地图可以揭示聚集现象的空间范围和程度。例如,在

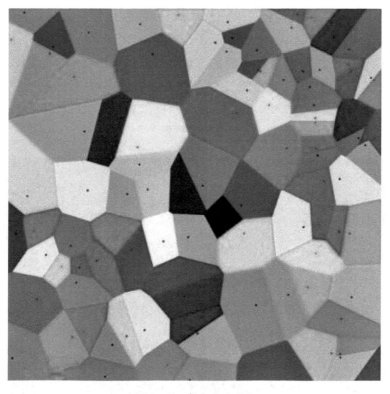

图 4-7 泰森多边形*

犯罪热点分析中,聚集分布的犯罪事件点可以通过泰森多边形地图凸显犯罪高发区域,有助于警务部门制订针对性的治安措施。

(3) 线性分布。当点集呈现线性分布模式时,泰森多边形会形成一系列狭长的多边形,呈现类似河流的形状。这种分布模式常见于河流、道路等线性地理要素的分布分析。通过泰森多边形地图,可以精确地刻画线性要素的服务范围、交通连通性。

(4) 不规则分布。当点集呈现不规则分布模式时,泰森多边形的形状会更复杂,多边形的大小和形状差异较大。这种分布模式下的泰森多边形地图可能反映地理现象的复杂性和异质性。

常见的泰森多边形生成算法基于凸包的算法(如 Graham 扫描算法)、增量式插入算法(如 Bowyer-Watson 算法)以及优化的算法(如 Delaunay 三角剖分算法)。

基于凸包的算法首先找出点集的凸包,即包围点集的最小凸多边形。然后,将凸包的边作为初始的泰森多边形边界。接下来,对于剩余的点,确定每个点与凸包上的哪条边最近,则将该点加入对应的多边形中,直到所有点都被处理完。

这种算法简单直观,时间复杂度为 $O(n^2)$,其中 n 为点集的数量。优化的 Delaunay 三角剖分算法基于 Delaunay 三角剖分,首先构建 Delaunay 三角网(见图 4-8),然后通过删除不符合条件的三角形边来生成泰森多边形地图。优化的 Delaunay 算法可以利用空间分解技术,提高算法的效率,并且保证了生成的泰森多边形具有一些优良的性质,如最大、最小角度限制和最小的外接圆。该算法的时间复杂度为 $O(n\lg n)$,其中 n 为点集的数量。

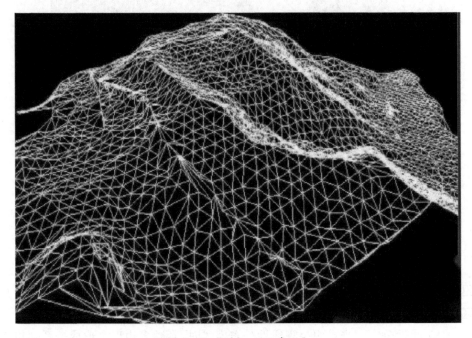

图 4-8 Delaunay 三角网*

在以上算法中,优化的 Delaunay 三角剖分算法得以广泛应用,因为它能够生成高质量的泰森多边形地图且具有较好的时间复杂度。

泰森多边形地图具有许多属性与应用,如表 4-1 所示。

表 4-1 泰森多边形地图的属性与应用

属性	应用
区域分割与边界定义	提供明确的边界定义,使得对空间区域的划分和分析更加清晰和准确
邻近关系描述	反映点集中各点之间的空间邻近关系。对于任意一个点,其最近邻点就是与之相邻的泰森多边形中的其他点

（续表）

属性	应　　用
空间插值与预测	通过已知点的属性值在其所在的泰森多边形内进行插值,可以估计未知点的属性值
区域统计与空间分析	泰森多边形地图提供了一种便捷的方式来进行区域统计和空间分析。可以计算每个泰森多边形内点的属性的统计量,如平均值、方差、总和等,从而对区域特征进行分析

本次生成泰森多边形的输入数据为矢量障碍物(见图 4-9),数据格式为.shp、.shx 和.dbf,其中,.shp 文件(shapefile index)包含了实际的矢量几何数据,用于存储点、线、面等地理要素的几何形状信息。每个地理要素都有其对应的几何类型(点、线、多边形等)和坐标信息。.shx 文件是 shapefile 的索引文件,用于加快对几何数据的访问速度。它包含了地理要素的偏移量和长度信息,可以根据这些信息快速定位和提取特定要素。

.dbf 文件(dBASE file)是 shapefile 的属性表文件,用于存储地理要素的属性信息。它以 dBASE 格式存储,类似于一个表格,每个记录对应一个地理要素,每个字段对应一个属性。该文件包含了 109 689 个矢量图形,最少的矢量图形包含了 20 个顶点,最多的包含了 20 个顶点。

	OBJECTID	osm_id	code	fclass	name	type	Shape_Leng	Shape_Area	geometry
0	1	6181352	1500	building	家樂福	None	0.004630	1.348054e-06	POLYGON ((121.30555 25.01545, 121.30462 25.015...
1	2	9847872	1500	building	第二航廈	None	0.006664	2.626898e-06	POLYGON ((121.23313 25.07684, 121.23238 25.076...
2	3	9847873	1500	building	第一航廈	None	0.006828	2.832390e-06	POLYGON ((121.23820 25.08076, 121.23809 25.080...
3	4	18583897	1500	building	桃園市立田徑場	None	0.006126	2.774026e-06	POLYGON ((121.32425 24.99432, 121.32437 24.994...
4	5	18583899	1500	building	桃園市立綜合體育館 (桃園巨蛋)	None	0.004088	1.317853e-06	POLYGON ((121.32330 24.99459, 121.32313 24.994...
...	...	...	...	...	...	...	...	...	...
109693	109694	1131522119	1500	building	None	None	0.001285	7.536540e-08	POLYGON ((121.57123 25.03948, 121.57097 25.039...
109694	109695	1131522120	1500	building	None	None	0.001557	1.156614e-07	POLYGON ((121.57097 25.03939, 121.57123 25.039...
109695	109696	1131522121	1500	building	None	None	0.000713	2.531445e-08	POLYGON ((121.57123 25.03948, 121.57123 25.039...
109696	109697	1133392005	1500	building	王水大樓	None	0.000649	2.628658e-08	POLYGON ((121.51350 25.05566, 121.51335 25.055...
109697	109698	1133392006	1500	building	長安煱	apartments	0.001104	7.616953e-08	POLYGON ((121.51366 25.05192, 121.51338 25.051...

图 4-9　泰森多边形地图输入数据

每个矢量障碍物经纬度数据精度为 10~12,其中经度范围为 121°181 945 800 781′~121°588 345 800 781′,纬度范围为 24°9 363 106 445 312′~25°1 834 106 453 125′。全

局矢量障碍物如图 4-10 所示,局部矢量障碍物如图 4-11 所示。

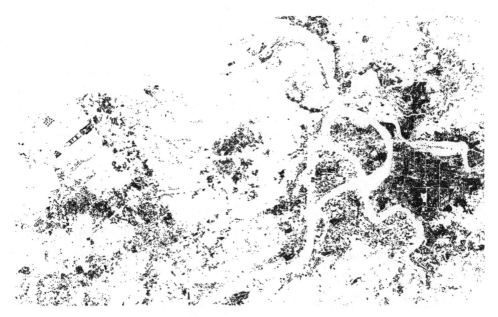

图 4-10 全局矢量障碍物*

图 4-11 局部矢量障碍物*

　　首先根据输入的矢量障碍物,提取出所有 polygons 的顶点,一共提取出了 714 640 个顶点。根据点集的范围和边界条件以及地图的范围,确定地图的边界。这将有助于生成一个包含所有点的超级三角形,使得所有的点都位于泰森多边形地图的边界上。使用边界上的三个点来构建一个超级三角形,它将包围整个点集。这个超级三角形将成为泰森多边形地图生成算法的起始状态。逐个将点插入泰森多边形地图中。根据选择的算法,可以采用增量式插入算法或优化的 Delaunay 三角剖分算法。插入点时,根据最近邻原则将点插入与其最近的三角形中,并相应地更新三角形和边界。在插入完所有点后,根据三角形的连接关系和边界,生成每个点所在的泰森多边形。这些多边形将构成泰森多边形地图的最终结果。最后,根据生成的泰森多边形地图,进行可视化展示和进一步的空间分析。

　　泰森多边形地图生成后,使用地图渲染和可视化技术呈现地图。选择适当的颜色映射方案、图层叠加、透明度设置等,这使地图易于理解和解释。最后,将泰森多边形地图输出为 TIFF 或者 shapefile 格式的文件。图 4 - 12 所示为泰森多边形地图的生成步骤。

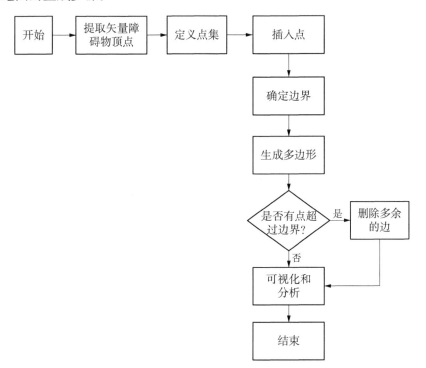

图 4 - 12　泰森多边形地图的生成步骤

对于泰森多边形地图,底图采用原始的 DEM 数据,渐变色映射采用高程数值从低值到高值,使用渐变色表示不同数值范围,设置合适的 colorbar。泰森多边形设置好透明度以及线条粗细,叠加在 DEM 图层上,如图 4 - 13 所示。

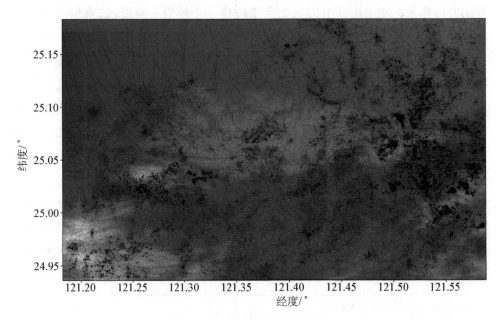

图 4 - 13　泰森多边形地图*

最后,将生成的泰森多边形发布在 geoserver 上,如图 4 - 14 所示。

确保输入点集是准确、完整且合理的。检查数据是否存在重复点、缺失值或异常值,并根据需要进行数据清洗和处理。不良的数据可能会导致生成的泰森多边形地图不准确或产生错误。

边界需要正确的定义,特别是在插入点和生成超级三角形时。确保边界能够完全包含所有的点,并尽可能地覆盖整个区域。过小或不合适的边界定义可能导致生成的泰森多边形地图不完整或缺少某些区域。

选择合适的点插入顺序也很关键。不同的插入顺序可能会产生不同的泰森多边形地图。有时,优化的插入顺序可以提高算法的效率和结果的质量。根据具体情况,可以考虑使用随机顺序、凸壳点插入顺序或其他启发式方法来选择插入顺序。

生成泰森多边形地图后,进行结果的验证和检查。比较生成的地图与原始数据的分布情况,确保地图的准确性和一致性。在需要高精度结果的应用中,可以使用其他方法或软件进行验证和比对。

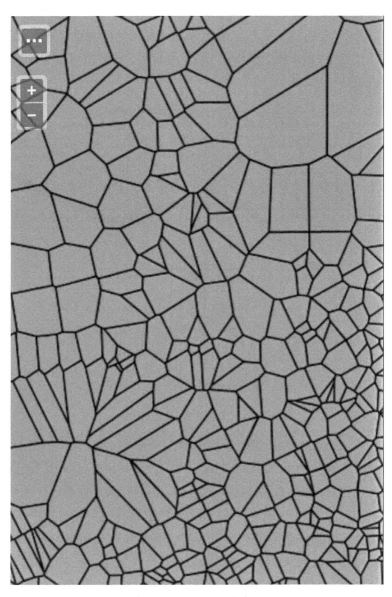

图 4-14　泰森多边形地图发布在 geoserver 上

3. 可视图

可视图由 Lozano-Perez 和 Wesley 于 1979 年提出,是机器人全局运动规划的经典算法。在可视图中,机器人用点来描述,障碍物用多边形来描述。将起始点 S、目标点 G 和多边形障碍物的各顶点(设置所有障碍物的顶点构成的集合)进行组合连接,要求起始点和障碍物各顶点之间、目标点和障碍物各顶点之间以及各障碍物顶点与顶点之间的连线均不能穿越障碍物,即直线是"可视的"。给图中的边赋权值,构造可见图 $G(V, E)$。然后采用某种优化算法搜索从起始点 S 到目标点 G 的最优路径,那么根据累加和比较这些直线的距离就可以获得从起始点到目标点的最短路径,如图 $4-15$ 所示。

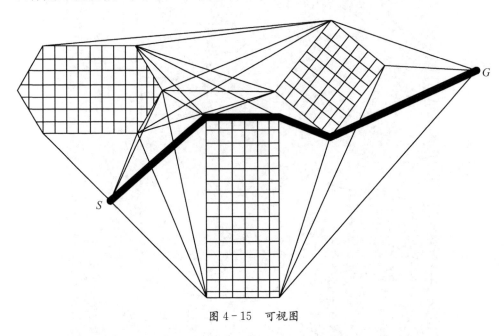

图 4-15　可视图

利用可视图规划避障路径的关键在于构建可视图,而构建可视图的关键在于障碍物各顶点之间可见性的判断。判断时主要分为两种情况,一是同一障碍物各顶点之间可见性的判断,二是不同障碍物之间顶点可见性的判断。

在同一障碍物中,相邻顶点可见(通常不考虑凹多边形障碍物中不相邻顶点也有可能可见的情况),不相邻顶点不可见,权值赋为∞。不同障碍物之间顶点可见性的判断则转化为判断顶点连线是否会与其他顶点连线相交的几何问题。

采用可视图能求得最短路径,但搜索时间长,并且缺乏灵活性,即一旦机器人的起始点和目标点发生改变,就要重新构造可视图,比较麻烦。可视图法适用于多边形障碍物,对于圆形障碍物则失效。

切线图法和 Voronoi 图法对可视图法进行了改进。切线图法用障碍物的切线表示弧,因此是从起始点到目标点的最短路径的图,移动机器人必须几乎接近障碍物行走,其缺点是如果控制过程中产生位置误差,机器人碰撞障碍物的可能性会很高。Voronoi 图法用尽可能远离障碍物和墙壁的路径表示弧。因此,从起始点到目标点的路径将会增长,但采用这种控制方式时,即使产生位置误差,移动机器人也不会碰到障碍物。

当环境中障碍物数目过多时,要处理的顶点数目急剧增加,这会大大降低可视图构造的效率。同时顶点数目过多,路径规划在搜索时要处理的候选路径就会越多,而很多路径都是无关路径,这又会降低搜索算法的收敛速度。同时,可视图中搜索出来的最短路径过于粗糙,其并不是环境中真正最短的路径,因此这种建模方法只适用于环境比较简单,对路径最优性要求不是很高的场合。

由于不能处理数据量过大的地形,所以我们需要将矢量障碍物按照密集程度,划分为多个街区。每个矢量障碍物的经纬度数据精度为 10~12,其中经度范围为 121°181 945 800 781′~121°588 345 800 781′,纬度范围为 24°9 363 106 445 312′~25°1 834 106 453 125′。

当提取矢量障碍物所有的点顶点之后,按照密集程度划分为多个街区。每个点有一个二维标签,第一维是其所属的多边形,第二维是其坐标。遍历街区的所有顶点,每两个顶点之间进行一次匹配,如果这两个顶点属于不同多边形,并且它们连线的线段不经过其他多边形,那么这两个顶点就视为可视,将它们加入可视线段集合。图 4-16 所示为划分街区后的布局。可视图的生成步骤如图 4-17 所示。

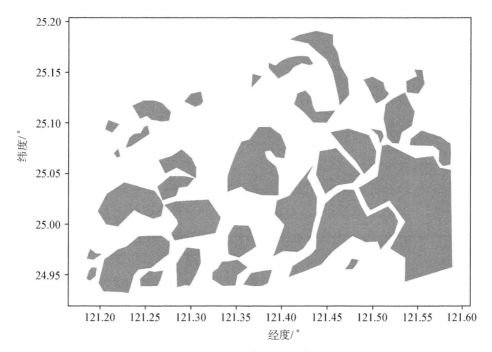

图 4-16 划分街区后的布局

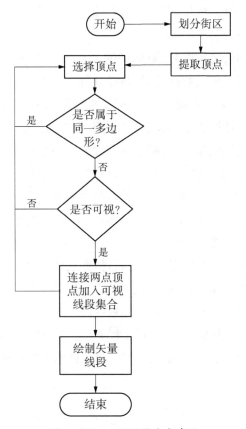

图 4-17　可视图的生成步骤

对于可视图法环境建模地图,底图采用划分街区之后的矢量障碍物,设置合适的 colorbar。可视线段集合设置好透明度以及线条粗细,叠加在街区图层上,如图 4-18 所示。

4. 拓扑图

拓扑图是一种以拓扑学为基础的地图类型,用于表示空间中的连接和关系。拓扑学是一门数学分支,研究的是集合中的元素之间的连接和关系,而不考虑其度量或几何属性。在地理信息系统领域,拓扑图广泛应用于描述和分析空间数据的拓扑关系。拓扑图通过定义和管理节点、边和路径等拓扑要素,来表示空间中的连接关系。节点表示地理对象的位置或区域,边表示地理对象之间的连接关系,而路径则表示通过节点和边连接的一系列地理对象。通过建立和维护这些拓扑要素之间的关系,拓扑图可以实现对空间数据的高效查询、网络分析和路径规划等操作。图 4-19 所示为二维拓扑图。

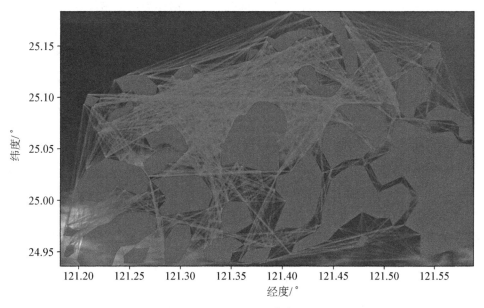

图 4 - 18　可视图法环境建模地图

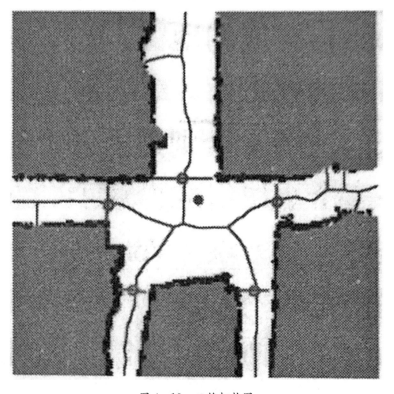

图 4 - 19　二维拓扑图

在 GIS 中,拓扑图用于描述和管理地理数据的拓扑关系。拓扑关系是指地理对象之间的连接、相邻和关联关系,例如道路网络中的交叉口和路径、管道系统中的节点和连通性等。拓扑图通过定义和维护节点、边和路径等拓扑要素,确保地理数据的一致性、完整性和有效性。

拓扑图在 GIS 中具有重要的作用。它可以帮助用户进行空间数据的拓扑分析,例如寻找最短路径、确定网络中的断点和环路、计算邻近关系等。拓扑图还可以用于空间数据的编辑和维护,确保地理数据的拓扑正确性。例如,当对地理对象进行编辑时,拓扑地图可以自动更新相关拓扑关系,保持数据的一致性。

拓扑图主要用于描述空间中的连接关系,能够准确地表示地理对象之间的连接、相邻和关联关系。它不仅关注地理对象的几何位置,更强调地理对象之间的拓扑关系,例如网络中的路径、交叉口和管道系统中的节点等。拓扑图能够保持地理数据的正确性和一致性。通过定义和维护拓扑要素之间的关系,可以确保地理数据的拓扑正确性,避免数据错误和矛盾。这使得拓扑图在需要高质量和可靠地理数据的应用领域具有重要意义。拓扑图采用图形化的方式来表示地理数据的拓扑关系。通过图表、图形符号、关系网络等形式,用户可以直观地看到地理对象之间的连接和关系,从而更容易理解和解读空间数据。

生成拓扑图的输入数据为矢量障碍物、数据格式为. shp、. shx 和. dbf,其中,. shp 文件(shapefile)包含了实际的矢量几何数据,用于存储点、线、面等地理要素的几何形状信息,它包含了矢量障碍物、矢量的边和节点。节点是各个多边形之间的公共通道的交汇点,边是连接多个节点之间生成的边。

在生成拓扑图之前,需要进行一些数据预处理操作,以确保数据的一致性和完整性,这包括清理数据中的错误或冗余信息、填补缺失的数据、修复拓扑错误等。此步骤可以借助 GIS 软件进行数据处理和转换。在拓扑图中,要定义和建模地理对象之间的拓扑关系,这包括确定节点、边和路径等拓扑要素,并建立它们之间的关联关系。根据矢量障碍物的公共区域交汇点生成节点,连接节点形成边。在建立拓扑关系后,需要进行验证和修正以确保拓扑正确性。通过检查数据是否满足一致性、完整性和拓扑规则等标准,可以识别和解决拓扑错误和不一致性。最后,生成拓扑图需要进行数据可视化和呈现,以便用户能够直观地理解和使用地理数据的拓扑关系。拓扑图的生成步骤如图 4 - 20 所示。

对于拓扑图(见图 4 - 21),底图采用原始的 DEM 数据,渐变色映射采用高程数值从低值到高值,使用渐变色表示不同数值范围。矢量障碍物设置好透明度和线条粗细后,叠加在 DEM 图层上,由于尺度过大,矢量障碍物看起来就像一个

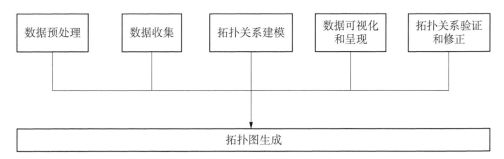

图 4-20 拓扑图的生成步骤

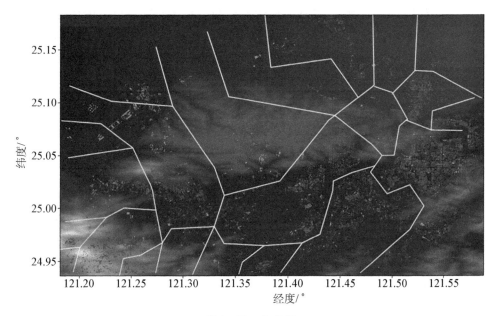

图 4-21 拓扑图

点。最后,再将拓扑地图的节点和叠加到图层。

5. 构型空间图

构型空间是在路径规划和机器人运动控制中使用的一个概念,用于描述物体可能的姿态和位置的集合。它是一个多维空间,每个维度代表物体的一个可变参数或自由度。构型空间表示了物体在环境中可以采用的不同配置。具体来说,构型空间可以包括物体的位置、方向、关节角度、关节位置等。它描述了物体在空间中的所有可能的位置和姿态,以及它们组成的集合。构型空间的维度取决于物体的自由度,即物体可以独立变化的参数个数。

构型空间图的自由度和约束是指在构型空间中物体或机器人的可变参数

和运动限制。自由度是指构型空间中物体或机器人可以独立变化的参数个数。每个自由度对应于构型空间中的一个维度，代表了物体或机器人在该维度上的可变性。它们对路径规划和运动控制起着重要的作用。约束是在构型空间中对物体或机器人运动的限制条件，大致包括障碍物避让、运动约束、运动限制等。

　　构型空间地图中的禁止区域和障碍物是指在路径规划和运动控制中需要避开或绕过的区域或物体。它们在构型空间中表示为约束条件，以确保路径规划算法可以找到不与这些区域或物体相交的可行路径。

　　（1）禁止区域。禁止区域是指在构型空间中被限制为不可进入或通过的区域。这些区域可能是禁止进入的区域，如限制区域、危险区域、禁止通行区域等。禁止区域通常由实际场景中的几何形状或边界表示，如多边形、圆形或多边形组合等。

　　（2）障碍物。障碍物是指在构型空间中存在的物体或结构，需要被避开或绕过。障碍物可以是静态的，如墙、建筑物、树木等，也可以是动态的，如其他运动物体、人群等。在构型空间地图中，障碍物通常表示为几何形状或边界，例如点云、网格地图、多边形等。

　　在路径规划中，通常使用离散化的方法来处理构型空间地图中的禁止区域和障碍物。离散化将构型空间划分为一系列的格点或采样点，并对每个点进行障碍物检测。通过有效的搜索算法（如 A*、Dijkstra、RRT 等），路径规划算法可以在禁止区域和障碍物的约束下，搜索合适的路径。

　　生成构型空间图的输入数据为矢量障碍物，数据格式为 .shp、.shx 和 .dbf。每个地理要素都有其对应的几何类型（点、线、多边形等）和坐标信息。

　　每个矢量障碍物的经纬度数据精度为 10～12，其中经度范围为 121°181 945 800 781′～121°588 345 800 781′，纬度范围为 24°9 363 106 445 312′～25°1 834 106 453 125′。

　　生成构型空间图，首先对障碍物进行建模和表示。这可以通过获取障碍物的几何形状和尺寸信息来完成。障碍物就是 .shp 格式的矢量障碍物。

　　使用适当的算法对障碍物进行缓冲区计算。缓冲区计算是通过将障碍物的边界向外膨胀或扩展一定的距离来生成一层边界，以定义安全距离范围。这个边界形成了缓冲区地图中的安全区域。由于障碍物是多边形，所以选择扩展算法，根据几何形状的法向量和边界，将边界向外移动一定的距离。根据不同的需求，可以设置不同的缓冲距离。最后，根据计算出来的缓冲区，生成构型空间图。图 4-22 所示为构型空间图的生成步骤。

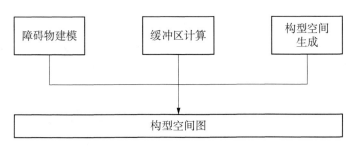

图 4-22　构型空间图的生成步骤

　　图 4-23 和图 4-24 所示为不同缓冲距离的构型空间图。在生成缓冲区地图时，有一些注意事项需要考虑，以确保生成的地图能够准确地表示障碍物的安全距离和避障需求，具体如下。

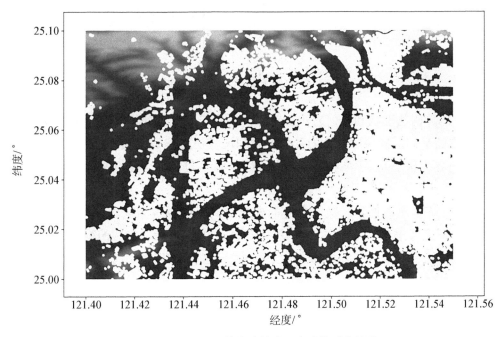

图 4-23　0.000 5 单位的缓冲距离的构型空间图

　　(1) 缓冲区计算算法选择。选择适当的缓冲区计算算法对于生成准确的缓冲区地图至关重要。不同的算法可能适用于不同的障碍物类型和场景。一些常用的算法包括距离变换、膨胀算法、扩展算法等。根据具体情况选择合适的算法，并确保算法能够正确处理障碍物的边界和形状。

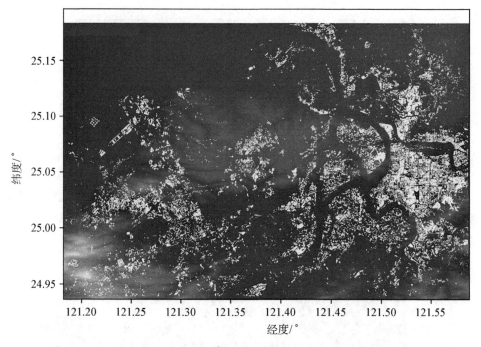

图 4-24　0.000 1 单位的缓冲距离的构型空间图

（2）障碍物形状和几何表示。对障碍物进行准确的建模和表示是生成缓冲区地图的基础。确保障碍物的几何形状和尺寸信息准确无误，以便正确计算缓冲区边界。根据应用需求，可能需要对障碍物进行适当的平滑处理或简化处理。

（3）安全距离选择。确定合适的安全距离是生成缓冲区地图的重要步骤。安全距离应考虑车辆的尺寸、动态特性以及路径规划和运动控制的需求。过小的安全距离可能导致机器人与障碍物发生碰撞，而过大的安全距离可能限制机器人的可行空间。

4.2.2　高精度地图

1. 高精度地图的定义

高精度地图是指高精度、精细地图，能够区分各个车道的情形，其精度要达到分米级别以下。随着现阶段的科技发展，我们已经掌握了定位的技术，能够十分精确地定位车辆的位置，但始终无法跨越一个困难，即获取车辆周围的交通情况，不能满足精细化的含义。

那么，高精度地图与传统电子地图的区别是什么？比较通俗的观点认为，从使用者的角度看,传统的人类驾驶员所使用的就是传统电子地图,而目前正在研发的无人系统是典型的高精度地图的使用者,如图4-25所示。

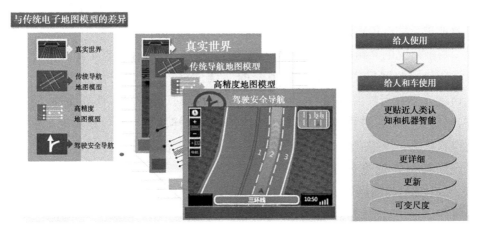

图4-25 传统电子地图与高精度地图

传统电子地图,比如我们日常使用的高德地图、百度地图,无法将道路的所有细节全部通过数据展现出来,只能够简单地存储道路,但高精度地图除了可以实现传统电子地图的功能,还可以非常具体、真实地描绘任何一条行驶道路的实际样式,精确展示有几条车道等。高精度地图能够让汽车在行进过程中提前预知前方道路的具体情况,进而制订最佳的行驶路线,甚至可以具体展示车道的宽窄情况,完全复制周围路段的具体情况。

传统电子地图能够根据客户的需要,制订适应的路径规划,完成车辆与实际道路的定位,人类驾驶员需要进行信息的提取、过滤和判断,从而获得最佳的行驶路径,也就是说,传统电子地图只能粗略地匹配信息,完成人类所需要的日常驾驶和导航功能。

但是对于最新的无人驾驶汽车来说,现阶段的电子地图无法完成该种车辆的要求,因此必须由高精度地图提供信息。

2. 高精度地图的关键技术

与传统电子地图相比较(基于GPS导航),高精度地图能够精准感知路面特征,从而完全自动化行驶,在一般情况下只有达到厘米级别的精度才能有效地保证驾驶员和车辆的安全。同时,高精度地图的更新速率是非常迅速的,较传统电子地图而言有着很强的时效性。一般而言,我们每天接触的道路和相关标记等都会由于不同的情况发生改变,因此高精度地图必须能够及时更新,才能有效保证行驶安全。

保证高精度地图的时效性是有一定困难的,但是随着车载传感器的广泛应用,由一辆或多辆汽车感知路面的变化,然后通过数据传输到云服务器,这样就能有效地进行数据传输。

目前研究的高精度地图具有分层结构,如图 4 - 26 所示,整个地图建立在传感器所建立的网格中,这是一种精密的二维网格,每个网格的精度为 5 cm × 5 cm。车辆在行驶的过程中,传感器感应到前方的道路信息,比如路面、障碍物等,然后将收集到的数据体现在相应的网格中,这样就可以有效地确定车辆行进的位置状况。当感应到车辆前方出现道路指示牌或者交通信号时,高精度地图会进行标明,这一功能有两个作用:

(1) 提前将信息传输到无人车控制系统,从而使车辆有效进行驾驶活动,同时有效识别该情况的具体位置。

(2) 如果无人车没有发现前方出现的状况,高精度地图也会进行提醒,保证车辆行驶安全。

图 4 - 26　高精度地图扫描

高精度地图在无人车上具体是通过激光雷达来产生数据的,精度达到 5 cm,为保证如此高的精度,数据的有效管理面临着巨大的挑战。

在正常情况下,激光雷达的探测范围是 100 m,每次探测可以收集大约 5 MB 的数据。但是这些数据包含了很多无用的数据,例如道路上的固定物(指示牌除外），为了更有效地利用内存，应当尽量除去那些无用的数据，仅记录道路上的表面数据即可。

传统电子地图主要是依靠发射的卫星产生图片形成的，然后根据全球定位系统进行定位，对于人类驾驶员来说已经可以满足正常的生活需要了，但是对于无人车来说，需要依靠更高精度的地图才能正常地运转，一般需要达到厘米级别。在无人车上安装各式各样的传感器，将产生的数据进行汇总，从而制成高精度地图，供无人车安全驾驶使用。图 4-27 所示为专门进行数据采集的汽车。

图 4-27 数据采集车

3. 高精度地图所需的传感器种类

高精度地图的制作是一个多传感器融合的过程，所需的传感器包括以下几种。

（1）陀螺仪（IMU）。一般使用 6 轴运动处理组件，包含了 3 轴加速度和 3 轴陀螺仪。加速度传感器是力传感器，用来检查上、下、左、右、前、后哪几个面受到多少力（包括重力），然后计算每个轴上的加速度。陀螺仪就是角速度检测仪，检测每个轴上的加速度。假设无人车以 z 轴为轴心，在 1 s 内旋转 $90°$，那么它在 z 轴上的角速度就是 $90°/s$。从加速度推算运动距离需要经过两次积分，一旦加速度测量出现任何错误，在两次积分后，位置错误会积累进而导致位置预测错误，因此单靠陀螺仪并不能精准地预测无人车的位置。

（2）轮测距器（wheel odometer）。轮测距器的主要作用是根据左、右轮的总转数，不仅能得到相应时间里车辆的行驶距离，还能获得转角的度数，从而推测无人车的具体行驶位置。由于路面的材质不同以及相应的磨损，该项技术得出的数据并不是十分精确,还需要其他仪器来辅助。

(3) 全球定位系统(GPS)。GPS通过计算卫星的位置,然后依据这些数据计算具体位置,在GPS的接收端存储星历,方便获取卫星的具体位置,但是由于无人车所处的具体位置是动态变化的,加上车辆周围可能存在高楼大厦,导致获取信息存在巨大误差,有时候误差可能会达到十几倍甚至几十倍,因此同样需要其他仪器来辅助。

(4) 光学雷达。光学雷达首先向目标物体发射一束激光,然后根据接收-反射的时间间隔来确定目标物体的实际距离,再根据距离及激光发射的角度,通过简单的几何变化推导出物体的位置信息。激光雷达系统一般分为3个部分:①激光发射器,发出波长为600~1 000 nm的激光射线;②扫描与光学部件,主要用于收集反射点距离与该点发生的时间和水平角度;③感光部件,主要检测返回光的强度。因此,光学雷达检测到的每一个点都包括了空间坐标信息以及光强度信息。光强度与物体的光反射度直接相关,所以也可以从检测到的光强度对检测到的物体做出初步判断。

4. 高精度地图的计算模型

图4-28展示一个常见的高精度地图的制作过程,这一过程包含了多种传感器和计算步骤。首先是陀螺仪和轮测距器的结合使用,可以在一定条件下预测当前无人车的位置,同时由于其精度原因会带来一些误差,为了解决这一问题,普遍采用传感器融合技术集合GPS和光学雷达测得的数据进行分级汇总,从而测得无人车的具体位置,并结合激光雷达的数据,获取相应的数据。

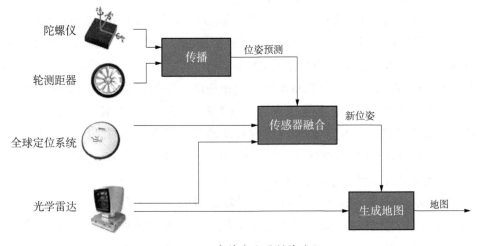

图4-28 高精度地图制作过程

式(4-1)是高度简化的高精度地图计算模型,式(4-1)的目的是通过最小化 J 求出测量点在地图中的准确位置。在计算模型中,m 与 x 开始都是未知的,可以先通过多传感器融合求出 x,再求出测量点在地图中的准确位置 m。

$$J = Q[z - h(m, x)] \tag{4-1}$$

式中,Q 为优化方程;z 为激光雷达扫描出的点;h 为方程预测最新扫描点的位置与反光度;m 为扫描到的点在地图中的位置;x 为无人车当前位置。

高精度地图包含大量的行车辅助信息,包括路面的几何结构、标示线位置、周边道路环境的点云模型等。有了这些高精度的三维表征,无人车系统就可以通过比对车载 GPS、陀螺仪、光学雷达和摄像头的数据来精确确认自己当前的位置,并进行实时导航。

4.3 ▸ 定位技术

4.3.1 卫星定位技术

全球卫星导航系统(global navigation satellite systems, GNSS)可以提供定位、测速和授时服务。GNSS 接收机经过信号捕获与跟踪获得的观测值主要分为测距码伪距、载波相位和多普勒 3 类。

精密单点定位(precise point positioning, PPP)属于卫星导航算法中的一种。PPP 从提出至今经历了 3 个阶段:实数解阶段、固定解阶段以及 PPP-RTK 阶段。在实数解阶段,有学者主要研究 PPP 的观测模型并提出了无电离层组合模型和 UofC 模型。其中前者基于电离层误差一阶项与载波频率的平方成反比,然后通过线性组合构建不受一阶电离层影响的观测值。后者通过同频率伪距电离层误差和载波相位的电离层误差之和为 0 的特性,消除电离层一阶项的影响。在PPP 实数解中,卫星端硬件延迟被吸收导致其丢失整数特性,于是 PPP 固定解就需要将卫星端硬件延迟提前分离并发布。常用的方法是分离未校准的硬件相位延迟(uncalibrated phase delay, UPD),其原理是窄巷组合观测值模糊度的小数部分在 15 min 内比较稳定。使用 UPD 方法求 PPP 固定解会受大气误差影响从而导致固定整周模糊度需要十几分钟,这限制了其应用。于是有学者提出 PPP-RTK,它的服务端利用局域基站网观测数据求解 UPD 和大气改正数,客户端仍使用观测域误差改正的方式就能实现分钟级固定整周模糊度。

4.3.2　惯性导航技术

惯性导航技术是一种依赖于惯性测量单元（inertial measurement unit, IMU）的自主导航方法，它不依赖于外部参考点或信号来确定位置和方向，因此在 GPS 信号不可用的环境中尤为重要。惯性导航系统（INS）硬件部分为惯性测量单元，软件部分为惯导解算算法。IMU 提供了加速度和角速度测量，且测量频率较其他传感器的更高。INS 的基本原理就是通过对加速度和角速度的积分获得位置速度姿态。在本书中，IMU 通过是否有根据地球自转角速度估算绝对航向角的能力分为低精度 IMU 和高精度 IMU 两类。

IMU 由加速度测量计和陀螺仪两部分组成，分别测量加速度和角速度。每个传感器都具有针对 x、y 和 z 三轴定义的自由度，整合起来一个 IMU 具有 6 个自由度。从加速度测量计获得的加速度将被积分一次以获得线速度，积分两次提供位置数据，而从陀螺仪测得的角速度将被积分一次用来提供航向数据。由于加速度同样能提供航向信息，因此该数据也可用于与陀螺仪测量数据进行校准。其测量模型为

$$Z_{\text{meas}} = \boldsymbol{T}K(Z_{\text{true}} + b + w)$$

式中，Z_{meas} 表示正交参考坐标系下的测量值；$\boldsymbol{T}$ 表示用于抵消轴偏差的变换矩阵；K 表示尺度因子；Z_{true} 表示非正交坐标系下加速度实际值；b 表示时变误差，与 IMU 的随机游走误差相关；w 表示非时变误差，即高斯白噪声。

使用 IMU 时，默认加速度测量计和陀螺仪的坐标系都是正交的。然而，在实际情况中，测量值是在非正交的坐标系下获得的，因此需要将实际测量值乘以变换矩阵来抵消坐标轴偏差。而尺度因子又称为尺度误差，它来自 IMU 的数字信号向物理量转换时产生的误差。忽略用于抵消轴偏差的变换矩阵和尺度因子，IMU 的测量模型可写为

$$\tilde{Z}_{\text{meas}}(t) = Z_{\text{true}}(t) + b(t) + w(t) \tag{4-2}$$

从式（4-2）可以看出，使用 IMU 进行测量时，误差主要来自时变误差和高斯白噪声。根据阿伦（Allan）方差，这里将 IMU 的时变误差表达为

$$\dot{b} = -\frac{1}{T}b + w_b \tag{4-3}$$

式中，T 表示相关时间常数；w_b 表示高斯白噪声。

其方差和随时间的自相关函数为

$$E[b(t)^2] = \sigma_b^2$$

$$E[b(t)b(t+\tau)] = \sigma_b^2 e^{-\frac{|\tau|}{T}}$$

式中，σ_b^2 表示测量方差，其自相关函数的稳态值就是它的方差，它的噪声强度可表达为

$$Q_b = \frac{2\sigma_b^2}{T}$$

由于 IMU 的加速度测量计和陀螺仪都具有 3 个自由度，而其误差的表达在 3 个轴上等价，此处只讨论 x 轴上的误差模型。

对加速度测量而言，其测量值根据可表达为

$$\tilde{a}_{\text{meas}}(t) = a_{\text{true}}(t) + b(t) + w_a(t)$$

式中，时间相关误差 b 的误差强度已在式（4-3）中给出。其过程高斯白噪声 w_a 沿 x 轴方向的自相关函数和相应的噪声强度为

$$E[w_{a_x}(t_j)w_{a_x}(t_k)] = Q_{w_a}\delta_{jk}$$

$$Q_b = \frac{2\sigma_b^2}{T}$$

测量过程高斯白噪声的噪声强度与传感器的制造参数相关，可表达为

$$\sigma_{w_{a_x}}^2 \propto \frac{(\text{VRM})^2}{\Delta t}$$

式中，VRM 表示速度随机游走误差，单位是 $\dfrac{\frac{\text{m}}{\text{s}}}{\sqrt{\text{s}}}$；$\Delta t$ IMU 表示两次测量的时间间隔。

对角速度测量而言，其测量值可表达为

$$\tilde{\omega}_{\text{meas}}(t) = \omega_{\text{true}}(t) + b(t) + w_{\omega}(t)$$

其过程高斯白噪声 w_{ω} 沿 x 轴方向的自相关函数和相应的噪声强度为

$$E[w_{\omega_x}(t_j)w_{\omega_x}(t_k)] = Q_{w_{\omega}}\delta_{jk}$$

$$Q_{w_{\omega}} = \sigma_{w_{\omega_x}}^2$$

测量过程高斯白噪声的噪声强度与传感器的制造参数相关,可表达为

$$\sigma^2_{w_{\omega_x}} \propto \frac{(\text{ARM})^2}{\Delta t}$$

式中,ARM 表示角速度随机游走误差,单位是 $\dfrac{\text{rad}}{\dfrac{\text{s}}{\sqrt{\text{s}}}}$ 。

从传感器的噪声模型可以看出,IMU 的测量误差几乎不受外界环境影响,决定其噪声强度的大部分数据均来自传感器自身属性。

通常 IMU 的输出频率为 $100 \sim 1\,000\,\text{Hz}$,远高于相机或者激光雷达的输出频率,一方面可以提高整体系统的输出频率,另一方面可以在视觉或者激光短期失效的时候提供一段时间的位姿推算。在大多数的 LIO(雷达惯性里程计)或者 VIO(视觉惯性里程计)中,关于 IMU 输出的建模方式为

$$a = R_{b_w}(a_t - g^w) + b_a + n_a$$
$$w = w_t + b_w + n_w$$

输出的加速度计和陀螺仪的数据受零偏(b_a 和 b_w)以及高斯白噪声(n_a 和 n_w)的影响,紧耦合的 LIO 或者 VIO 都会实时估计 IMU 的零偏,以实现 IMU 数据的最大利用率,达到融合效果最大化。g 表示当地的重力加速度;a 表示加速度计;b 表示 IMU 坐标系;w 表示世界坐标系;g^w 表示世界坐标系下的重力;b_a 和 n_a 分别表示真实的 IMU 模块的角速度和加速度;IMU 测量的角速度与加速度的值由 b_w 和 n_w 表示。变换矩阵转为四元数,使用 $\boldsymbol{q}$ 表示。在位置公式中对时间进行求导可得到速度,在速度公式中对时间进行求导可得到加速度,旋转矩阵转为四元数,因此 IMU 运动模型如式(4-4)所示。

$$\dot{p}_{ub_t} = v^w_t$$
$$\dot{v}^w_t = a^w_t \tag{4-4}$$
$$\dot{\boldsymbol{q}}_{ub_t} = \boldsymbol{q}_{ub_t} \otimes \begin{bmatrix} 0 \\ \dfrac{1}{2}\omega^{b_t} \end{bmatrix}$$

根据式(4-4)中各个变量之间的导数关系,可以推导出 IMU 在连续时刻下的运动模型,即位置 p(pose)、速度 v(velocity)和旋转角度 $\boldsymbol{q}$(quaternion)。从第 i 时刻对 IMU 的测量数据进行积分,可以得到第 j 时刻的公式为

$$p_{wb_j} = p_{wb_i} + v_i^w \Delta t + \iint_{t \in [i,j]} (\boldsymbol{q}_{wb_i} a^{b_t} - g^w) \delta t^2$$

$$v_j^w = v_i^w + \int_{t \in [i,j]} (\boldsymbol{q}_{wb_i} a^{b_i} - g^w) \delta t$$

$$\boldsymbol{q}_{wb_j} = \int_{t \in [i,j]} \boldsymbol{q}_{wb_t} \otimes \begin{bmatrix} 0 \\ \dfrac{1}{2} \omega^{b_l} \end{bmatrix} \delta t$$

得到了连续时间下 IMU 的位置、速度和旋转角度。但是传感器采集的数据是离散的数据采样,需要将其进行连续时间下的积分离散化处理,尽可能地使离散积分无限接近真实的连续积分,常用欧拉法和中值法进行积分离散化。离散化后的形式为

$$p_{wb_{k+1}} = p_{wb_k} + v_k^w \Delta t + \frac{1}{2} a \Delta t^2$$

$$v_{k+1}^w = v_k^w + a \Delta t$$

$$\boldsymbol{q}_{wb_{k+1}} = \boldsymbol{q}_{wb_k} \otimes \begin{bmatrix} 1 \\ \dfrac{1}{2} \omega \delta t \end{bmatrix} \tag{4-5}$$

使用中值法采用两个时刻的测量值 a、ω 的平均值来计算两个相邻时刻的位姿,即式(4-5)中的 a、ω 如式(4-6)求得:

$$a = \frac{1}{2} \big[\boldsymbol{q}_{wb_k} (a^{b_k} - b_k^a) - g^w + \boldsymbol{q}_{wb_{k+1}} (a^{b_{1+l}} - b_k^a) - g^w \big]$$

$$\omega = \frac{1}{2} \big[(\omega^{b_k} - b_k^g) + (\omega^{b_{k+1}} - b_k^g) \big] \tag{4-6}$$

4.3.3 视觉定位技术

同步定位与地图构建(simultaneous localization and mapping, SLAM)一般是指配备特定深度传感器的移动载体,不预先获得环境先验信息,而依靠各种传感器数据的采集和计算,在运动过程中建立环境模型,并估计自身运动的技术。SLAM 技术是机器人自主导航和定位研究领域的核心问题,它既能解决移动机器人的定位问题,又能同时构建环境地图。这里以视觉 SLAM 为例对视觉定位技术进行介绍。

视觉 SLAM(visual SLAM),又称为 VSLAM,主要利用摄像头作为感知设备,通过分析摄像头捕获的连续图像序列来实现定位和地图构建。这种方法的核

心优势在于摄像头设备应用广泛、成本低廉，同时能够以视觉图像的方式提供丰富的环境信息。一个典型 VSLAM 的组成框架如图 4-29 所示。

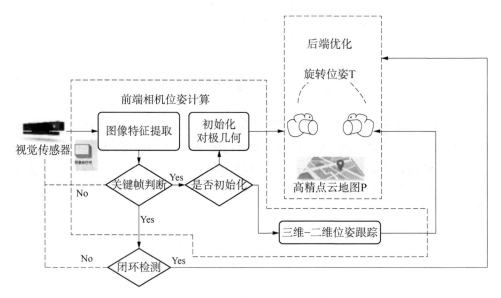

图 4-29　经典型 VSLAM 框架

VSLAM 建图的步骤包括：

（1）读取传感器信息。在 VSLAM 中，传感器信息主要为相机图像，其预处理过程包括图像畸变矫正、彩色图与灰度图转换等。

（2）前端视觉里程计（visual odometry）。利用步骤（1）中得到的相机信息初步估计两帧图像之间的相机运动，并绘制初步地图，根据估计方式不同可以分成特征点法与直接法。

（3）回环检测（loop closure detection）。判断相机是否回到同一个位置，如果是，则将检测结果返回给后端优化。

（4）后端优化（optimization）。接收初步位姿假设、地图点与像素点匹配、闭环检测结果，从全局上对相机位姿优化，从而达到整体误差的下降，并得到运动轨迹与地图信息。

（5）建图（mapping）。将前端视觉里程计提取的信息与后端优化得到的位姿相结合，构建并绘制地图信息。根据前端提取的信息多寡，地图形式可分成 3 种：稀疏地图、半稠密地图与稠密地图。

VSLAM 根据底层工作原理的不同，可以进一步细分为特征法和直接法，前者通过跟踪图像中的特征点运动计算相机位姿变化，后者则通过最小化相邻帧图像中的像素光度误差变化推算相机的位姿变化。

1. 特征法 SLAM

特征法 SLAM 是一种经典的 VSLAM 技术,它依赖于从图像中提取特征点(如角点、边缘等)来估计相机的运动和构建环境的三维地图。与直接法 SLAM 不同,特征法重点关注图像中的显著特征,而非像素的强度值,通过匹配不同视角下的特征点来估计相机位置和姿态。因此特征法 SLAM 也称为间接法。

特征法 SLAM 的基本流程通常有以下几个步骤。

(1)特征提取。首先从每一帧图像中提取特征点。这些特征点是图像中容易识别且能够在不同图像之间进行匹配的点,如角点、边缘等。常用的特征提取算法包括 SIFT(尺度不变特征变换)、SURF(加速稳健特征)、ORB(oriented FAST and rotated BRIEF)等。

(2)特征匹配。接下来是特征匹配,即在连续的图像帧之间找到对应的特征点。这一步骤通常通过计算特征点的描述子并比较它们之间的相似度来实现。特征匹配不仅可以用来估计相机的运动,还可以用来检测环境中的固定点(地标)。

(3)运动估计。一旦特征点匹配完成,就可以通过求解一个最优化问题来估计相机的运动。这个过程通常涉及计算特征点在三维空间中的位置以及相机的位姿,以最小化重投影误差(三维点投影回图像平面的误差)。

(4)地图构建与优化。最后,利用估计得出的相机运动和特征点的三维位置构建环境地图。随着新数据的不断加入,SLAM 系统需要不断更新地图,并通过一些优化算法,如图优化、光束平差(bundle adjustment)等来提高地图的精度和一致性。

特征法 SLAM 由于依赖于显著的图像特征,在特征丰富的环境中表现出较好的稳定性和鲁棒性。由于对光照条件变化有一定的包容性,特征法 SLAM 适用的环境类型也很多,尤其适用于纹理特征丰富的场景。但在纹理稀疏或重复的环境中,特征提取可能变得困难,影响 SLAM 的性能,并且特征提取和匹配过程可能比较耗时,特别是在使用复杂算法(如 SIFT、SURF)时,计算成本比较高。

在典型的基于特征法的 VSLAM 算法中,PTAM(parallel tracking and mapping)算法将跟踪和地图构建过程分离,运行在两个并行的线程中。通过这种方式,PTAM 能够在较低性能的硬件上实现实时的 VSLAM。PTAM 在早期的移动增强现实应用中得到了广泛的应用。ORB - SLAM1、ORB - SLAM2 是基于特征点的 VSLAM 系统,受到 PTAM 算法的启发进行了多线程设计,同时使用 ORB 特征进行特征提取和匹配,其算法框架图如图 4 - 30 所示。ORB - SLAM 具有高效性和鲁棒性,能够在广泛的环境中实现实时的定位和地图构建。它还包括了回

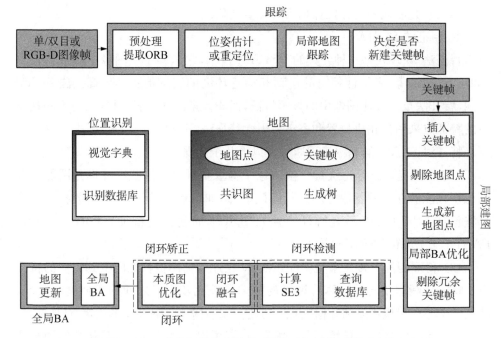

图 4-30　代表性特征法系统 ORB-SLAM2 的算法框架

环检测和全局优化模块，能够显著提高长时间运行的精度和鲁棒性。

2. 直接法 SLAM

直接法 SLAM 直接使用图像的像素值来估计相机的运动和重建环境的三维结构。与特征法 SLAM 不同，特征法依赖于从图像中提取和匹配特征点（如角点、边缘等）来估计运动和构建地图，直接法 SLAM 则尝试直接利用图像的原始强度信息，避免了复杂的特征提取和匹配过程。

直接法 SLAM 的核心思想是假设场景中的亮度恒定，即使相机或物体移动，同一场景点的亮度值不变。基于这个假设，直接法通过最小化图像间的光度误差（图像像素强度之差）来估计相机的运动。这种方法通常包括图像对齐、深度估计、地图构建几个主要步骤。

（1）图像对齐。选择一个参考帧，然后将后续帧与这个参考帧对齐。通过调整相机的位姿参数（如旋转和平移），使得两帧之间的光度误差最小化。这个过程可以通过优化算法实现，如梯度下降法或高斯牛顿法。

（2）深度估计。直接法还需要估计场景中每个点的深度信息。一种常见的方法是基于多视图几何原理，通过观察同一场景点在不同视角下的像素强度变化来估计其深度。

（3）地图构建。一旦获得了相机的运动和场景的深度信息，就可以重建三维的环境地图。这通常通过将多个视角下的深度信息融合在一起来实现。

由于避免了复杂的特征提取和匹配过程，直接法可以更快地处理图像数据，数据的利用效率高，同时由于不依赖于明显的特征点，因此直接法更适用于纹理稀疏和纹理重复的环境。但直接法也有缺点：由于直接使用像素强度，光照的变化可能会对估计结果产生较大影响，直接法对光照条件更加敏感。此外，直接法中相机的初始位姿估计如果不准确，也容易导致后续位姿优化过程中陷入局部最优。

一种典型的直接法 VSLAM 是 LSD - SLAM（large-scale direct monocular SLAM），这是一种基于单目相机的直接法 SLAM 系统，它通过直接利用图像像素的灰度信息来估计相机的运动，并构建稀疏但一致的大规模环境地图。LSD - SLAM 特别注重实时性能和大范围环境的适应性，能够在运行时动态调整地图的分辨率。DSO（direct sparse odometry）则是一种更加注重精度和效率的直接法视觉里程计方法，其算法运行效果如图 4 - 31 所示。它仅使用图像中的稀疏选定像素点来估计相机的运动。DSO 通过联合优化所有关键帧的光度参数、相机位姿和点云的深度信息，实现了高精度的运动估计和低延迟的地图构建。

VSLAM 的定位精度主要依赖于环境场景中的纹理信息。在运行过程中，容易累积冗余的纹理数据，造成累积误差量大的问题，但这都可以通过添加回环检测的步骤来解决，只是回环检测的时间消耗巨大，带有回环检测的 VSLAM 对硬件计算平台的要求也很高。视觉＋惯性 SLAM（visual-inertial SLAM，VI - SLAM）技术是一种将视觉传感器（如摄像头）和惯性测量单元（IMU）数据融合的定位与建图技术。通过结合两种传感器的信息，VI - SLAM 可以在视觉信息不足或质量较差的环境中提高定位的准确性和鲁棒性。IMU 能够提供加速度和角速度信息，帮助估计短期内的运动变化。它对快速运动和旋转的响应迅速，可以填补视觉信息的不足，特别是在快速移动或图像质量不佳时。VI - SLAM 系统通过融合视觉和惯性数据来提高系统的性能。这种融合可以在前端进行，即在特征提取和匹配过程中结合 IMU 数据来增强视觉信息；也可以在后端进行，即在优化过程中同时考虑视觉和惯性测量的约束。

VINS - Mono 是一个典型的实时单目 VI - SLAM 系统。它通过紧耦合的方式融合视觉信息和 IMU 数据，在复杂环境下实现了高精度的定位和地图构建，其算法框架如图 4 - 32 所示。类似地，ORB - SLAM3 则在 ORB - SLAM2 的基础上增加了对惯性测量器件信息的观测，在 EuRoC 数据集上的典型视觉退化场景下，依旧保持着稳定、可靠的定位能力。

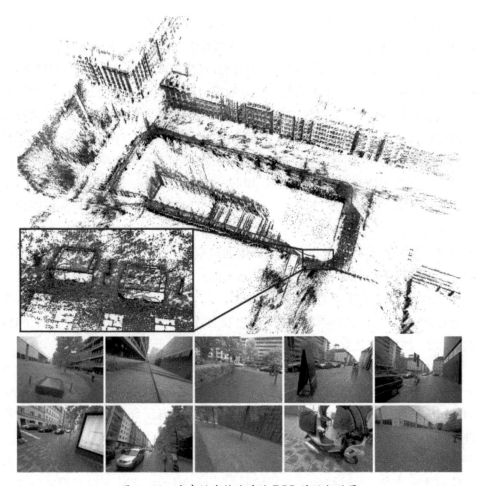

图 4-31 代表性直接法系统 DSO 的运行效果

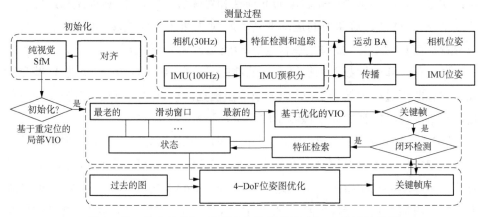

图 4-32 代表性 VI-SLAM 系统 VINS-Mono 的运行效果

4.3.4　激光定位技术

这里仍以激光 SLAM 对激光定位技术进行介绍。激光 SLAM 技术主要依赖于激光雷达(LiDAR)来感知周围环境,通过扫描发射和接收激光束来测量与周围物体的距离,从而构建环境的精确三维地图并进行定位。激光 SLAM 在处理距离信息方面非常准确,尤其适用于光照条件变化大或视觉特征缺乏的环境。激光 SLAM 的系统框架如图 4-33 所示。

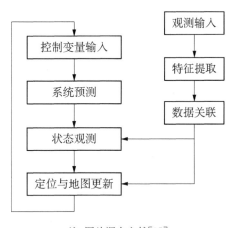

注:图片源自文献[35]

图 4-33　激光 SLAM 的系统框架

激光 SLAM 的工作原理主要有以下几个关键步骤。

(1) 数据采集。激光雷达持续扫描环境,生成代表周围物体位置的点云数据。每个点代表激光束击中物体的坐标。

(2) 特征提取。从点云数据中提取特征,如边缘、角点或平面,这些特征有助于识别环境中的不同对象和结构。

(3) 数据关联。将连续扫描中提取的特征进行匹配,确定它们之间的关系。这一步骤是通过比较当前帧与之前帧的点云数据来实现的,以估计机器人等传感器载体的运动。

(4) 位姿估计。通过最小化特征之间的匹配误差来估计机器人的位姿(位置和方向)。这通常通过优化算法实现,如迭代最近点(ICP)算法或其变体。

(5) 地图构建。根据估计的位姿将点云数据整合到全局地图中。随着机器人的移动,地图逐渐完善并扩展。

如今激光 SLAM 技术已有很多成熟、有效的算法及商业应用型产品。在算法方面,有针对二维场景进行栅格地图构建的 Gmapping 开源算法,这在很多低成本移动机器人中应用较广;谷歌的公司 Cartographer 算法在二维和三维场景应用中也都有较稳定的定位与建图性能。在商业化应用型产品中,智能扫地机器人已经成为很多家庭的标配,智能巡航安防机器人和医疗服务型机器人也有很多采用激光 SLAM 核心技术,这些在高科技产业园区和大型医疗机构中较为常见;此外,配备高精度定位与建图算法的三维激光扫描仪已成为当下测绘行业中受欢迎的产品,它在三维重建、高精地图制作和无人驾驶等领域都可取得厘米级的测量精度。

激光 SLAM 需要对数据进行顺序关联以实现位姿估计和增量式建图,随着移动采集平台的长时间、长距离的移动,由前端数据关联实现的运动轨迹估计的累计误差会越来越大,再加上激光点云数据散乱无序且数据量较大,对其进行实时的后端回环检测优化也是当下激光 SLAM 研究领域的一大挑战。

4.3.5 多传感器融合定位技术

单传感器定位存在不适应复杂环境的问题。在如今已经实现高度自动化的现代化战场上,侦察机器人发挥了极其重要的作用,侦察机器人需要具备在复杂战场环境中定位的能力才能够稳定完成任务,为了应对这些复杂环境中的定位需求,许多研究者开始将目光转移到多传感器融合定位的研究上。

多传感器融合定位的数据源于多种传感器,多传感器的数据特性可以很好地相互补充。例如,在黑暗条件下,激光雷达数据可以代替失效的相机图片数据;在空旷条件下,相机图片数据可以代替失效的激光雷达数据;高频率 IMU 数据可以预测下一帧机器人的运动状态,将 IMU 数据与视觉定位融合,能够解决快速旋转条件下视觉定位的计算误差问题。

多传感器融合定位通过融合多传感器的数据,达到消除传感器计算误差的目的,融合的方法有滤波和优化两种方法。滤波方法主要用于融合一些动态多传感器冗余数据,在运算过程中,滤波会根据测量模型对一些统计量进行递推,最终在统计意义下得到最优的位姿估计结果;优化方法主要通过多次迭代找到一个能使测量值概率达到最大的位姿估计结果,类似于一个最大似然估计的求解过程。若从求解过程上做区分,滤波方法是在每一次求解位姿估计结果时优化,优化方法是通过多次迭代同时修正多个位姿估计结果。

1. FAST - LIO 算法

FAST - LIO 算法是一种快速鲁棒的基于紧耦合迭代卡尔曼滤波的雷达-惯

导里程计。该算法在建图过程中，首先将激光雷达输入数据输入特征提取模块，以此来获得平面特征和边缘特征。然后将提取的特征和 IMU 测量值输入状态估计模块，进行状态估计。之后，估计的姿态将特征点变换到世界坐标系，并将它们与到目前为止构建的特征点图合并。更新后的地图会在下一步中加入更多新的点。与过去的算法明显不同的是，在 IMU 的状态估计模块中增加了反向传播的过程，并将反向传播所得的结果与正向传播所得的结果一起输入剩余的计算中。

2. FAST‑LIVO 算法

FAST‑LIVO 算法是一种快速紧耦合的稀疏直接激光雷达惯性视觉里程计系统，该系统结合了稀疏直接图像与直接原始点对齐的优点，实现了在算力消耗较小的情况下准确可靠的姿态估计。该系统基于两个紧密耦合的直接测程子系统：VIO 子系统和 LIO 子系统。LIO 子系统将新扫描的原始点（而不是边缘或平面上的特征点），注册到增量构建的点云图中。地图点还附加了图像补丁，然后在 VIO 子系统中使用这些补丁来通过最小化直接光度误差来对齐新图像，而不提取任何视觉特征（例如 ORB 或 FAST 角特征）。

3. GVINS 算法

1）概述

视觉惯性里程计（VIO）会出现漂移，尤其是在长时间运行的条件下。而 GVINS 是一种基于非线性优化的系统，它将 GNSS 原始测量与视觉和惯性信息紧密融合，以进行实时和无漂移的状态估计。

GVINS 在 GNSS 信号可能被大量丢失甚至完全不可用的复杂室内外环境下提供准确的全局 6‑DoF 估计。为了将全局测量与局部状态联系起来，使用了一种从粗到细的初始化程序，可以有效地完成在线标定，并在很短的测量滑动窗口内对 GNSS 状态进行初始化。然后在因子图框架下，结合视觉和惯性约束，对 GNSS 伪距和多普勒频移测量进行建模和优化。对于复杂且对 GNSS 不友好的区域，通过分类讨论并仔细处理退化情况以确保系统的鲁棒性。

GVINS 利用了原始 GNSS、IMU 和相机测量的优点，能够无缝应对室内和室外环境之间的过渡，卫星丢失和重新捕获的情况。作者在仿真和真实世界中开展了广泛的实验以评估所提出的系统，结果表明尽管 GNSS 测量有噪声，GVINS 基本上消除了 VIO 的漂移并保持了局部精度。

2）算法框架

GVINS 的算法框图如图 4‑34 所示。状态估计器将原始 GNSS、IMU 和相机测量作为输入，然后对每种类型的测量值进行必要的预处理。其中，IMU 测量值需要做预积分,图像则表示为一系列的稀疏特征点。对于 GNSS 原始数据,需要过滤掉容易出错的卫星数据,同时为了滤除不稳定的卫星信号,只使用了已经连续锁定一定时间的卫星数据。

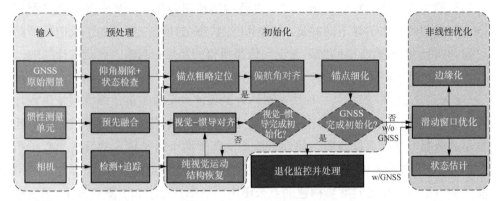

图 4-34　GVINS 算法框图

接下来是联合初始化阶段,其过程如图 4-35 所示。首先从基于视觉的 SfM 开始,从中联合估计最相似的运动和结构,然后将来自 IMU 的轨迹与 SfM 结果对齐,以恢复尺度、速度、重力和 IMU 偏差。VI 初始化完成后,进行由粗到细的 GNSS 初始化过程。首先通过 SPP 算法获得粗定位结果,然后在偏航角对齐的阶段使用来自 VI 初始化和 GNSS 多普勒测量的局部速度关联局部和全局帧。最后初始化阶段以锚点细化结束,它利用精确的局部轨迹并施加时间同步约束来进一步细化锚点的全局位置。

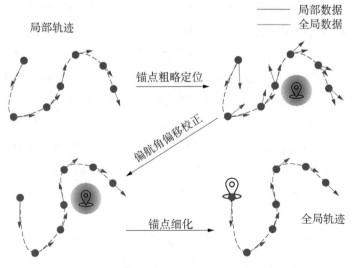

图 4-35　GNSS-VI 联合初始化过程图

从粗到精的初始化过程的说明,该模块从 VIO 获取局部位置和速度结果,并在全局 ECEF 框架中输出相应的轨迹。

在初始化阶段之后,须检查并仔细处理 GNSS 退化情况,以确保鲁棒的性能。然后结合不同测量项的约束,在非线性优化的框架下联合估计滑动窗口内的系统状态。请注意,如果 GNSS 不可用或无法正确初始化,GVINS 自然会降级为 VIO。为了确保实时性能和处理视觉惯性退化运动,在每次优化后也应用双向边缘化策略。

如图 4-36 所示,将整个问题建模成一个因子图,来自传感器的测量形成了一系列因子,这些因子反过来又约束了系统状态。

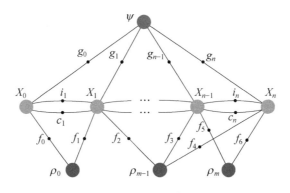

注:图片源自文献[34]

图 4-36　GVINS 因子图模型

模型中系统状态由大圆点表示,因子由小圆点表示。来自各种传感器测量的因子包括惯性因子 i、视觉因子 f、伪距和多普勒因子 g 以及时钟因子 c。

4. InGVIO 算法

InGVIO 是一个开源的基于卡尔曼滤波的平台。与 GVINS 类似,它将视觉惯性测量与 GNSS 原始数据(伪距和多普勒频移)紧耦合,实现平滑的位姿估计和无漂移的全局定位。InGVIO 在精度与当前基于图优化的算法相比,兼具滤波所带来的计算效率。

InGVIO 框架参考了经典的 VIO 框架 OpenVINS,大致分为以下几个模块。

1）状态预测与扩增

系统采集从上一个相机帧到当前相机帧时间戳之间的 IMU 数据,数值积分得到当前的 IMU 先验位姿,采用不变滤波的非线性误差定义完成协方差的传播。同时,算法会克隆当前 IMU 帧位姿,将其加入滑动窗口内,并将对应的协方差扩展到整个状态的协方差中。

2) 视觉量测更新与边缘化

类似一般的 MSCKF 算法,InGVIO 会对已经跟踪失败的特征点进行初始化,得到其三维坐标,利用该三维坐标构建重投影误差模型,从而更新滑动窗口内的位姿。与一般的边缘化滑窗内最早的相机帧不同,InGVIO 在滑窗内循环地边缘化每隔偶数个相机帧的相机位姿,这样的策略具有多种好处:除了延长三角化所需要的基线之外,还压缩了被边缘化位姿的量测维度,同时减少 SLAM 类型的路标点的个数,从而降低计算负担,其边缘化策略如图 4-37 所示。

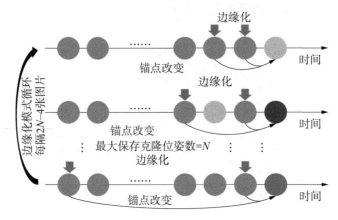

图 4-37 InGVIO 的边缘化策略

3) GNSS 的初始化和量测更新

由于目前的相机-IMU 套件大多不支持外部触发,通常无法实现视觉惯性数据和 GNSS 数据之间的时间戳硬同步。因此,InGVIO 采用了软同步的策略,即找到距离每帧图像时间戳最近的 GNSS 数据。InGVIO 采用了 GVINS 初始化的一个简化版本,用户可以选择是否进行 VIO 的局部世界系和真北方向之间的偏航角的联合估计。在紧耦合的框架中,GNSS 相关的变量(钟差及其随机游走)会被纳入状态变量中实时估计。在完成了 GNSS 初始化并获得最新的 GNSS 数据后,InGVIO 利用了伪距和多普勒频移的量测完成更新,量测噪声用卫星仰角加权。

4.3.6 新兴的定位技术

随着 SLAM 技术的不断发展和深入研究,科研人员和工程师一直在探索新的方法和技术,以克服现有系统中的限制并拓展其应用范围。尤其是在 VSLAM 系统的视野限制、定位精度以及激光 SLAM 在大规模场景建图方面的挑战,都是当前研究的热点。为了解决这些问题,一些新兴的研究工作展现了创新的解决方案,不仅提高了 SLAM 系统的性能,还为未来的发展开辟了新的道路。以下是 3 个代表性的研究工作,它们分别针对视野限制、定位精度和大规模场景建图的挑战,提出了具有突破性的新方法:①360°全景成像技术在 VSLAM 中的应用(360 - VIO);②利用 GNSS 下 PPP 技术提升 SLAM 定位精度的研究(P^3 - VINS);③结合 NeRF 技术进行激光 SLAM 大规模场景建图的探索(NeRF - LOAM)。这些工作不仅展示了 SLAM 技术的最新进展,还为解决特定问题提供了有力的技术支撑。本节将介绍这 3 个代表性的 SLAM 研究工作。

1. 360 - VIO

视觉-惯性测距(visual-inertial odometry, VIO)系统作为精确估算机器人在工业环境中位置和姿态的关键技术,其准确性和鲁棒性对于自动驾驶、无人机导航以及增强现实(AR)和虚拟现实(VR)等领域至关重要。然而,传统的 VIO 系统面临着视野受限的挑战,这限制了系统的性能,尤其是在光照变化大和相机快速移动的情况下。为了克服这些限制,新兴的研究工作开始转向使用 360°全景相机,这些相机通过提供全向视野,能够捕捉环境的全貌,极大地增强了 VIO 系统的环境感知能力。

在这一背景下,360 - VIO 系统应运而生。该系统利用 360°全景相机宽广的视野,通过一个新颖的测量模型来处理全景图像中固有的畸变问题。图 4 - 38 所示为 360 - VIO 系统框架图,360 - VIO 系统是基于扩展卡尔曼滤波(EKF)框架构建的,它结合了来自 IMU 的测量数据和全景相机捕获的图像数据。系统的传播模块使用 IMU 的测量数据来估计当前的设备状态,而更新模块则利用球面上

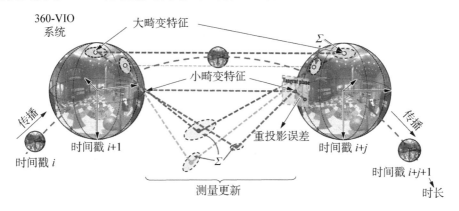

注:图片源自参考文献[14]

图 4 - 38   360 - VIO 系统框架图

的切平面的重投影误差来校正 IMU 的预测,从而提供了一种新的解决方案来减轻由图像畸变造成的误差。

360 - VIO 的关键创新在于它针对 360°全景相机提出了新的测量模型。该模型不是简单地处理传统针孔相机模型中的有限视场(FOV),而是充分利用了全景相机水平 360°、垂直 180°的宽广视场。这使得 VIO 系统能够在不同的挑战性环境下,如在照明剧烈变化或相机快速移动时,仍能保持出色的准确性和稳健性。360 - VIO 系统通过对全景图像进行等距圆柱投影,并利用这些投影图像进行视觉特征提取、三角测量和状态估计,成功地提高了整个系统的性能。在实验评估中,360 - VIO 系统在多样化和具有挑战性的环境下与其他先进的 VIO 方法进行了比较,结果表明 360 - VIO 在稳健性和准确性方面具有显著的优势。

2. P3 - VINS

在导航和定位技术的发展中,P3 - VINS 代表了一个突破性的进步,旨在解决 VIO 系统中的某些固有局限性,并利用 GNSS 技术提供更加精确的全球定位。P3 - VINS 系统的提出,主要是为了解决传统视觉-惯性里程计(VIO)在大规模开放环境中容易受到特征缺乏影响、定位精度受限以及累积误差导致的漂移问题。此外,它也旨在克服 GNSS 技术中 PPP 模式的长收敛时间和重收敛难度问题。

图 4 - 39 所示为 P3 - VINS 系统框架,该系统是一个集成了相机、IMU 和 GNSS 接收机数据的多传感器平台。在此框架中,系统在初始化阶段判断是否有足够的信息来开始定位任务。一旦初始化完成,系统开始追踪图像特征并结合

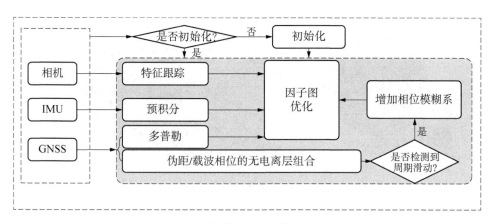

注:图片源自参考文献[16]

图 4 - 39 P3 - VINS 系统框架

IMU 的预积分和 GNSS 信号的多普勒信息，这些数据流随后被送入因子图优化框架。在这一框架内，P3-VINS 特别关注利用伪距和载波相位的无电离层组合来提高定位精度，同时检测并纠正可能出现的周跳问题，并加入相位模糊度因子来提升状态估计的准确性。

这种紧密耦合的多传感器融合方法使得 P3-VINS 能够有效抵抗由多路径效应引起的 GNSS 信号干扰，同时利用 IMU 和相机提供的信息来缩短 PPP 的收敛时间，并减少 VSLAM 系统中可能出现的漂移。在实验中，P3-VINS 表现出了优于现有 PPP 和 GVINS 方法的准确性和平滑性，这表明该系统不但能提供更稳定的长期导航能力，而且在面对 GNSS 信号丢失或干扰时也具备更强的鲁棒性。这一设计提供了一种既能克服 VIO 系统局限性，又能利用 GNSS 提供高精度定位的解决方案。

3. NeRF-LOAM

在室外大场景下，传统的激光 SLAM 系统面临着几个挑战，尤其是在地图的密集重建质量方面。这些系统往往优先保证跟踪的稳定性，而在捕捉环境的复杂几何形状和生成高保真地图方面存在限制。经典的激光 SLAM 工作 LOAM 在处理大规模环境时也容易产生累积误差，导致重建的地图难以维持长期的一致性和准确性。

NeRF 技术的出现为这一领域带来了新的解决方案。NeRF 利用深度神经网络隐式表示场景，能够从稀疏视角生成连续、详细的三维重建。这种表示能够捕获光线在场景中的细微变化，创建非常逼真的视觉效果，其核心特性在于能够对复杂的光照和几何细节进行建模，这对于室外环境中的准确建图尤为重要。

NeRF-LOAM 整合了 NeRF 的高精度重建能力和激光雷达的精确距离测量，专门为大规模室外环境设计。如图 4-40 所示，NeRF-LOAM 由 3 个主要模块组成：神经里程计模块、神经建图模块和网格重建模块。神经里程计模块负责处理预处理的激光雷达扫描，通过回投影查询的神经符号距离函数（SDF）优化姿态。神经建图模块则在选定关键扫描的同时，联合优化体素嵌入图和姿态。关键扫描的网格重建模块返回 SDF 值，最终利用行进立方体算法重构环境的密集平滑网格图。

NeRF-LOAM 的创新之处在于它将激光雷达点分为地面点和非地面点，借此减少 z 轴漂移，并优化了在八叉树中体素嵌入的动态生成，这样的操作减少了处理时间，提高了地图的重建质量。这种策略允许 NeRF-LOAM 在未知的、大规模的室外环境中实现增量里程计位姿估计和环境建图，而无须依赖于预训练，展示了优异的泛化能力。

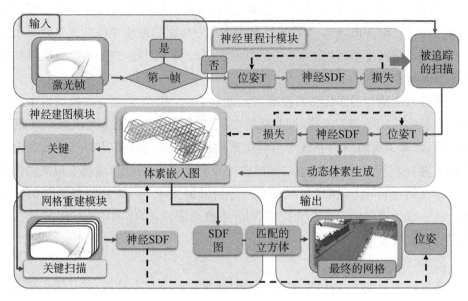

注：图片源自参考文献[15]

图 4-40 NeRF-LOAM 的算法框架图

4.4 ▶ 面向定位的三维点云处理及配准

4.4.1 基于几何特征的三维点云预处理

三维点云数据的预处理是利用有效点云信息进行三维重建及辅助导航定位的基础，是三维点云配准、三维点云拼接环节的前提。一般的三维点云预处理工作包括点云滤波和点云分割，本节主要从这两个方面对 3D 激光点云数据的降采样、去噪和分割进行详细阐述。

1. 三维激光点云

三维激光扫描雷达传感器的工作原理是激光发射器周期性地驱动激光二极管发射激光脉冲，并使用激光脉冲的飞行时间测量从目标到扫描中心的距离。

本节研究选取的主要实验数据采集设备为 Velodyne 16 线激光扫描雷达传感器，其中 16 线是指 16 个激光发射器在竖直方向以 ±15° 进行均匀地激光脉冲发射，得到的三维激光点云数据坐标是以激光雷达中心为极点的极坐标系表示的局部坐标，如图 4-41 所示。

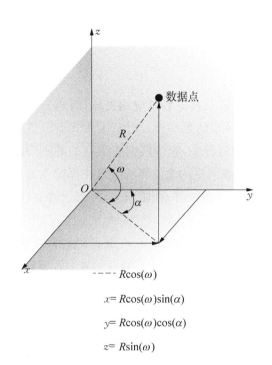

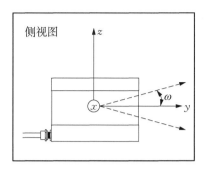

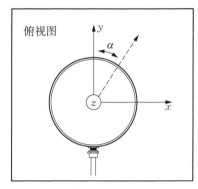

$$x = R\cos(\omega)\sin(\alpha)$$
$$y = R\cos(\omega)\cos(\alpha)$$
$$z = R\sin(\omega)$$

注:图片源自文献[35]

图 4 - 41   Velodyne 16 线激光扫描雷达坐标系

其中，R 为激光接触到障碍物的距离；ω 为多线激光雷达垂直方向上的线束与 y 轴的夹角；α 是水平方向上扫描线与 y 轴的夹角。将三维激光点云数据转换到笛卡尔坐标系下的全局坐标如式(4-7)所示，$(x，y，z)$ 为三维激光点云的三维空间坐标。

$$
\begin{aligned}
x &= R\cos(\omega)\sin(\alpha) \\
y &= R\cos(\omega)\cos(\alpha) \\
z &= R\sin(\omega)
\end{aligned}
\tag{4-7}
$$

作为最基本的几何定义实体，三维激光点可以直接描绘各种复杂形态的目标。三维激光点云数据是包含目标表面特征的、各种各样属性的多维特征数据。通常，三维激光点云包含目标的几何拓扑特征和回波反射强度特征这两个方面的属性。其中，几何拓扑特征包含单个激光点在当前所建坐标系下的空间坐标、点云间的邻域信息和点云表面的几何特征信息；而回波反射强度特征一般是指目标表面对激光束的反射强度，能够反映激光工作频带中的点附近的目标表面的光谱特性。通常,激光扫描采集设备获得的原始数据中会带有大量噪声,三维激光点云本身存在数据量大、密度不均、噪声复杂的特性,所以在正式使用之前要对点云先进行预处理操作。

2. 点云滤波

为了对点云数据进行配准、拼接和建模以及其他后续应用处理,对点云数据进行滤波操作是三维激光点云数据预处理环节的第一步。对三维激光点云进行滤波存在许多方法,但在实际点云滤波处理流程中,应该根据应用目的的不同而选择具备不同功能的滤波算法,比如基于体素网格的滤波算法可以在保留点云形状特征的同时,大量减少原始数据量,实现点云降采样;而随机采样一致性滤波算法则可以剔除点云中的离群点,实现点云去噪。

从目前市面上已有的三维激光雷达来看,例如 Velodyne 16 线、32 线和 64 线,根据激光线束的不同,由传感器获取的单帧激光点云数据含有数万到数十万不等的点个数,并且单帧点云本身的数据量就很大,其两两融合之后的点云数据会更大,对于后续的存储、操作等处理都是大问题。因此,有必要对点云数据进行降采样,并争取使用少量的代表性数据点集去取代原始扫描采集的点集,同时最大限度地保留原始扫描环境的几何特征。为了对三维激光点云数据进行最小范围失真的压缩处理,一般采用体素网格滤波器对三维激光点云进行降采样,这不仅可以减少点云的点个数,还可以保留点云的形状特征,这在随后的配准算法速度的提高中非常实用。

体素网格滤波器的主要思想是在点云所在的三维空间中创建三维体素网格。对于网格中的每个体素,体素中的点被体素中所有点的重心近似代替。最后,所有体素的重心构成过滤点云。可以通过体素大小设置来控制降采样的程度。基于体素格降采样三维激光点云的具体步骤如下。

(1) 将点云看作一个长方体模型,其体积大小 $V = L_{Mx}L_{My}L_{Mz}$,L_{Mx}、L_{My} 和 L_{Mz} 为 x 轴、y 轴和 z 轴 3 个方向上点云的最大值。

(2) 依据体积大小划分点云成若干个三维的小立方格 $w_j(j = 1, \cdots, n)$,每个立方格的边长为 $L_w = \zeta\sqrt[3]{kL_{Mx}L_{My}L_{Mz}/M}$,其中 ζ 为立方格大小的调节系数;k 是一个比例因子;M 为点云 S 中包含的所有点个数。

(3) 将内部不包含点的立方格删除,计算剩余立方格中每个三维立方格的点集重心:

$$x_{w_j} = \frac{\sum_{i=1}^{m} x_i}{m}, \ y_{w_j} = \frac{\sum_{i=1}^{m} y_i}{m}, \ z_{w_j} = \frac{\sum_{i=1}^{m} z_i}{m}$$

式中，m 表示三维立方格中的点云个数。

(4) 以三维立方格中的重心点作为代表点近似替代立方格中的其他点，输出降采样后的点云 S_d。

体素网格滤波器比直接使用体素中心逼近的方法执行速度慢，但经此方法降采样的点云的原始几何信息却能得到最大限度的保留。本节使用 Velodyne 16 线传感器扫描获取得到室内场景的单帧点云数据，从 KITTI 数据集（Velodyne 64 线）中获取的室外场景的单帧点云数据进行实例分析。

图 4-42 与图 4-43 分别为室内点云降采样效果图和室外点云降采样效果图。实验将体素格的大小设置为 0.05，在图 4-42 中，左侧点云为原始点云，包含 28 327 个点；右侧点云为降采样后的结果，包含 5 014 个点。在图 4-43 中，左侧点云为原始点云，包含 121 081 个点；右侧点云为降采样后的结果，包含 91 231 个点。

注：图片源自文献[35]

图 4-42　室内点云降采样效果*

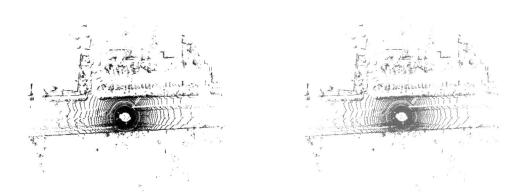

注：图片源自文献[35]

图 4-43　室外点云降采样效果*

三维激光点云中常存在点云密度分布不均的现象,某些区域的点云密集一般所含信息量丰富可用,但有些边缘扫描区域会因为环境因素、测量噪声而引入离群点,这类离群点多是单位范围密度低且孤立存在的无用点,一般到扫描中心的距离比其他大部分点到扫描中心的距离远得多,其表达的信息可以忽略不计。PCL 开源库中的条件滤波器(conditional removal)可用于实现对该类离群点的有效去除。

条件滤波器,可以根据不同的点云数据设定不同的条件指标,条件可以是一个或多个,只要不满足指定条件的数据点就会被剔除。这个方法一般用在对所用数据集比较了解的情况下,比如,依据场景和三维激光数据采集的有效范围,设定单帧点云数据在 x 轴方向上的距离范围为$[-10, 30]$,则滤波器会根据点云在 x 轴方向上的数值,判断在此范围之外的点云数据并剔除。

为了验证条件滤波方法对三维激光点云数据的离群点去除效果,采用 KITTI 数据集中的室外道路单帧点云数据和 Velodyne 16 线激光雷达实验采集得到的室内单帧点云数据进行实验,实验结果图如图 4-44 和图 4-45 所示。在室外场景(条件滤波)图 4-44 中,左侧点云为原始点云,包含 124 645 个点;右侧点云为剔除离群点后的结果,包含 118 984 个点。在室内场景(条件滤波)图 4-45 中,左侧点云为原始点云,包含 28 438 个点,右侧点云为剔除离群点后的结果,包含 28 195 个点。

注:图片源自文献[35]

图 4-44 室外条件滤波*

由于大部分的三维激光点云能够满足某一分布,因此还可以采用统计分析的方法去除噪声点,即选取每个点的邻域进行统计分析,并删除一些不符合标准的点。若是简单地以输入点云一定范围内近邻点的数量为标准进行统计,则可以选择 Radius Outliner Removal 滤波器对离群噪声点进行去除。而更复杂一点的方

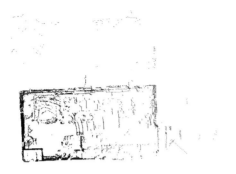

注:图片源自文献[35]

图 4-45　室内条件滤波*

式可以选择 Statistical Outlier Removal 滤波器,具体做法是计算输入点云中每个点到其邻近点的平均距离,假设得到的结果满足高斯分布,则能获取该数据的均值和标准差,那么邻域中的其他点与该点的距离若满足均值和标准差的约束条件即能被留下,不满足就被当成噪声点去除。以上两种滤波器在 PCL 开源库中都能找到实现。根据实验数据集三维点云的不同特性,应当选择不同的滤波方式对点云数据进行噪声点和离群点的去除。

3. 点云分割

点云分割技术能将不同区域的点云或不同物体表面的点云加以区分,实现分而治之、突出重点、单独处理的目的。本节介绍的点云分割主要针对室外道路采集数据中的地物分割,将地面点和地物点进行分离。去除地面点云的优势如下:①激光 SLAM 在室外进行长距离定位与建图的情况下,避免地面点对配准环节的干扰,能在一定程度上减少定位误差;②可以减少参与配准过程的点云数量,提高配准算法的计算效率。下面介绍两种方法,一种是基于数学形态学的三维点云分割,另一种是基于二维测距图像的点分割,该方法可直接应用于整个三维激光 SLAM 系统中,具有非常高效的地面点去除效率。

1) 基于数学形态学的三维点云分割

形态学是二值图像处理中非常重要的概念,基于数学形态学的代数集合运算的组合可用于识别灰度图像中的对象。虽然形态学应用于三维激光点云的处理方面存在很大的困难,但三维激光点云有所不同。比如,在室外车载扫描的三维激光点云数据中,点云的 z 轴方向一般代表地面物体的高度,而 x 轴和 y 轴所在面则垂直于 z 轴,三维激光点云的空间坐标域中已具备了较完整的单值映射关系,基于这种关系就能采用形态学的方法原理,对三维激光点云进行分割。

在图像处理中,数学形态学一般采用两种基本操作,即膨胀和腐蚀来扩大或减少二值图像中特征的大小,两种操作还可以进一步组合以提取图像中的特征点。后来,腐蚀和膨胀的概念已经扩展到了多级(灰度)图像,并且对应于在每个栅格的指定邻域内分别找到像素值和核函数组合的最小值和最大值。同理,这些概念也可以扩展到对于三维激光雷达扫描的点云数据的连续表面分析上,膨胀和腐蚀的组合操作可用于激光点云数据的开运算和闭运算,先膨胀后腐蚀为闭运算,反之为开运算。

对于激光雷达测量的三维点 $P_L(x,y,z)$ 来说,高程 z 相对于 x 轴和 y 轴的基础膨胀算子和基础腐蚀算子的设计公式为

$$d_{P_L} = \max_{(x_{P_L}, y_{P_L}) \in W}(z_{P_L})$$

$$e_{P_L} = \min_{(x_{P_L}, y_{P_L}) \in W}(z_{P_L})$$

式中,d_{P_L} 表示三维激光点 P_L 的基础膨胀算子;e_{P_L} 表示基础腐蚀算子;W 表示窗格,这个窗格可以是一维的线窗或二维的矩形及其他形状;$(x_{P_L}, y_{P_L}, z_{P_L})$ 表示窗格内 P_L 的近邻点集。

这里基于改进的形态学滤波的点云分类思想,使用大小渐进变化的滤波窗口,在每一个滤波窗口中对三维激光点云执行开运算(先腐蚀后膨胀)操作,逐渐对地面点和地物点进行分离。然而,因为地形变化不均,若仅利用渐进的滤波窗口对点云数据执行开运算,会导致一些本属于地面的点被错误地分割。为了解决该问题,方法中还引入地形高程差阈值作为判断条件。假设任何给定点 P_L 处的初始迭代中,其原始激光雷达测量值与滤波表面之间的最大高度差 $dh_{\max(t),1}$,小于初始给定的高程差阈值 $dh_{T,1}$,则 P_L 点为地面点;第二次迭代中,前一个滤波表面与当前滤波表面的最大高度差是 $dh_{\max(t),2}$,只有其小于当前操作的高度差阈值 $dh_{T,2}$,$dh_{\max(t),2}$ 内的地面点会被保留,之后的操作以此类推。

算法的具体步骤如下。

(1)将不规则点云数据进行网格化,选取每个网格单元内点云的最小高程值来构造规则的最小表面网格,将点云数据存储在每个网格单元中,若存在不含点云的单元格,则为其分配最近点测量值。

(2)在网格表面应用基于开运算的形态学滤波操作,并根据地形高度差判断条件筛选地面点,在第一次迭代中需要提供初始窗口大小和初始高程差阈值。

(3)逐渐增加滤波窗口大小并计算高程差阈值,重复步骤(2)和(3),直到过

滤器窗口的大小超出预定义的最大值。

在步骤(3)中,滤波窗口的大小根据公式进行选取,b 代表初始窗口,k 代表斜率。假设坡度是连续的,在第 k 次开运算中,地形的最大高度差 $dh_{\max(t),k}$ 与窗口大小 W_k、地形坡度 S 之间存在的关系表示为

$$W_k = 2kb + 1$$

$$W_k = 2b^k + 1$$

$$s = \frac{dh_{\max(t),k}}{\dfrac{W_k - W_{k-1}}{2}}$$

在每次迭代运算中,高程差阈值的计算公式为

$$dh_{T,k} = \begin{cases} dh_0, & W_k \leqslant 3 \\ s(W_k - W_{k-1})c + dh_0, & W_k > 3 \\ dh_{\max}, & dh_{T,k} > dh_{\max} \end{cases}$$

式中,dh_0 表示初始高程差阈值;S 表示所研究的点云区域范围内的地形坡度;c 表示单元网格的大小;$dh_{\max}$ 表示最大高程差阈值。

通常,在车载激光扫描的城市道路中,主要的环境对象是建筑物、树木和汽车,单个车辆和树木的大小远小于建筑物的大小,因此可以将最大高程差阈值设置为固定高度,例如选择扫描环境场景中的最低建筑物高度,能够确保地物点和地面点的有效分割。

为了验证基于数学形态学滤波的地面三维点分割算法,采用 KITTI 数据集中的室外道路单帧点云数据进行实验测试。实验结果如图 4-46 所示,左侧点云为原始点云,包含 124 645 个点;右侧点云为地面点去除后的结果,包含 48 043 个点,算法总耗时为 215.829 s。从图中可以看出,该算法进行地物分割的效果很好,但地面点分割时间较长,不适用于连续多帧点云的实时处理。

2) 基于二维测距图像的点分割

一般进行三维激光点云数据采集的多线激光雷达传感器会附带提供具体的设备参数,包括激光线束数量(常见 16 线、32 线、64 线)、水平角度分辨率、竖直角度分辨率及竖直方向的视角范围。而多数的激光雷达测距扫描仪也可以提供每个激光束从发射到返回的原始数据,其中包含带有时间戳的测距信息和方向夹角。本节提出的快速地面点分割的方法是基于二维测距图像(虚拟图像)来实现的,将激光传感器到物体的测量距离存储在二维图像的每个像素中,如果提供的是三维点云

注:图片源自文献[35]

图 4-46　64 线室外三维点云分割结果*

数据,则需要先将三维点云投影到圆柱形图像上,计算每个像素的欧式距离。其中,二维图像的行数根据多线激光线束数量进行设定,列数则由激光雷达传感器水平旋转一圈 360°的测距读数给出,列数一般跟传感器的水平角分辨率相关。例如传感器设备为 Velodyne 16 线的激光雷达,根据其设备参数,可以将二维测距图像的行数定为 16 行,列数为 1800 列(水平角分辨率给定 0.2°,360°除以角分辨率)。

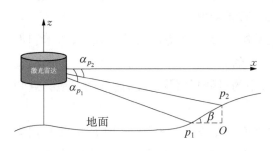

注:图片源自文献[35]

图 4-47　地面倾斜角度示意

本节所提的方法需要满足以下 3 个假设条件:①假设传感器水平安装在移动基座或移动机器人上;②假设地平面的曲率变化是连续且平缓的;③移动平台所能观测到的地平面至少在多线激光雷达传感器竖直方向的最低线束以内。在这 3 个假设到位的情况下,将二维测距图像 R 中的每一列 c 转换成一组角度 $\beta^r_{r-1,c}$,其中每一个角度代表连接两个点 p_1 和 P_2 的线的倾斜角度,这两个点分别来自测距图像的相邻行 $r-1$ 和 r 中的两个测距读数 $R_{r-1,c}$ 和 $R_{r,c}$,如图 4-47 所示。

已知垂直方向上连续的单个激光束的测距读数,使用三角法则计算角度 β,具体计算如式(4-8)所示:

$$\beta = \alpha\tan2(\|op_2\|, \|op_1\|) = \alpha\tan2(\Delta z, \Delta x)$$
$$\Delta z = |\sin\alpha_{p_1}R_{r-1,c} - \sin\alpha_{p_2}R_{r,c}|$$
$$\Delta x = |\cos\alpha_{p_1}R_{r-1,c} - \cos\alpha_{p_2}R_{r,c}| \qquad (4-8)$$

式中，α_{p_1} 和 α_{p_2} 是对应于相邻行 $r-1$ 和 r 的单个激光束的垂直角度。

需要注意的是每个 β 角度的计算需要两个测距读数，因此角度堆栈的大小要比测距图像的行数小 1。将所有角度存放在矩阵 $\boldsymbol{M}=[\beta^r_{r-1,c}]$ 中，其中 r 和 c 是二维测距图像中对应测距读数的行和列坐标。使用广度优先搜索算法在矩阵 $\boldsymbol{M}$ 中进行地面点标记，从测距图的最低行开始，在移动到下一行之前首先探索相邻列中的元素。为了确定两个相邻元素是否需要一起标记，在二维测距图像每个网格的 N4 邻域中计算角度的差值，并给出实验阈值 $\Delta\beta$，一般 16 线激光的角度阈值范围为 $5°\sim10°$，如果二维测距图像中的最低行存储的每一个角度都小于设定的阈值，则被标记为地面点。

为了进一步验证本节所提算法的地面点快速分割特性，采用 KITTI 数据集中的室外单帧点云数据和 Velodyne 16 线传感器设备采集的室外数据进行实验。图 4-48 所示为 A、B、C、D 4 个场景下基于二维测距图像的地面点分割效果图。蓝色点云为原始点云，绿色点云为地面点分割后的点云。其中，A 场景中的原始点云包含 118002 个点，地面点分割后的点云包含 40784 个点；B 场景中的原始点云包含 20222 个点，地面点分割后的点云包含 10802 个点；C 场景中的原始点云包含 124008 个点，地面点分割后的点云包含 54084 个点；D 场景中的原始点云包含 120845 个点，地面点分割后的点云包含 52002 个点；4 个场景下的点云数据对比如图 4-49 所示。

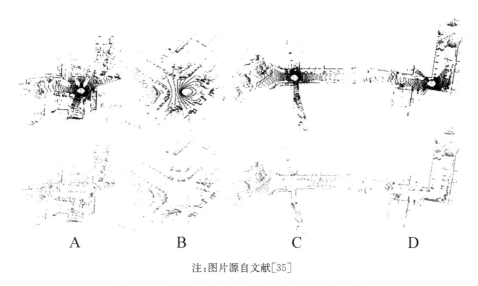

A　　　　　B　　　　　C　　　　　D

注：图片源自文献[35]

图 4-48　基于二维测距图像的地面点分割效果*

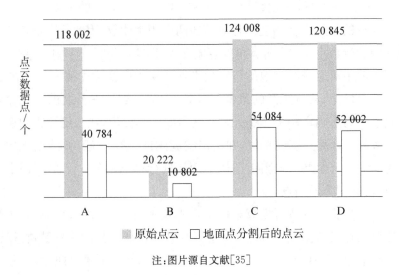

注:图片源自文献[35]

图 4-49 基于二维测距图像的地面点分割前后数据对比

该算法在时间方面与基于数学形态学滤波的地面点分割算法的实验对比结果如表 4-1 所示。从图 4-48 和表 4-2 中可以看出,该算法进行地物分割的效果明显,且分割时间较短,可适用于连续多帧点云的实时处理。

表 4-2 两种算法的比较结果

点云场景	形态学滤波分割时间/s	本算法分割时间/s
A	0.071	198.383
B	0.011	4.897
C	0.073	176.811
D	0.072	162.788

4.4.2　点云特征提取算法

由于激光点云数据的散乱无序性,对其进行特征点的提取与识别是一大研究难点。目前主要有两种方法,一种方法是采用曲率、法线夹角等几何量提取特征并分割区域,另一种方法是通过点云栅格化统计点云的分布情况,并附加一些约束条件,前者在点之间的选取并无导向性,对于一些无结构化的扫描场景进行点云配准的效果并不理想。后者遍历点云进行搜索统计的速度太慢,不利于 SLAM 的实时性定位与建图。进一步分析,特征提取方法的选择会严重影响激光点云的配准问题,从而影响 SLAM 整体定位与建图精度。本节重点讨论面向三维点云的特征提取算法,并对不同特征提取算法进行实例分析。

1. ISS 特征提取算法

ISS(intrinsic shape signatures)特征,是指内部形态描述子,重点是基于某个点的内部构建局部特征,而这个内部可以理解为某一点的可控邻域范围。假设存在点个数为 N 的单帧点云 $\boldsymbol{P} = \{\boldsymbol{p}_i\}_{i=1}^N$,其中任意一点表示为 $\boldsymbol{p}_i(i = 1, 2, \cdots, N)$,为该点定义一个参考坐标系并指定其内部邻域半径 ρ,则在该点云中提取 ISS 特征的方法可以分为以下 4 个步骤。

(1)计算点云中每一点 $\boldsymbol{p}_i$ 的采样权重,作为对密度分布不均的点云的采样补偿,公式为

$$w_i = \frac{1}{\|\boldsymbol{p}_i - \boldsymbol{p}_j\|}, \ \boldsymbol{p}_j \in \{\|\boldsymbol{p}_i - \boldsymbol{p}_j\| < \rho\}, \ i \neq j \in (1, 2, \cdots, N) \qquad (4-9)$$

式中,$\boldsymbol{p}_j$ 为 $\boldsymbol{p}_i$ 点邻域空间中的点。

(2)计算 $\boldsymbol{p}_i$ 点与其邻域 ρ 内的点集中每一个点 $\boldsymbol{p}_j$ 的权重协方差矩阵,公式为

$$\mathrm{cov}(\boldsymbol{p}_i) = \frac{\sum\limits_{\|\boldsymbol{p}_j - \boldsymbol{p}_i\| < \rho} w_i(\boldsymbol{p}_i - \boldsymbol{p}_j)(\boldsymbol{p}_i - \boldsymbol{p}_j)^{\mathrm{T}}}{\sum\limits_{\|\boldsymbol{p}_j - \boldsymbol{p}_i\| < \rho} w_i}, \ i \neq j \in (0, 1, \cdots, m-1)$$

$$(4-10)$$

(3)对式(4-10)中的协方差矩阵(3×3 的矩阵)进行奇异值分解,求得特征值 $\{\lambda_i^1, \lambda_i^2, \lambda_i^3\}$ 及其对应特征向量 $\{e_i^1, e_i^2, e_i^3\}$,其中特征值从大到小排序。

(4)利用特征值之间的关系对点特征进行描述,满足式(4-11)的点则视为 ISS 特征点:

$$\frac{\lambda_i^2}{\lambda_i^1} \leqslant \varepsilon_1, \ \frac{\lambda_i^3}{\lambda_i^2} \leqslant \varepsilon_2 \qquad (4-11)$$

式中,ε_1 和 ε_2 为设定的约束阈值。

ISS 特征提取算法能够尽可能地保持点云数据的空间形状信息,同时对多源噪声具有一定的鲁棒性,可以减少噪声对点云帧间配准的影响。

为了验证 ISS 特征提取算法对三维激光点云数据的测试效果,选择 6 个典型场景下的单帧点云数据进行实验,其中包括经过点云预处理操作的 KITTI 开源数据集(Velodyne 64 线传感器)和实际采集的数据集(Velodyne 16 线传感器),图 4-50 和图 4-51 为 ISS 特征提取算法对城市直行公路、小

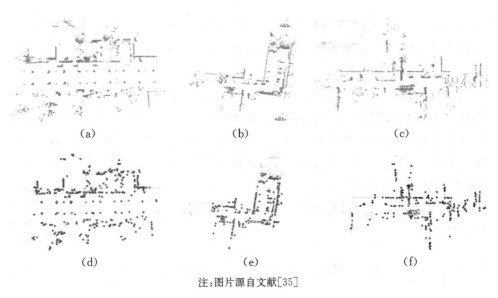

图 4-50 ISS算法处理不同场景数据的特征提取结果 1*

(a)城市直行公路;(b)小区停车场直角转弯口;(c)居民住宅道路;(d)(e)(f)特征检测结果

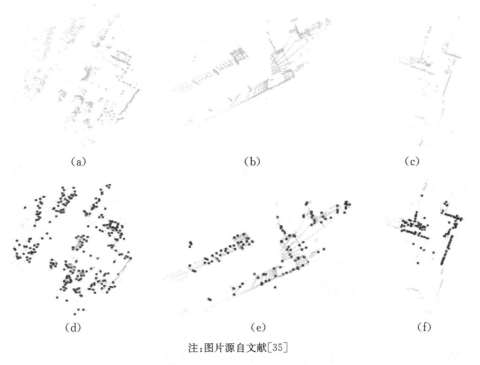

图 4-51 ISS算法处理不同场景数据的特征提取结果 2*

(a)建筑物空地;(b)室内长廊;(c)室内楼道;(d)(e)(f)特征检测结果

区停车场直角转弯口、居民住宅道路、建筑物空地、室内长廊和室内楼道的特征提取效果图。图中绿色点云为原始点云,所有图上的红色标点均为提取的特征点。

2. Harris 特征提取算法

Harris 角点检测算子由 Chris Harris 于 1988 年提出。Harris 角点检测广泛用于图像处理,其算法的基本思想是在图像上取一个滑动窗口,使其在图像的任意方向上进行滑动并观察窗口中的像素灰度的变化情况,若任何方向上的滑动都存在明显的灰度变化,则窗口中存在角点。Harris 特征点在三维空间中的应用与在二维空间中的应用类似,但是它没有在三维点云强度信息邻域检测特征点,而是利用三维激光点云的空间表面法向量来检测特征点,从这一点来看,Harris 特征提取的方法同样适用于三维激光点云数据。三维物体经扫描后呈现的点云是含有几何特征信息的,可以用顶点的集合和面的集合来表示,因此在三维空间中对点云进行 Harris 特征提取,可以选择将点集进行邻域空间划分,并构建点云的拟合平面计算 Harris 响应值。具体的 Harris 特征提取步骤如下。

(1) 计算点云中任意一点 $\boldsymbol{P}_i$ 及其邻域 k 范围内所有近邻点的质心,以质心为原点建立局部坐标系,然后使用主成分分析的方法计算 $\boldsymbol{P}_i$ 的最佳拟合平面,选择最低关联性的特征值的特征向量作为拟合平面的法线,旋转 $\boldsymbol{P}_i$ 所在的点集使其 z 轴与法线重合。

(2) 将 $\boldsymbol{P}_i$ 旋转到 x - y 平面上的原点处,计算该拟合平面的导数参数,为了避免噪声影响,将导数与连续高斯函数进行积分构建连续导数函数,相应的计算公式如下:

$$\boldsymbol{A} = \frac{1}{\sqrt{2\pi}\,\sigma} \int_{R^2} \mathrm{e}^{\frac{-(x^2+y^2)}{2\sigma^2}} f_x(x,\,y)^2 \,\mathrm{d}x\,\mathrm{d}y$$

$$\boldsymbol{B} = \frac{1}{\sqrt{2\pi}\,\sigma} \int_{R^2} \mathrm{e}^{\frac{-(x^2+y^2)}{2\sigma^2}} f_y(x,\,y)^2 \,\mathrm{d}x\,\mathrm{d}y$$

$$\boldsymbol{C} = \frac{1}{\sqrt{2\pi}\,\sigma} \int_{R^2} \mathrm{e}^{\frac{-(x^2+y^2)}{2\sigma^2}} f_x(x,\,y) f_y(x,\,y) \,\mathrm{d}x\,\mathrm{d}y$$

(3) 根据步骤(2)中求取的 3 个参数构建矩阵 $\boldsymbol{E}$,如式(4-12)所示,求解 $\boldsymbol{E}$ 的特征值,其中矩阵 $\boldsymbol{E}$ 含有与点 $\boldsymbol{P}_i$ 相关的所有局部信息,是求取特征点的关键。

$$E = \begin{bmatrix} A & C \\ C & B \end{bmatrix} \tag{4-12}$$

（4）$\boldsymbol{P}_i$ 所在的点集中每个点的 Harris 响应值的计算如式（4-13）所示，设定一阈值，若响应值大于阈值且该响应值在 k 邻域内是局部极大值，则该点为 Harris 特征点，其中 k 的值会影响 Harris 特征的提取数目。

$$h(x, y) = \det(\boldsymbol{E}) - k\left[\operatorname{tr}(\boldsymbol{E})\right]^2 \tag{4-13}$$

为了验证 Harris 特征提取算法对三维激光点云数据的测试效果，选择 6 个典型场景下的单帧点云数据进行实验，其中包括经过点云预处理操作的 KITTI 开源数据集（Velodyne 64 线传感器）和实际采集的数据集（Velodyne 16 线传感器），图 4-52 和图 4-53 为 Harris 特征提取算法对城市直行公路、小区停车场直角转弯口、居民住宅道路、建筑物空地、室内长廊和室内楼道共 6 类场景下的特征提取效果图。图中橘黄色点云为原始点云，所有图上的红色标点均为提取的特征点。

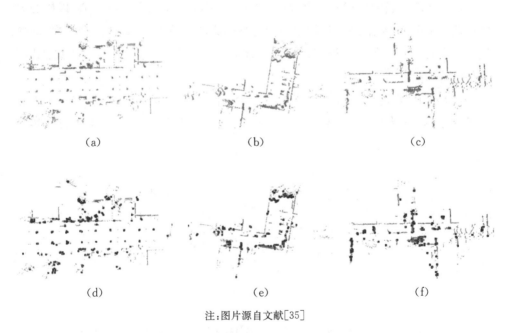

(a)　　　　　　　　　(b)　　　　　　　　　(c)

(d)　　　　　　　　　(e)　　　　　　　　　(f)

注：图片源自文献[35]

图 4-52　Harris 算法处理不同场景数据的特征提取结果 1*

(a)城市直行公路；(b)小区停车场直角转弯口；(c)居民住宅道路；(d)(e)(f)特征检测结果

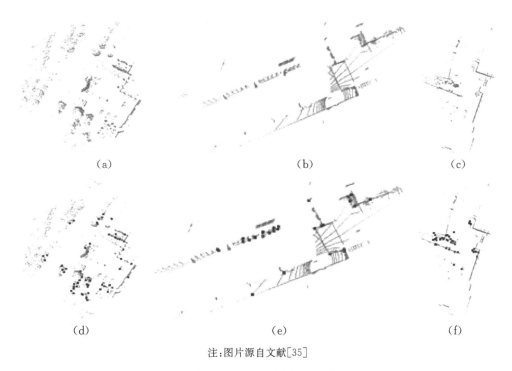

注:图片源自文献[35]

图 4-53　Harris 算法处理不同场景数据的特征提取结果 2*
(a)建筑物空地;(b)室内长廊;(c)室内楼道;(d)(e)(f)特征检测结果

3. Voxel-SIFT 特征提取算法

尺度不变特征变换(scale-invariant feature transform, SIFT)是二维图像特征检测中常见的一种特征,其应用范围包括图像拼接、目标识别、对象跟踪和三维模型构建等。在二维图像特征匹配中,应用 SIFT 算法对图像进行特征提取。首先,采用高斯函数对图像进行模糊及降采样处理来构建图像高斯金字塔。其次,建立微分金字塔以执行初步极值检测操作,对极值点进行精确定位后,确定特征点的主方向。最后,对特征点建立描述子,生成特征点描述向量。不同于 SIFT 在二维平面图像稠密点云中的应用,本节针对三维激光点云空间稀疏特性,设计了一种基于体素格的 SIFT 特征点提取方法(以下简称为 Voxel-SIFT 特征提取算法)。下面将详细阐述 Voxel-SIFT 特征提取算法的具体步骤。

(1)对三维激光点云数据构建三维体素网格,依据 z 轴方向的点云信息对点云进行由外到里的空间层划分,假设每一层的原始体素网格模型为 $M(x, y, z)$,则该层的尺度空间模型为原始体素网格模型与三维高斯滤波器的卷积:

$$M_k = M(x, y, z) \bigotimes G(x, y, z, k\delta)$$

$$G(x, y, z, k\delta) = \frac{1}{(\sqrt{2\pi}\,k\delta)^3} e^{-(x^2+y^2+z^2)/2(k\delta)^2} \qquad (4-14)$$

式中，$G(x, y, z, k\delta)$ 为高斯函数；δ 为空间尺度参数；k 为尺度大小调整参数，不同 k 值表示不同的尺度空间。

（2）计算相邻尺度层的高斯差分模型，能够保证体素网格具有与之相关的尺度不变性：

$$\mathrm{DoG}_k = W_k(x, y, z) - W_{k-1}(x, y, z)$$

式中，DoG 表示高斯差分函数（difference of Gaussians）。

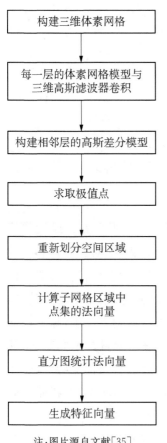

构建三维体素网格

每一层的体素网格模型与
三维高斯滤波器卷积

构建相邻层的高斯差分模型

求取极值点

重新划分空间区域

计算子网格区域中
点集的法向量

直方图统计法向量

生成特征向量

注：图片源自文献[35]

图 4-54　Voxel-SIFT 特征
提取算法的原理

（3）从高斯差分空间的不同方向上检测极值点，该极值点是所有高斯差分模型中的极大值点或极小值点。

（4）以极值点为中心重新划分含有 $8\times8\times8$ 个小体素格的空间区域，并将其中每个子区域再进一步划分为 $4\times4\times4$ 的网格区域，在划分后的每个网格区域内计算点集中每个点的法向量。

（5）利用直方图统计每个网格区域中法向量的幅值和方向角，直方图的横轴统计的是方向角，纵轴则统计的是方向角对应的幅值的累加值，选取直方图峰值对应的向量值为子网格区域的特征向量。

图 4-54 为 Voxel-SIFT 特征提取算法的原理图，该算法能保证提取的特征点具有旋转不变性，同时具备高度辨别的特征向量，能将细微变化的特征区域与其他信息不明显的区域明显区分。

为了验证 Voxel-SIFT 特征提取算法对三维激光点云数据的测试效果，选择 6 个典型场景下的单帧点云数据进行实验，其中包括经过点云预处理操作的 KITTI 开源数据集（Velodyne 64 线传感器）和实际采集的数据集（Velodyne 16 线传感器），图 4-55 和图 4-56 为 Voxel-SIFT 特征提取算法对城市直行公路、小区停车场直角转弯口、居民住宅道路、

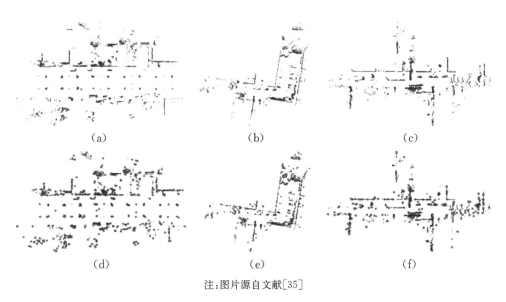

注:图片源自文献[35]

图 4 - 55　Voxel-SIFT 算法处理不同场景数据的特征提取结果 1*
(a)城市直行公路;(b)小区停车场直角转弯口;(c)居民住宅道路;(d)(e)(f)特征检测结果

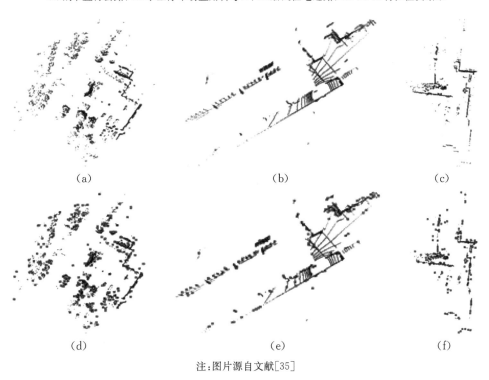

注:图片源自文献[35]

图 4 - 56　Voxel-SIFT 算法处理不同场景数据的特征提取结果 2*
(a)建筑物空地;(b)室内长廊;(c)室内楼道;(d)(e)(f)特征检测结果

建筑物空地、室内长廊和室内楼道共 6 类场景下的特征提取效果图。图中蓝色点云为原始点云,所有图上的红色标点均为提取的特征点。

以上介绍的三种算法均是针对三维激光点云的特征提取,为测试文中提及的三种算法对三维激光点云进行特征提取的效果,选择 6 个典型场景下的单帧三维激光点云数据进行实验,其中包括经过点云预处理操作的 KITTI 开源数据集(Velodyne 64 线传感器)和实际采集的数据集(Velodyne 16 线传感器)。表 4 - 3 展示的是 ISS、Harris 及 Voxel-SIFT 三种特征检测算法的实验结果比较。

表 4 - 3   三种特征检测算法的实验结果比较

场景	点云数量/个	ISS特征检测	检测时间/s	Harris特征检测	检测时间/s	Voxel-SIFT特征检测	检测时间/s
城市直行公路	36 767	358	2.531	312	2.981	407	0.51
小区停车场直角转弯口	54 804	274	3.651	202	3.599	331	0.45
居民住宅道路	56 271	234	4.814	164	6.643	242	0.343
建筑物空地	12 009	267	0.325	76	0.445	378	0.392
室内长廊	27 552	122	3.132	34	6.547	172	0.2
室内楼道	7 131	149	0.188	46	0.275	187	0.243

注:参见文献[35]。

从表 4 - 3 中可以看出,三种特征提取方法中,Harris 特征的检测效果最为一般,这可能与 Harris 算法本身只检测角点信息的原理有关,而且算法中搜索半径 r 的大小设定会对角点规模造成很大影响,不同场景下需要对搜索半径 r 进行不同的测试,整个检测过程也更加耗时。在三维激光点云的各类场景应用中,Harris 特征提取方法的检测时间比 ISS 特征提取算法和 Voxel-SIFT 特征提取算法的都要长,同时在特征点检测数量方面,Harris 特征的检测数量最少,特别是在室内环境单一的长廊及楼道场景下,其检测到的特征点极少且不具有代表性。

在三种方法中,ISS 算法对 6 个场景数据的特征点检测数量较为稳定,检测时间与原始点云的数量有必然联系,但针对室内楼道和建筑物空地这类点云密度局部分布集中、激光雷达扫描点云距离较短的场景,其检测搜索半径设置较小时既能获取较多的特征点,又能保证检测时间较短;而其他场景下 ISS 算法设置小数值的搜索半径却只能获取局部小范围的特征点,无法在全局场景中均匀分布特征点,同时也无法兼顾检测时间这项指标。因此,针对本节所使用的 6 个数据集,ISS 算法的搜索邻域半径设置为 0.3~0.5 m,这样能够同时兼顾特征点的检测数量和检测时间。

在表 4-3 中，Voxel-SIFT 算法较 ISS 算法提取的特征点数量在每一类场景测试中都要更多一些，同时总体的检测时间都要更短，Voxel-SIFT 算法的检测时间较为稳定，一般情况下检测到的特征点越多，耗费时间越长。从检测时间上考量，Voxel-SIFT 算法比 ISS 算法更加适合作为后期三维激光点云配准环节中的特征提取方法。

4.4.3　点云配准优化方法

三维激光点云配准的本质是计算不同坐标系中的两帧点云，并将其转换为同一坐标系中的旋转平移矩阵。由于扫描场景的复杂程度不一样，传统的机载激光扫描系统点云信息提取方法不能应用于地面高分辨率三维激光点云的配准当中；此外，场景中的目标之间存在遮挡和自遮挡现象，并且还存在诸如相同类型的目标之间的点云密度差异大的因素，也会极大地影响三维激光点云配准算法的准确性和鲁棒性。

正态分布变换（normal distributions transform，NDT）算法和最近邻点迭代（iterative closest point，ICP）算法是目前常用的三维空间点云配准算法。本节介绍 NDT 和 ICP 两种配准方法的原理，并采用三维激光点云数据进行实例分析，在此基础上提出一种基于体素单元格尺度不变特征变换的粗精快速点云配准方法。

1. NDT 配准算法

配准问题的本质都是解决计算不同位置采集的三维点云之间的空间变换关系的问题。NDT 配准算法的思想也是如此。NDT 算法不像 ICP 算法将点对点或点对面之间的差距进行比较，而是将点云转换为多维变量的正态分布，依据概率密度求取两帧点云之间的变换参数。

NDT 算法通过均匀地对三维空间点云进行体素化处理，并用以最大化单帧点云中所有点分布在最近高斯模型中的概率乘积。NDT 算法将原本离散的点通过正态分布函数来表示，每一个概率密度分布函数都可以作为局部点云体素单元格表面的近似，该函数连续可导，其内含信息既能表达局部表面的方向和光滑性，又能表达局部体素单元格的空间坐标信息。

通过正态分布表示体素单元中每个三维点位置测量样本的概率分布，表示为

$$p(\vec{x}) = \frac{1}{(2\pi)^{\frac{D}{2}} \sqrt{|\boldsymbol{\Sigma}|}} \exp\left[-\frac{(\vec{x}-\vec{\boldsymbol{\mu}})^{\mathrm{T}} \boldsymbol{\Sigma}^{-1} (\vec{x}-\vec{\boldsymbol{\mu}})}{2}\right]$$

式中，$\boldsymbol{\mu}$ 和 $\boldsymbol{\Sigma}$ 分别表示点 $\vec{x}$ 所在的栅格的均值向量和协方差矩阵；系数 $\left[(2\pi)^{\frac{D}{2}}\sqrt{|\boldsymbol{\Sigma}|}\right]^{-1}$ 用来保证概率密度函数在定义域的积分值始终为 1；$\boldsymbol{\mu}$ 和 $\boldsymbol{\Sigma}$ 通过式(4-15)计算：

$$\boldsymbol{\mu} = \frac{1}{m}\sum_{k=1}^{m}\boldsymbol{y}_k$$

$$\boldsymbol{\Sigma} = \frac{1}{m-1}\sum_{k=1}^{m}(\boldsymbol{y}_k-\boldsymbol{\mu})(\boldsymbol{y}_k-\boldsymbol{\mu})^{\mathrm{T}} \qquad (4-15)$$

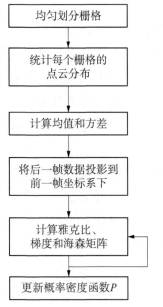

注：图片源自文献[35]

图 4-57 NDT 算法的原理

式中，$\boldsymbol{y}_k(k=1, \cdots, m)$ 为体素单元格中的所有点。算法中每个格子的大小即 NDT 的分辨率，此参数根据实际情况进行设定。格子大小的设定在 NDT 算法中非常重要，若设置过大会造成配准精度较低，过小会导致配准时间过长且内存过高。

图 4-57 所示为 NDT 算法的原理，在三维点云配准优化过程中，NDT 算法的大致流程如下。

(1) 固定单元格的尺寸，构建第一个三维激光扫描点云数据的 NDT。

(2) 根据里程计的数据提供初始坐标变换参数。

(3) 每次使用更精细的格子进行迭代运算。

(4) 对单元格进行 K 聚类，有多少个类就有多少个大小不一的格子。

(5) 关联所有单元格，采用三线插值对不连续的相邻格子进行平滑，以提高匹配精度；在此说明，插值虽然可以提高算法的鲁棒性，但是会导致运算时间的增加。

(6) 计算每个单元格的概率分布，将其求和作为每个三维旋转平移矩阵的配准评估得分 S，表示为

$$S = \sum_i \exp\left[-\frac{(\vec{x}-\vec{\mu})^{\mathrm{T}}\boldsymbol{\Sigma}^{-1}(\vec{x}-\vec{\mu})}{2}\right]$$

(7) 使用海森(Hessian)矩阵法对得分进行优化求解。

本节实验计算平台为酷睿 i5-4210U 低压处理器和 Ubuntu16.04 系统，为保证实验结果的准确性，本实验测试数据分为两组，一组是使用 Velodyne 16 线

激光雷达采集得到的室内点云数据,含有 28 241 个数据点,另一组是从 KITTI 数据集(Velodyne 64 线)中挑选的室外点云数据,含有 121 081 个数据点。图 4 - 58 和图 4 - 59 为室内和室外场景数据集的配准效果图。图中红色点云为源点云,蓝色点云为目标点云。为了验证实验结果与真值的差异,蓝色目标点云是经源点云旋转平移并添加了高斯白噪声得到的。其中旋转偏航角为 $15°$,在平面上 x 轴和 y 轴方向各自位移 $0.1\,\mathrm{m}$。

注:图片源自文献[35]

图 4 - 58　室内 NDT 配准效果[*]

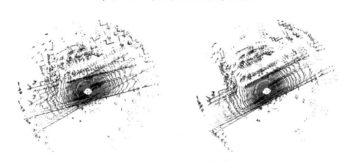

注:图片源自文献[35]

图 4 - 59　室外 NDT 配准效果[*]

　　为了验证算法的鲁棒性和实时性,实验中所用的三维点云数据均没有进行降采样及其他滤波预处理。本节对 NDT 算法配准的参数设定如下:体素单元格的边长设置为 0.1,优化方法的最大步长设置为 0.1,最大迭代次数设置为 100 次。因为 NDT 扫描匹配一般是要预先给定移动平台在不同位置所采集的三维激光点云数据所获取的坐标变换参数,才能在两帧点云位置相差过大的情况下表现出较好的效果。而本节实验中只考虑激光雷达单独提供三维激光点云数据时的配准测试效果,实验结果均是在没有给定 NDT 算法初值的条件下得到的。图 4 - 58 的最终误差收敛结果为 $0.055\,\mathrm{m}$,配准时间为 $6.01\,\mathrm{s}$;图 4 - 59 的最终误差收敛结果为 $0.362\,\mathrm{m}$,配准时间为 $37.75\,\mathrm{s}$。

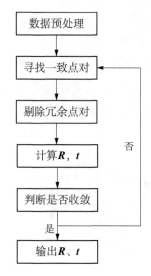

图 4-60 ICP 算法流程

2. ICP 配准算法

最近邻点迭代(iterative closest point, ICP)算法,其基本流程如图 4-60 所示。其算法的简要流程:①目标函数确认;②寻找一致点对;③R、t 优化;④迭代计算。ICP 配准的收敛条件主要有 3 个:算法的最大迭代次数,目标函数需要满足的最大误差阈值,两个变换矩阵之间的最大差值。以上 3 个条件不要求同时满足。

其算法核心的目标函数如式(4-16)所示,这个目标函数实际上是一个误差函数,是判断点云配准是否准确的关键环节。该函数的目的在于求得满足所有匹配点对之间的误差平方和达到最小值时的三维空间旋转平移矩阵。

$$f(\boldsymbol{R},\ \boldsymbol{t}) = \frac{1}{N_P}\sum_{i=1}^{N_P}|\boldsymbol{P}_t^i - \boldsymbol{R}\boldsymbol{P}_s^i - \boldsymbol{t}|^2 \qquad (4-16)$$

式中,$\boldsymbol{P}_s^i$、$\boldsymbol{P}_t^i$ 分别为源点云和目标点云中的一组对应点对,总共 N_p 对对应点;$\boldsymbol{R}$ 为旋转矩阵;t 为平移向量;$\boldsymbol{T}$ 为平移矩阵。

假设存在不同空间位置下的两帧三维激光点云数据,源点云 $\boldsymbol{P}$ 和目标点云 $\boldsymbol{Q}$,则 ICP 算法的具体配准步骤如下:

(1) 计算 $\boldsymbol{P}$ 中的每个点对应于 $\boldsymbol{Q}$ 点集中的最近点。

(2) 求得使步骤(1)中所找到的对应关联点对的最小化平均欧式距离的刚体变换,并获得平移向量和旋转矩阵。

(3) 对源点云 $\boldsymbol{P}$ 使用步骤(2)中得到的平移向量和旋转矩阵,经坐标变换得到新的三维激光点云 $\boldsymbol{P}^{\mathrm{T}}$。

(4) 如果新的三维激光点云 $\boldsymbol{P}^{\mathrm{T}}$ 与目标点云 $\boldsymbol{Q}$ 满足目标函数要求,则停止算法的迭代操作,否则新的三维激光点云 $\boldsymbol{P}^{\mathrm{T}}$ 将继续作为新的源点云参与迭代运算,直到达到目标函数的要求。这里所指的目标函数的要求,即 ICP 配准的收敛条件。

在 ICP 算法的目标函数求解过程中,一般使用奇异值分解(SVD)的方法,本节将对求解过程进行详细说明。根据前述对 ICP 算法的问题描述,首先定义一组对应点对 $\boldsymbol{P}_s^i$ 和 $\boldsymbol{P}_t^i$ 的误差项为 $\boldsymbol{E}_i$,表示为

$$\boldsymbol{E}_i = \boldsymbol{P}_t^i - (\boldsymbol{R}\boldsymbol{P}_s^i + \boldsymbol{t})$$

有关 ICP 算法的配准约束问题的本质是基于最小二乘问题的，因此构建函数如式(4-17)所示，求使得函数中的误差平方和达到极小的旋转矩阵 $\boldsymbol{R}$ 和平移向量 $\boldsymbol{t}$：

$$\min_{\boldsymbol{R},\,\boldsymbol{t}} \boldsymbol{J} = \frac{1}{2} \sum_{i=1}^{N_P} \| \boldsymbol{P}_t^i - (\boldsymbol{R} \boldsymbol{P}_s^i + \boldsymbol{t}) \|_2^2 \tag{4-17}$$

计算有关源点云和目标点云的质心，表示为

$$\mu_s = \frac{1}{N} \sum_{i=1}^{N_P} (\boldsymbol{P}_s^i), \ \mu_t = \frac{1}{N} \sum_{i=1}^{N_P} (\boldsymbol{P}_t^i)$$

整理得到

$$\min_{\boldsymbol{R},\,\boldsymbol{t}} \boldsymbol{J} = \frac{1}{2} \sum_{i=1}^{N_P} (\| \boldsymbol{P}_t^i - \mu_t - \boldsymbol{R}(\boldsymbol{P}_s^i - \mu_s) \|^2 + \| \mu_t - (\boldsymbol{R}\mu_s + \boldsymbol{t}) \|^2)$$

$$\tag{4-18}$$

从式(4-18)中可以看出，括号内的第一项多项式只与旋转矩阵有关，而第二项多项式虽然含有旋转矩阵和平移向量，但只与源点云和目标点云的质心相关。因此根据括号中的第一项多项式求出 $\boldsymbol{R}$，再令第二项多项式为零就能得到平移向量 $\boldsymbol{t}$。

令 $\boldsymbol{M}_S^i$ 和 $\boldsymbol{M}_T^i$ 为对应于每个 $\boldsymbol{P}_s^i$ 点和 $\boldsymbol{P}_t^i$ 点的去质心坐标，计算表达式见式(4-19)，求三维空间的最优旋转平移矩阵 $\boldsymbol{T}$ 的问题转为先求解最优旋转矩阵：

$$\boldsymbol{M}_S^i = \boldsymbol{P}_s^i - \mu_S, \ \boldsymbol{M}_T^i = \boldsymbol{P}_t^i - \mu_t$$

$$\boldsymbol{R}^* = \arg \min_{\boldsymbol{R}} \frac{1}{2} \sum_{i=1}^{N} \| \boldsymbol{M}_T^i - \boldsymbol{R} \boldsymbol{M}_S^i \|^2 \tag{4-19}$$

对式(4-19)进行展开，得到式(4-20)，可以看出第一项和第二项都与旋转矩阵参数无关，则最简化目标函数转换如下：

$$\frac{1}{2} \sum_{i=1}^{N_P} \| \boldsymbol{M}_T^i - \boldsymbol{R} \boldsymbol{M}_S^i \|^2 = \frac{1}{2} \sum_{i=1}^{N_P} (\boldsymbol{M}_T^i)^{\mathrm{T}} \boldsymbol{M}_T^i + (\boldsymbol{M}_S^i)^{\mathrm{T}} \boldsymbol{R}^{\mathrm{T}} \boldsymbol{R} \boldsymbol{M}_S^i - 2(\boldsymbol{M}_T^i)^{\mathrm{T}} \boldsymbol{R} \boldsymbol{M}_S^i$$

$$\sum_{i=1}^{N_P} - (\boldsymbol{M}_T^i)^{\mathrm{T}} \boldsymbol{R} \boldsymbol{M}_S^i = -\mathrm{tr} \left[\boldsymbol{R} \sum_{i=1}^{N_P} \boldsymbol{M}_S^i (\boldsymbol{M}_T^i)^{\mathrm{T}} \right] \tag{4-20}$$

定义矩阵如式(4-21)所示，此矩阵为 3×3 的矩阵，对其进行 SVD 分解。式中，$\boldsymbol{\Sigma}$ 为奇异值组成的对角矩阵，对角线元素从大到小排列；而 $\boldsymbol{U}$ 和 $\boldsymbol{V}$ 为对角矩阵。

$$\boldsymbol{W} = \sum_{i=1}^{N_P} \boldsymbol{M}_T^i (\boldsymbol{M}_S^i)^{\mathrm{T}}$$

$$\tag{4-21}$$

$$\boldsymbol{W} = \boldsymbol{U} \boldsymbol{\Sigma} \boldsymbol{V}^{\mathrm{T}}$$

当 W 满秩时,式(4-22)为所求最优值,根据 R 继而求得 t。

$$R = UV^T \qquad (4-22)$$

ICP 算法存在很多的不足之处:①对初值敏感;②容易陷入局部优化;③每一次迭代运算都需要重新遍历原始数据,耗时长;④错误匹配点对较多。针对这些缺点,许多研究人员都对原始 ICP 算法进行了改进,也提出了很多的变种算法,较多的算法适用于图像点云配准领域。

本节的实验计算平台为酷睿 i5-4210U 低压处理器和 Ubuntu16.04 系统,为保证实验结果的准确性,本实验测试数据分为两组,一组是使用 Velodyne 16 线激光雷达采集得到的室内点云数据,含有 28 241 个数据点,另一组是从 KITTI 数据集(Velodyne 64 线)中挑选的室外点云数据,含有 121 081 个数据点。图 4-61 和图 4-62 为室内和室外场景数据集的配准效果图,图中红色点云为源点云,

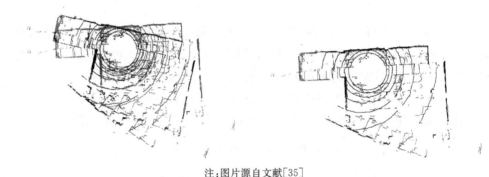

注:图片源自文献[35]

图 4-61 室内 ICP 配准效果*

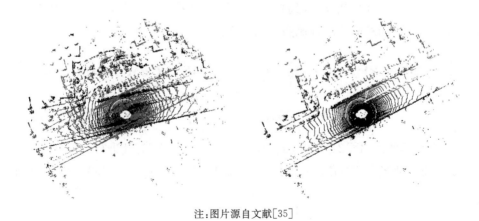

注:图片源自文献[35]

图 4-62 室外 ICP 配准效果*

蓝色点云为目标点云。为了验证实验结果与真值的差异,蓝色目标点云是经源点云旋转平移并添加了高斯白噪声得到的;其中旋转偏航角为 $15°$,在平面上 x 轴和 y 轴方向各自位移 0.5 m。

为了验证算法的鲁棒性和实时性,实验中所用的三维点云数据均没有进行降采样及其他滤波预处理。本次实验设置 ICP 变换矩阵差值的阈值为 $1e^{-12}$,最大迭代次数设为 100 次,图 4-63 的最终误差收敛结果为 $1.41e^{-10}$ m,配准时间为 8.37 s;图 4-64 的最终误差收敛结果为 $1.76e^{-9}$ m,配准时间为 47.08 s。

ICP 匹配效果的评价指标可以根据误差得分和配准时间来综合考量。一般来说,得分低且匹配耗时短,说明这个匹配算法的效果不错,但是具体的评价指标还是需要针对不同的点云数据集和设置的不同参数来确定。

3. 基于 Voxel-SIFT 特征的粗精快速点云配准算法

目前大部分的三维激光点云的配准方法都是直接利用所有点云信息参与配准,为了提高配准的效率,降低待配准点云的数据量,结合点云特征提取的配准算法也逐渐受到关注。虽然 ICP 算法在三维激光点云配准领域同样适用,但三维激光点云数据存在原始数据量大、点云密度分布不均、噪声干扰复杂的问题,传统 ICP 算法的配准效率低下,对于初值的要求较高,而且算法容易陷入局部最优解,有时候还会因为噪声等原因导致算法无法收敛或错误。ICP 算法直接对大量不同场景下的三维激光点云数据进行精确的配准仍然会遇到很多困难,既要保证配准的准确性,又要满足实时性配准的需求会是个不小的挑战。

针对三维激光点云配准效率低下、配准误差收敛缓慢的问题,本节选择在三维激光点云中提取特征的方法来对 ICP 算法进行改进。特征检测实验结果证明 Voxel-SIFT 特征提取算法能够适用于多种激光扫描场景,具有一定的鲁棒性。在此基础上,本节提出一种基于 Voxel-SIFT 特征的粗精快速点云配准算法。

该算法的基本流程如图 4-63 所示。首先,对三维激光点云进行预处理,即对单帧点云 P 和 Q 进行噪声去除及降采样;其次,将三维激光点云配准的环节分成 3 步进行实现:①提取 Voxel-SIFT 特征点;②利用特征点进行粗配准,采用随机抽样一致性方法(random sample consensus, RANSAC)对错误的配准点对进行剔除,并计算两帧特征点云间的旋转平移矩阵,运用该矩阵对特征点云数据的空间位置进行约束,进一步得到优化后的变换参数;③基于优化后的变换参数再次结合 ICP 配准算法完成原始激光点云数据的精确配准,以 K 维树(K d-tree)近邻搜索法提高配准效率。以上整个算法流程可以简称为粗精配准。

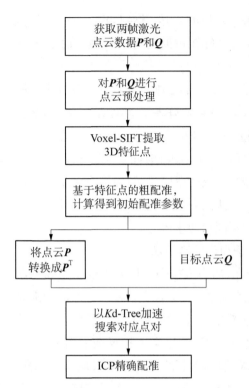

图 4-63 粗精快速点云配准算法流程①*

三维激光点云粗配准的关键在于如何快速且较为准确地获取同名匹配对应点,得到三维旋转平移矩阵。粗配准的目的是减小两帧原始点云之间一开始进行旋转平移变换的初始距离,为最终的精确配准阶段提供良好的初始值,以确保配准的准确性和效率。基于Voxel-SIFT特征提取算法提取三维激光点云特征点,可以在保留点云结构特性的情况下极大地减少点云数量,亦可缩短粗略配准的配准时间。具体的粗配准环节的操作步骤如下。

(1)通过对特征向量的相似度进行评估,找到两帧点云下对应的匹配点对。

(2)利用RANSAC方法去除错误匹配点对,根据对应点对的平均欧式距离及搜索邻域的设定阈值筛选正确匹配点对。

(3)使用最小二乘法求取正确匹配点对的三维空间旋转平移矩阵。

一般三维激光扫描仪采集三维点云数据时,同一场景模型的同一个区域扫描生成的点云因数据所获取的位置不同而不完全一模一样,当对应点对之间存在较大差异时,可认为是错误的对应点对,错误点对参与点云配准会造成更大的配准误差,因此去除错误的对应点对十分必要,最简单的方法就是设定点对搜索邻域的阈值,大于阈值的点对被去除,小于阈值的则保留。本节粗精快速点云配准算法的室、内外场景的配准效果图如图4-64和图4-65所示。

图4-66为特征粗配准与ICP精配准的关系示意图。其中精配准的具体操作流程如下。

(1)将粗配准得到的旋转平移矩阵 T_0 作为精配准的输入初值,建立新点云 P^T 和目标点云 Q 的相关性。

---

① 图片源自漆钰晖. 基于激光SLAM的3D点云配准优化方法研究[D]. 南昌:南昌大学,2019.

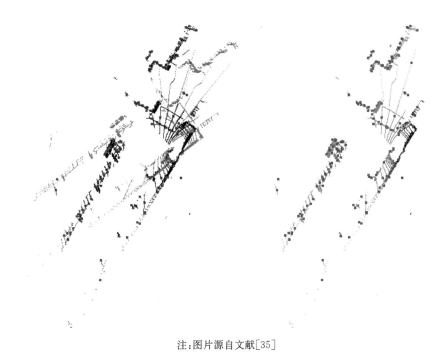

注:图片源自文献[35]

图 4-64 室内粗精快速点云配准效果*

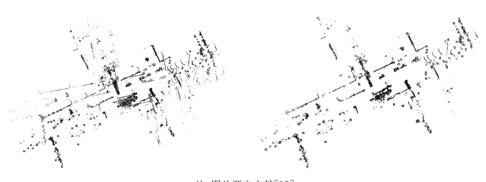

注:图片源自文献[35]

图 4-65 室外粗精快速点云配准效果*

（2）利用 K 维树（Kd-tree）近邻搜索法在两帧点云间加速搜索对应邻点，构建最小化误差的目标函数表示为

$$\min_{\boldsymbol{R},\,\boldsymbol{t}} \boldsymbol{J} = \frac{1}{2}\sum_{i=1}^{n}\|(\boldsymbol{q}_i - (\boldsymbol{R}\boldsymbol{p}_i^{\mathrm{T}} + \boldsymbol{t}))\|_2^2$$

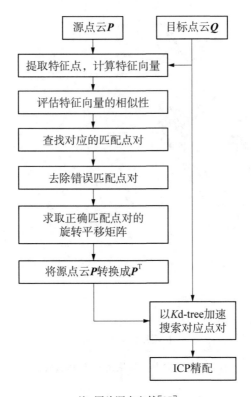

注:图片源自文献[35]

图 4-66　特征粗配准与 ICP 精配准的关系示意

式中,源点云和目标点云中 $p_i' \in \boldsymbol{P}'$,$q_i \in \boldsymbol{Q}(i=1, 2, \cdots)$,设置均方误差阈值。

(3) 求解变换矩阵 $\boldsymbol{T} = \begin{bmatrix} \boldsymbol{R} & \boldsymbol{t} \\ \boldsymbol{0}^{\mathrm{T}} & 1 \end{bmatrix}$,设定算法的最大迭代次数。

(4) 重复以上步骤,并每次迭代计算变换矩阵 $\boldsymbol{T}$,直到满足收敛条件。

为了验证本节算法的性能,在计算平台为酷睿 i5-4210U 低压处理器上进行了 6 个典型场景数据的多次点云配准仿真实验。设置两帧点云间的变换参数,固定源点云和目标点云之间水平方向 x 轴和 y 轴的距离差值均为 1 m,从 0° 开始逐步增加偏航角,两帧点云间的旋转角度每变化 5° 获取一次配准结果,直到角度变化过大,得到的配准误差超过设定阈值时停止统计。

由于多线激光雷达传感器获取的单帧点云数据拥有几万甚至几十万个空间点,需要进行降采样。因此,本节选择 ICP 算法及降采样 ICP 算法(将体素单元格直接降采样 0.05 倍后的点云进行 ICP 配准)与本节提出的粗精快速点云配准方法进行对比实验。

1）配准精度的比较

图 4-67～图 4-72 为本节算法、ICP 算法和降采样 ICP 算法 3 种方法在各个场景数据集中的配准精度随角度变化的折线图。粗精配准算法和 ICP 算法的配准误差结果参看图中左侧纵轴，菱形标记表示的是粗精配准的误差结果，方形标记表示的是 ICP 的误差结果；由于降采样 ICP 算法的配准误差与其他两种算法的配准误差在数量级上相差过大，因此降采样 ICP 算法的实验结果参看图中右侧纵轴，星号标记表示的是降采样 ICP 的误差结果。

从图 4-67～图 4-72 中横轴的数值变化范围可以看出，针对不同场景数据，不同配准方法对角度变化的鲁棒程度不一样。

从图 4-67～4-72 中可以看出，在除城市直行公路外的 5 个场景中，本节算法的平均配准误差和方差都小于 ICP 算法的。降采样 ICP 配准误差比 ICP 配准和粗精配准的误差高出 6～8 个数量级。

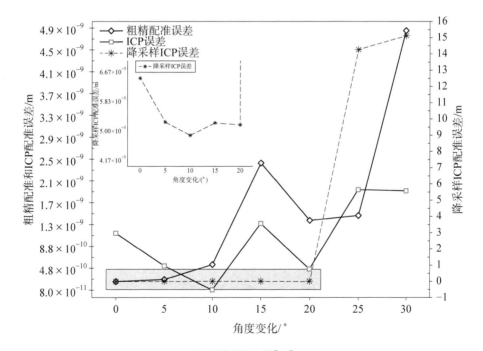

注：图片源自文献[35]

图 4-67　城市直行公路的配准精度比较

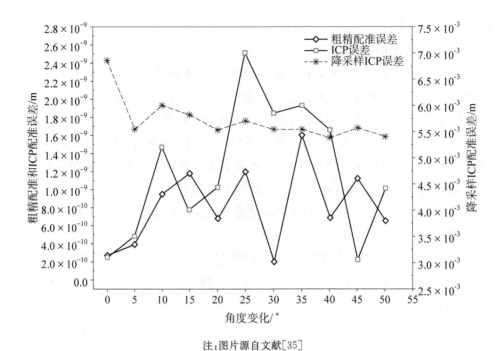

注:图片源自文献[35]

图 4-68　小区停车场直角转弯口的配准精度比较

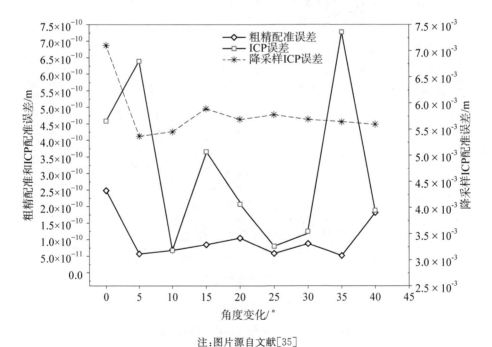

注:图片源自文献[35]

图 4-69　居民住宅道路的配准精度比较

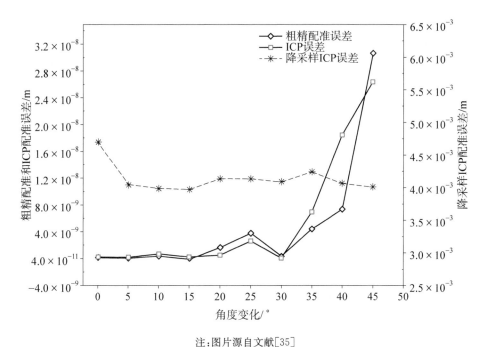

注:图片源自文献[35]

图4-70　建筑物空地的配准精度比较

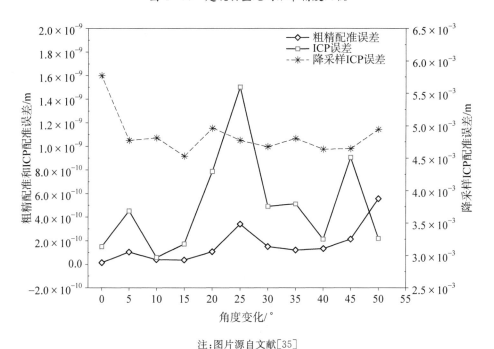

注:图片源自文献[35]

图4-71　室内长廊的配准精度比较

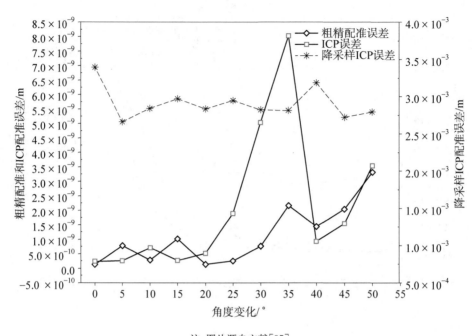

注:图片源自文献[35]

图 4-72   室内楼道的配准精度比较

2）配准时间的比较

图 4-73～图 4-78 为本节算法、ICP 算法和降采样 ICP 算法 3 种方法在各个场景数据集中的配准时间随不同角度变化的测试结果。从各个直方图中可以

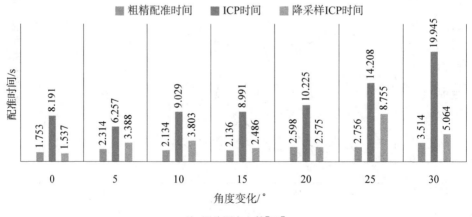

注:图片源自文献[35]

图 4-73   城市直行公路的配准时间比较*

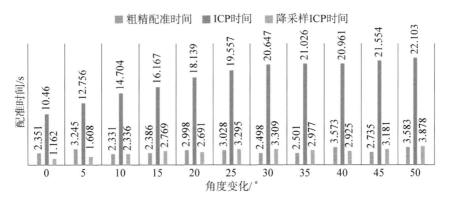

注:图片源自文献[35]

图 4-74　小区停车场直角转弯口的配准时间比较*

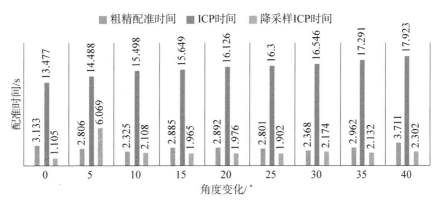

注:图片源自文献[35]

图 4-75　居民住宅道路的配准时间比较*

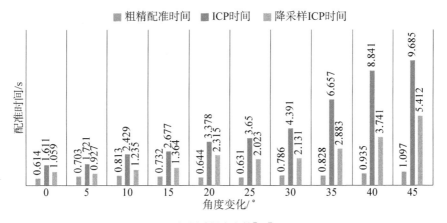

注:图片源自文献[35]

图 4-76　建筑物空地的配准时间比较*

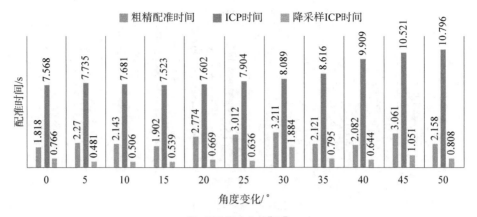

注:图片源自文献[35]

图 4 - 77　室内长廊的配准时间比较*

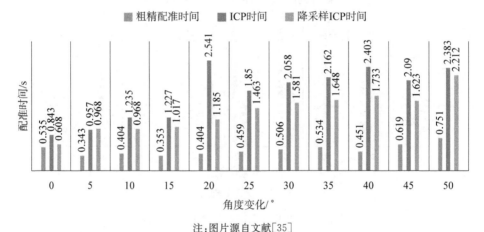

注:图片源自文献[35]

图 4 - 78　室内楼道的配准时间比较*

明显看出,本节算法的配准时间缩短至传统 ICP 算法配准时间的 16%～30%,而平均配准时间较传统 ICP 配准算法缩短了 78%,在多数特征点对提取丰富的场景下也普遍低于降采样 ICP。

　　本节针对三维激光点云配准效率问题,提出一种基于 Voxel-SIFT 的粗精快速点云配准方法。该方法充分考虑三维激光点云的空间特性,首先将 Voxel-SIFT 特征提取算法应用于激光三维扫描场景中,能够适用于多种场景,保证特征点的鲁棒性。其次将提取的三维特征点作为点云配准环节中的初始配准数据,在极大降低激光点云数据量的同时能够快速获取初始配准的初始变换参数,从而能够在后期优化过程中结合 ICP 精配准算法来提升整体点云配准的效率。

本章小结

　　本章主要围绕传统地图与高精度地图、多种定位技术进行了介绍。此外，从面向定位的角度出发阐述了基于几何特征的三维点云预处理、点云特征提取算法和点云配准优化算法。

4

无人系统的规划与控制技术

5.1 ▶ 概述

规划与控制技术(见图 5-1)作为确定行驶路线、驱动车辆移动的模块,可以说是无人系统中最重要的一块内容。在获取上层传感器采集到的数据和地图数据后,如何进行信息融合以做出行驶路线决策并驱动车辆沿该路线行驶仍是一个需要大量工程人员合力解决的问题。本章将规划和控制的决策划分为 4 个子模块,分别为路由寻径(routing)模块、行为决策(behavioral decision)模块、动作规划(motion planning)模块、反馈控制(feedback control)模块。

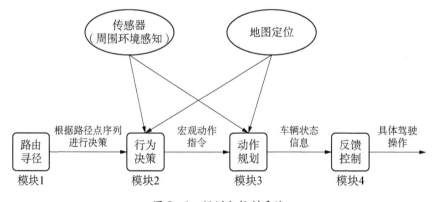

图 5-1 规划与控制系统

本章将按照这 4 个子模块的顺序进行介绍。决策部分的第一层是路由寻径模块,该模块又称为路径规划模块,能够为无人驾驶车辆提供合适的行驶路径,以实现从起点到目的地的要求。虽然此处看起来与现在广泛使用的高德地图、百度地图等手机导航应用软件十分相似,但相比于人类驾驶员依靠传统导航,无人驾驶车辆对高精度地图的依赖更多,因此高精度地图实现的要求和难度也更高。

第二层是行为决策模块,根据上一层路由寻径的结果,结合传感器对周围环境和道路交通状况的感知来进行决策,确定在当前位置的车辆应该如何行驶。类似于人类驾驶时根据道路状况所做出的决策,无人驾驶车辆做出的所有决策构成完整的决策指令集,包含正常跟车,减速避让行人或非机动车,路口等待红灯,超车,并线,起步,停车,等等。不同的车由于其结构存在差异,同样目标的实现途径不同,所以决策指令集也具有多样性。针对车辆的不同,有些车辆的行为决策模块与下一层的动作规划整合为一体,而有些车辆将行为决策模块独立出来进行设计。

第三层是动作规划模块,在获得上一层行为决策模块产生的决策后,根据决策结果和各个部件的物理机理确定各个部件的动作状态。例如,根据路径规划的结果,需要在路口左转弯,此时路口交通信号灯为红灯,上一层行为决策的结果是在路口停车等待,则加速度、速度、方向等状态的动作即为减速、车辆向左转一定角度以进入左转车道,等等。由于行为决策与动作规划模块具有一定的连贯性,部分无人驾驶车辆会将两者融合为一个模块。

第四层是反馈控制模块,它直接与车辆底盘的 CAN 总线对接,是整个规划与控制系统中的最底层。在收到上一层动作规划的信息后,基于周围环境和无人驾驶车辆自身的物理建模,经过计算后控制方向盘、油门和刹车的动作,使车辆尽量能够按照路径规划的轨迹点行驶。

将规划与控制系统按照这种方式进行划分,可以让系统的逻辑结构更加清晰,利于实现,模块化的结构也使开发更加快捷方便,对工程人员更加友好。当然,按照该方法划分的同时也需要考虑各模块之间衔接的问题,即在接收到上一层模块下达的指令后,如何让下一层模块准确地完成指令而不产生偏差。因此在实际系统调试的过程中,模块间的接口应当谨慎、合理地设计,避免出现南辕北辙的情况。

下面将按照 4 个模块层次的顺序,简单介绍每个模块的功能及实现方法,并举出一些常见的例子方便读者理解,让读者对规划与控制系统的功能及设计与实现有清晰的思路。

5.2 ▸ 路由寻径

5.2.1　路由寻径简介

路由寻径模块又称为路径规划模块,是整个规划控制系统的最上层,根据起点与终点的位置确定一条路径以引导无人驾驶车辆自主行驶。该模块的功能与高德地图等手机导航应用软件具有一定的相似性,但手机上的应用软件为人工驾驶员提供路径规划时只需要在道路级别上提供解决方案即可;而无人驾驶车辆路径规划层的结果需要作为下一层行为决策和动作规划的输入,所以需要更加精确的路径,并使用精确到车道级别的高精度地图。

在高精度地图的路径规划中,一般会对地图中车道上的点进行采样,将采样点看作节点,同时标定每个节点与其周围节点的权重,或称为代价(cost),即从当前节点到周围节点所花费的代价。因此,高精度地图可以看作一个节点数量非常巨大的有向带权图,而在该有向带权图下的路由寻径问题可以使用一系列最短路径算法解决。图 5-2 所示为从中国地图中的部分主要城市地理位置抽象出来的带权图,其中每一条边都是双向的且两个方向的权值(代价)相同,因此可以将其看作有向带权图。当确定起点和终点后,路由寻径的工作目标即为选择一条路径,使得从起点到终点的代价最小。

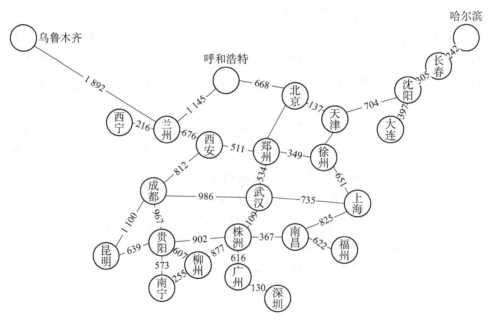

图 5-2　由中国部分城市抽象出的带权图

5.2.2　路由寻径算法

1. Dijkstra 算法

Dijkstra 算法是图论中常用的一种最短路径搜索算法。当在有向带权图中给定起点 v_0 和终点 v_n 后,使用算法可以得到从起点到终点的一条最短路径。

当然,在搜寻到终点的最短路径的同时也会得到从起点到其他所有节点的最短路径。从高精度地图中抽象出有向带权图后,Dijkstra 算法的具体步骤如下。

(1) 初始化。V 为有向图中除起点 v_0 外所有点的集合,S 为已求得从起点到自身最短路径及距离的点集合,起始时刻 S 中只有起点 v_0 一项。同时根据有向带权图确定各点之间的距离矩阵 D,其中相连接的两顶点的对应矩阵元素值为两点间距离,不相邻点的对应矩阵元素值为∞。另外还需要建立一个距离向量 d,其大小与点的个数相同,内容为各点从起点到自身的最短距离。起始时,与起点直接相邻的点在距离向量中的分量值即为图中权值,不与起点直接相邻的点在距离向量中的分量值为∞。最后还需要建立一个向量 p,用于表示每一个节点的前继节点。

(2) 根据距离向量 d,在 V 中寻找从起点到其自身距离最近的顶点 v_i,然后将该顶点添加到 S 中,并从 V 中删除。然后展开该点的各邻接点,用该点到各邻接点的距离加上起点到该点的距离作为参考距离。若参考距离小于距离向量 d 中的对应值,则用参考距离代替距离向量 d 中的值,同时记录从起点到该点的路径序列。

(3) 若 V 不为空集且 V 中仍存在这样的点,使得从起点到其自身的距离不为∞,则重复执行第(2)步,否则进入第(4)步,即当 V 为空集或 V 中不存在这样的点,使得从起点到其自身的距离不为∞时,循环结束。

(4) 若终点仍在 V 中,则不可达,没有一条路径可以由起点指向终点,返回 False;否则输出从起点到终点的最短距离和路径序列。

下面给出 Dijkstra 算法的伪代码:

```
function ShortestPath_Dijkstra(G, src, dst)
    create V, S, D, d, p
    flag= 1
    while(V & flag):
        v= vertex in V s.t. d(v) is the minimum
        add v into S
        remove v from V
        for each connected point u of v.
            temp= d(v)+ D(v,u)
            if temp<d(u):
                d(u)= temp
```

```
                p(u)= v
        flag= 0
        for each point v in V:
            if d(v)!= inf:
                    flag= 1
    ret= empty sequence
    u= dst
    while p(u)!= null:
        insert u at the beginning of ret
        u= p(u)
    insert u at the beginning of ret
    return ret
```

为了让读者能对算法的过程有具体的认识,这里举一个例子。

例1 图 5-3 是一个有向带权图,求从 V_0 到 V_5 的最短距离与路径。

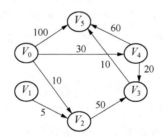

图 5-3 从中国部分城市地理位置抽象出来的带权图

首先初始化,$V = \{V_1, V_2, V_3, V_4, V_5\}$,$S = \{V_0\}$,$d = [0, \infty, 10, \infty, 30, 100]$

$$D = \begin{bmatrix} 0 & \infty & \infty & \infty & \infty & \infty \\ \infty & 0 & \infty & \infty & \infty & \infty \\ 10 & 5 & 0 & \infty & \infty & \infty \\ \infty & \infty & 50 & 0 & 20 & \infty \\ 30 & \infty & \infty & \infty & 0 & \infty \\ 100 & \infty & \infty & 10 & 60 & 0 \end{bmatrix}$$

此时,V 中距离最近的点为 V_2,将其加入 S 并从 V 中删除,$V = \{V_1, V_3, V_4, V_5\}$,$S = \{V_0, V_2\}$,$p(V_2) = V_0$,然后对 V_2 邻接节点展开,有 $d = [0, \infty, 10, 60, 30, 100]$。

此时,V 中距离最近的点为 V_4,将其加入 S 并从 V 中删除,$V = \{V_1, V_3, V_5\}$,$S = \{V_0, V_2, V_4\}$,$p(V_4) = V_0$。对 V_4 邻接节点展开,有 $\boldsymbol{d} = [0, \infty, 10, 50, 30, 90]$。

此时,V 中距离最近的点为 V_3,将其加入 S 并从 V 中删除,$V = \{V_1, V_5\}$,$S = \{V_0, V_2, V_3, V_4\}$,$p(V_3) = V_4$。对 V_3 邻接节点展开,有 $\boldsymbol{d} = [0, \infty, 10, 50, 30, 60]$。

此时,V 中距离最近的点为 V_5,将其加入 S 并从 V 中删除,$V = \{V_1\}$,$S = \{V_0, V_2, V_3, V_4, V_5\}$,$p(V_5) = V_3$。对 V_5 邻接节点展开,有 $\boldsymbol{d} = [0, \infty, 10, 50, 30, 60]$。

此时,由于 V 中只剩余 V_1 且从 V_0 到 V_1 的距离为 ∞,算法结束,V_0 到 V_5 的最短距离为 60,对应路径为 $V_0 - V_4 - V_3 - V_5$。

在实际求解 V_0 到 V_5 最短路径的过程中,V_0 到其他节点的最短路径也都求解出来,因此 Dijkstra 算法在一遍完整的计算过程中可以得到从起点出发到其余所有节点的最短路径。上述是 Dijkstra 算法的应用示例,虽然在实际的无人驾驶车辆行驶中,高精度地图所产生的有向带权图与图 5-2 相比有较大的区别,但使用的方法仍是相同的。

Dijkstra 算法执行完毕后可以得到从起点到全部可达节点的最短路径,但相应地,其算法的复杂程度会相对更高。对于有 V 个节点、E 条边的图来说,Dijkstra 算法的复杂度可以达到 $O(|E| + |V| \lg |V|)$。

2. A* 算法

Dijkstra 算法处理的是只有相邻节点距离信息的图,下面介绍的 A* 算法则是一种启发式算法。一般地,当从起点到终点有可达路径时,A* 算法可以给出一条最短路径,且其复杂度相比于 Dijkstra 算法更小。

A* 算法是一种基于树的搜索算法,在搜索前需要得到每一个节点到目标节点的估计距离(参考距离),以及各节点之间的连接权(实际距离)。在每一次迭代的过程中,A* 算法在当前的树中寻找权重(cost)最小的叶子节点,然后将其展开,再继续进行这个操作,直到到达目标节点。A* 算法中每一个节点的权重由两部分构成。其中一部分是从起点到该节点 n 的实际最短距离,记作 $g(n)$;另一部分是从当前节点 n 到目标节点的估计距离,记作 $h(n)$,是一种启发式的权重。因此,一个节点的权重就可以表示为

$$f(n) = g(n) + h(n)$$

A* 算法的实际搜索过程,就是不断展开当前树中 $f(n)$ 最小的叶子节点,直

至到达目标节点,并返回从根节点(起点)到目标叶子节点的路径。下面以北京地铁的路径规划问题来进行 A^* 算法的应用举例。

例2　用 A^* 算法求解从北京站到东四的最短路径(在本例中,各站点之间的距离均为虚构值,且忽略换乘车辆的权重)。其中,各站点之间的距离如图 5-4 所示,各站点到东四的直线距离[作为估计距离 $h(n)$]如表 5-1 所示。

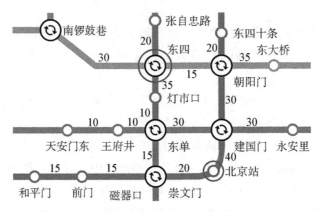

图 5-4　北京部分地铁站点及各站之间距离

表 5-1　各站点到东四的直线距离

站点名称	距离
东四	0
朝阳门	15
张自忠路	20
南锣鼓巷	30
建国门	33
灯市口	35
永安里	35
东单	45
王府井	47
崇文门	48
天安门东	50
北京站	58
前门	62

（续表）

站点名称	距离
东四十条	75
东直门	75
东大桥	77

注：距离为虚构值，无单位。

下面使用 A* 算法求解从北京站到东四的最短路径。初始的搜索树中只有北京站（见图 5-5），$f(n) = g(n) + h(n) = 0 + 58 = 58$。

接下来对北京站进行展开，并求其叶子节点的 $f(n)$ 值。北京站邻接的节点有两个（见图 5-6），建国门 $f(n) = g(n) + h(n) = 40 + 33 = 73$；崇文门站 $f(n) = g(n) + h(n) = 20 + 48 = 68$。

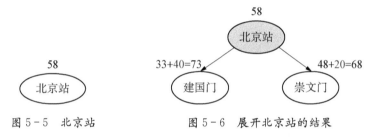

图 5-5　北京站　　　　　图 5-6　展开北京站的结果

当前所有叶子节点中崇文门的 $f(n)$ 值最小，因此将崇文门展开（见图 5-7）。崇文门站有 3 个邻接节点，其中前门站 $f(n) = g(n) + h(n) = 20 + 15 + 62 = 97$，东单站 $f(n) = g(n) + h(n) = 20 + 15 + 45 = 80$，北京站 $f(n) = g(n) + h(n) = 20 + 20 + 48 = 88$。

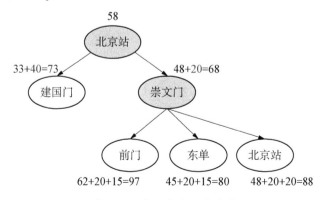

图 5-7　展开崇文门的结果

当前树的所有叶子节点中建国门的 $f(n)$ 值最小,因此展开建国门(见图 5 - 8)。建国门有 4 个邻接节点,北京站 $f(n)=g(n)+h(n)=40+40+58=138$,东单 $f(n)=g(n)+h(n)=40+30+45=115$,朝阳门 $f(n)=g(n)+h(n)=40+30+15=85$,永安里 $f(n)=g(n)+h(n)=40+30+35=105$。

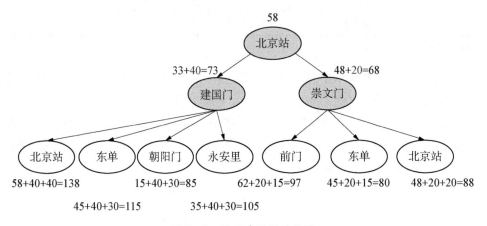

图 5 - 8　展开建国门的结果

此时叶子节点中 $f(n)$ 最小的是东单,对其进行展开(见图 5 - 9)。东单的邻接节点的 $f(n)$ 为王府井 $f(n)=g(n)+h(n)=20+15+10+47=92$,灯市口 $f(n)=g(n)+h(n)=20+15+10+35=80$,建国门 $f(n)=g(n)+h(n)=20+15+30+33=98$,崇文门 $f(n)=g(n)+h(n)=20+15+15+48=98$。

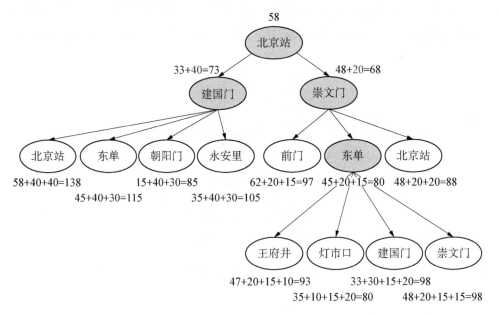

图 5 - 9　展开东单的结果

　　展开东单后,当前树中叶子节点 $f(n)$ 最小的是灯市口,再将灯市口展开(见图 5-10)。灯市口的两个邻接节点为东四 $f(n)=g(n)+h(n)=20+15+10+35=80$,东单 $f(n)=g(n)+h(n)=20+15+15+15+45=110$。

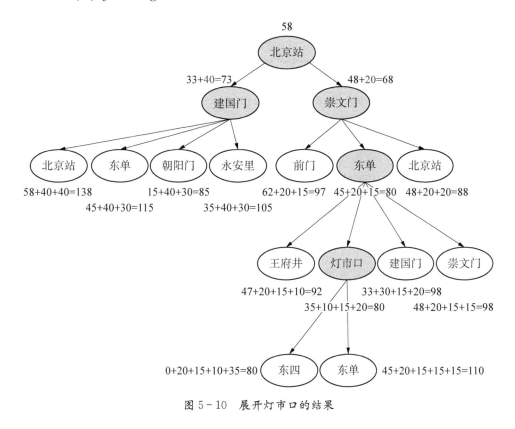

图 5-10　展开灯市口的结果

　　因此根据上述过程,找到了一条从北京站到东四的最短路径,为北京站→崇文门→东单→灯市口→东四,最短距离为80。

　　A* 算法的具体过程如上述所示,它作为一种启发式算法,在启发函数适当时,效率会比较高,且寻找到的路径必然是最短路径。无人驾驶车辆路径规划的 A* 算法与上例大体类似,只是真实的路径规划中节点更加多,路径序列更加长。

　　A* 算法的伪代码如下:

```
function Astar_Routing(G, src, dst)
    create vertex set closedSet
    create vertex set openSet
    insert src into openSet
```

```
create map gScore, fScore with default value inf
create pre map with default value nullptr
fScore[src]= h(src, dst)
while openSet is not empty:
    current= the node v in openSet s.t. fScore[v]is minimum in openSet
    if current= dst
        return reconstruction_route(prev_map, current)
    remove current from openSet
    insert current into closedSet
    for each neighbor u of current:
        candidate_score= gScore[current]+ h(current, u)
        if u not in openSet:
            insert u into openSet
        else if candidate_score> = gScore[u]:
            continue
        prev[u]= current
        gScore[u]= candidate_score
        fScore[u]= gScore[u]+ h(u, dst)
```

3. 蚁群算法

蚁群算法由 Dorigo 提出,源于对蚂蚁寻找食物的研究。该算法已得到广泛应用,是一种效率和适用性都很高的算法。但是蚁群算法有陷入局部最优解、过度依赖信息素、初始时盲目搜索等不足之处。

有研究针对传统蚁群算法搜索路径时存在收敛速度慢、拐点多且不能动态避障等问题,提出一种基于拉普拉斯分布与动态窗口融合的蚁群算法来解决机器人路径规划。

还有研究提出一种基于改进蚁群优化的双机器人协同焊接路径规划算法,基于实际焊接工艺约束和最短焊接路径目标,建立了双机器人协同焊接优化模型,提出一种动态转移策略和信息更新策略,基于该模型改进蚁群算法(ACO+)。

蚂蚁觅食通常是一种群体行为,当然单独的一只小蚂蚁也是可以找到食物的,只是会比较辛苦且速度较慢而已。

蚁群觅食时,每只蚂蚁在经过的路上会留下一种化学物质,称为信息素,信息素会随着时间逐渐挥发,也就是说找到食物的速度越慢,它们经过的路上残留的信息素越少。其他蚂蚁可以感受到信息素的存在,并且能测量信息素的浓度。通常蚂蚁会沿着信息素最浓的方向行走（前面的蚂蚁留下的经验），这样这条路上的信息素会越来越浓。

但也会有蚂蚁突发奇想，试着走走信息素没那么浓、甚至没有信息素的路径，可能反而更快地找到了食物；也可能新路径信息素浓度很大，但找不到食物，这样最终信息素挥发完毕。如此反复，经过大量蚂蚁重复多次的探索，最终摸索出一条最短的路径（当然，这不一定是全局最短的路径）。

图 5-11 所示为蚁群摸索觅食路径的过程。整个过程最重要的两点就是"接下来选择哪条路"和"记录并更新每条路上信息素的浓度"。

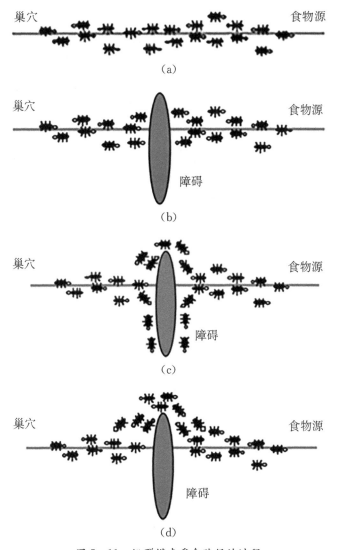

图 5-11 蚁群摸索觅食路径的过程

1) 状态转移概率

状态转移,即表示决定了接下来选择哪条路。在城市 i 时选择城市 j 的概率,有了所有可选城市的概率后,可采用轮盘赌等方式选出下一个城市。也可采用其他方式选择下一个城市,比如用模拟退火算法代替轮盘赌,就实现了混合优化算法,表示为

$$p_{ij}^{k}(t)=\begin{cases} \dfrac{[\tau_{ij}(t)]^{\alpha}[\eta_{ij}(t)]^{\beta}}{\sum\limits_{s\in \text{allowed}_k}[\tau_{is}(t)]^{\alpha}[\eta_{is}(t)]^{\beta}}, & j\in \text{allowed}_k \\ 0, & \text{其他} \end{cases} \tag{5-1}$$

式中,p_{ij}^{k} 表示状态转移概率,代表第 k 只蚂蚁在城市 i 选择城市 j 的概率;allowed 表示可选择的城市;τ_{ij} 表示城市 i、j 之间存留的信息素;α 表示信息素启发因子,控制着信息素 τ_{ij} 对路径选择的影响程度,值越大,越依赖信息素,探索性降低,值越小,蚁群搜索的范围减少,容易陷入局部最优;η_{ij} 表示城市 i、j 之间的能见度,反映了由城市 i 到城市 j 的启发程度,一般取 d_{ij} 的倒数;d_{ij} 表示城市 i、j 之间的距离;β 表示期望值启发因子,控制着 η_{ij} 能见度的影响程度,其大小反映了在道路搜索中先验性、确定性等因素的强弱;ρ 表示信息素挥发系数,影响信息素挥发的快慢;$1-\rho$ 表示信息素残留系数;$(1-\rho)\tau_{ij}$ 表示在该回合前城市 i、j 间残留的信息素,$\Delta\tau_{ij}^{k}$ 表示该回合新增的信息素;k 表示第 k 只蚂蚁。

2) 信息素更新策略

信息素更新的计算公式为

$$\begin{cases} \tau_{ij}(t+1)=\rho\tau_{ij}(t)+\Delta\tau_{ij}(t,\ t+1) \\ \Delta\tau_{ij}(t,\ t+1)=\sum\limits_{k=1}^{m}\Delta\tau_{ij}^{k}(t,\ t+1) \end{cases} \tag{5-2}$$

式中,m 表示蚂蚁数量;其余量的表示同式(5-1)。

根据 $\Delta\tau_{ij}^{k}(t,\ t+1)$ 的更新方式不同,可将蚁群算法分为 3 类:蚁密算法、蚁量算法、蚁周算法。

(1) 蚁密算法(ant-density 模型)。

每只蚂蚁经过城市 i、j 时,对边 e_{ij} 所贡献的信息素为常量,每个单位长度为 Q,则有

$$\Delta\tau_{ij}^{k}(t,\ t+1)=\begin{cases} Q, & e_{ij} \\ 0, & \text{其他} \end{cases}$$

（2）蚁量算法(ant-quantity 模型)。

每只蚂蚁经过城市 i、j 时，对边 e_{ij} 所贡献的信息素为变量，Q/d_{ij}，d_{ij} 表示城市 i、j 间的距离

$$\Delta\tau_{ij}^{k}(t,t+1)=\begin{cases}\dfrac{Q}{d_{ij}}, & e_{ij}\\ 0, & \text{其他}\end{cases}$$

（3）蚁周算法(ant-cycle 模型)。

（1）（2）两种模型，对两城市之间 e_{ij} 边上信息素贡献的增量在蚂蚁经过边的同时完成，而蚁周模型对边信息素的增量是在本次循环结束时才进行更新调整的。

一只蚂蚁在经过城市 i、j 时，对边上信息素贡献的增量为每单位长度 Q/L_k，L_k 为蚂蚁在本次循环走出路径的长度（经测试，这里的每单位长度可以忽略，每条边直接增加 Q/L 就行了）。

$$\Delta\tau_{ij}^{k}(t,t+1)=\begin{cases}\dfrac{Q}{L_k}, & e_{ij}\\ 0, & \text{其他}\end{cases}$$

蚁群算法采用一种正反馈机制，使得算法收敛。

蚁群算法在性能和局部寻优能力，远胜于遗传算法，寻优 30 个候选城市耗时要求是 3 s(同时使用 10 个线程)，而一般利用 Python 实现的蚁群算法寻优 90 个候选城市耗时也不到 3 s。

长期工业应用首选启发式遗传算法，短期快速上线首选蚁群算法。注意：在路径规划专项任务下，还是蚁群算法简单好用，易于实现。

蚁群算法容易陷于局部最优值，A、B、C 均为局部最优值，假设 B 点为全局最优。若蚁群算法根据信息素从 O 点到达 A 点时，可能是无法跳出局部最优，因为蚁群在 t 时刻游走的路线受 $t-1$ 时刻信息素的限制，而 $t-1$ 时刻游走的线路受 $t-2$ 时刻信息素的限制，等等，因此 t 时刻要想跳出局部最优值 A 点，很难通过调整参数解决，这也可以解析每一次蚁群算法得出的结果有差异。同时，若根据路径图做前后对比，则每次结果路径可能有明显差异，遗传算法也有类似情况。

4. 遗传算法

遗传算法由约翰·H.霍兰等提出，模仿遗传物质在适应环境的过程中优胜劣汰，使遗传物质得到优化。

相关研究在传统遗传算法的基础上，增加了直接保留适应度高的个体、删除

和替换效果不太好的基因段的步骤,提高了遗传算法的计算速度和求解性能。还有研究通过引入精英直接复制到下一代和分组进行适应不同的目标,然后混合并在下一代再分组适应不同目标的策略,在提高计算速度的同时使得改进后的遗传算法能求解多目标的优化问题。另有研究在传统的单一种群进行求解的遗传算法的基础上,设置若干个种群同时求解,并通过"迁徙"让种群之间互相流通,改进基因交叉的算法,并且也设置让较优的个体直接保留下来,提高了算法的性能和求解速度,如图5-12所示。

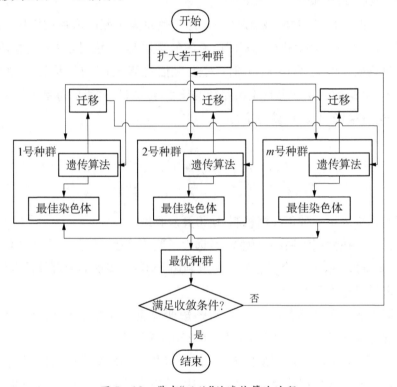

图5-12　带有"迁徙"的遗传算法流程

　　遗传算法模拟了自然选择的过程。那些适应环境的个体能够存活下来并且繁殖后代。那些不适应环境的个体将被淘汰。换言之,如果我们对每个个体都有一个适应度评分(用来评价其是否适应环境),那么对于适应度高的物体来说,将具有更高的繁殖和生存的机会。

　　另外,为了保持种族的稳定性,我们会将父代的基因传递下去。

　　(1)遗传算法基于一些不证自明的理论依据。

　　(2)种群中的个体争夺资源和交配。

（3）那些成功的（最适合的）个体交配以创造比其他人更多的后代。

（4）来自"最适"父母的基因在整个世代中传播，即有时父母创造的后代比父母任何一方都好。

（5）因此，每一代人都更适合他们的环境。

这里以古代人类来举例说明。

（1）个体（individual）：每个生物，即每个古人类个体。

（2）种群（population）：一个系统里所有个体的总称，比如一个部落。

（3）种群个体数（population）：一个系统里个体的数量。比如一个部落里的人数。种群个体数通常与生物多样性有关，即种群个体数过少可能导致过快收敛或早熟。

（4）染色体（chromosome）：每个个体均携带染色体，用来承载基因。比如1条人类染色体。

（5）基因（gene）：用来控制生物的性状（表现）。

（6）适应度（fitness）：对某个生物是否适应环境的定量评分。比如对某个古人类是否强壮进行[1,100]的评分。

（7）迭代次数（times）：该生物种群繁衍的次数。比如古人类繁殖了100万年。可以自己设置迭代次数。

如图5-13所示，种群、染色体、基因都已经进行了标注。种群个体数量为3，每个个体都是染色体＋对应的适应度。

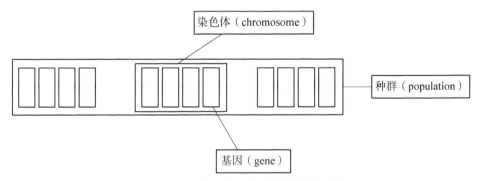

图 5-13　已进行标注的种群、染色体、基因

在算法中，对每个个体计算其染色体的适应度（fitness）来决定它是否优秀。

遗传算法的策略主要有以下两种。

1）精英保留策略

仍然以古人类举例。假设我们想要古人类实现长久发展，最好的办法就是尽可能地将那些头脑敏捷、肢体强壮的个体保留下来，淘汰那些老弱病残的个体。

在程序中,我们将个体按照适应度排序,把适应度最好前$k\%$的保留下来,剩下的随机交配。通常,k可以设成1~20。设置太高则会局部最优,太低则会收敛过慢,也可以直接选定将前k个保留。

2) 概率保留策略

该策略又称为 Stoffa 改进方法,通俗讲,该方法是为了避免父母生出"傻孩子"而浪费时间,将此类后代直接放弃。

假设要求收敛到最低适应度,后代适应度为y,父代适应度为x,有$\Delta = y - x$。若$\Delta < 0$,证明子代比父代更好,一定接受。若$\Delta > 0$,证明子代不如父代好,则一定概率接受。之所以要有一定概率接受,是为了避免出现局部最优解。

那么,这个概率应当怎样计算呢? 有一种方法给出了概率的计算函数:

$$P(\Delta) = e^{-\Delta/t}$$

式中,t表示设定的参数值,一般随着迭代次数增大而减小。 如果$P(\Delta) >$ rand(0, 1),那么就接受它。

图 5-14 所示为遗传算法求最短哈密尔顿路径的收敛图像。其中实线是加了概率函数的,虚线则没有加。可以看出,实线能较快地实现收敛,侧面证明了 Stoffa 改进方法的正确性。

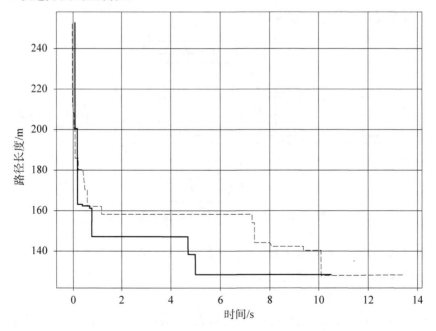

图 5-14　遗传算法求最短哈密尔顿路径的收敛图像

5. 动态窗口法（DWA）算法

传统的动态窗口法（dynamic window approach，DWA）算法在复杂环境下生成的路径不平滑，有研究针对原 DWA 的评价函数权系数不变的情况，采用模糊控制器算法，加入航向角的变化，并与模糊控制器结合获取较低的航向角变化率，使路径更平稳，避免角度变化过大。另有研究基于强化学习动态调整 DWA 参数，提高了规划成功率。在人类相似性方面，传统 DWA 结果较差，因此有研究提出了 BDWA，定义一种新的奖励功能，这种奖励功能通过聚类从志愿者在医院环境中使用被动滚轮的真实导航轨迹中提取，以产生与需要滚动器的人类非常接近的轨迹，使 DWA 能模仿真实行人轨迹，平衡了人类相似性和安全约束。

使用轨迹规划算法得到的路线往往不够合理，带有锐角或直角转角、不必要的曲折、走回头路等不合理因素，不便于马上让机器人执行。因此可以使用一些局部优化算法进行优化，得到更合理的路线。常用的局部优化算法有平滑处理、考虑速度和加速度变化的五次多项式、贝塞尔曲线、B 样条曲线等。

有研究把轨迹分为 3 个部分，分别设置开始时加速度为 0、结束时加速度为 0 以及运行中轨迹的三阶导数连续这 3 个约束条件，获得比传统 B 样条曲线更平稳和精确的改进 B 样条曲线。另有研究通过曲线首末端切矢条件反求曲线上的点进行插补计算，提出了一种比传统 B 样条曲线更平滑光顺的改进三次 B 样条曲线轨迹，实现 C2 级连续。又有研究结合 A* 算法和贝塞尔曲线，在 A* 算法得到的点的基础上应用分段三次贝塞尔曲线，并考虑机器人的起始和终止运动时刻，得到 C2 级连续光顺的曲线。

在机器人路径规划中，局部路径规划算法用于在已知环境中实时为机器人生成避障路径。DWA 算法是一种广泛应用于机器人领域的局部路径规划算法。它通过动态窗口的方法，结合机器人的动力学模型，快速生成平滑且安全的避障路径。

DWA 算法基于动态窗口的概念，通过机器人的当前速度、加速度和方向等参数，在动态窗口内搜索可行的避障路径。算法的核心思想是在机器人周围的一定范围内，根据机器人的动力学模型，生成一系列可能的轨迹，并从中选择最优的轨迹作为避障路径。

DWA 算法实现细节包括如下内容。

（1）定义动态窗口：根据机器人的当前状态和环境信息，确定动态窗口的大小和形状。窗口的大小和形状可以根据实际需求进行调整。

（2）生成轨迹：在动态窗口内，根据机器人的动力学模型，生成一系列可能的轨迹。这些轨迹应考虑机器人的最大和最小速度、加速度等限制。

（3）评估轨迹：对生成的轨迹进行评估，综合考虑轨迹的安全性、平滑性和可行性。常用的评估指标包括轨迹与障碍物的距离、轨迹的曲率等。

（4）选择最优轨迹：从所有评估过的轨迹中，选择最优的轨迹作为避障路径。最优的判断标准可以是安全性最高、平滑性最好等。

（5）更新机器人状态：根据选择的避障路径，更新机器人的速度和方向，实现机器人的实时避障。

以下是使用 Python 实现 DWA 算法的示例代码：

```python
import numpy as np
定义机器人动力学模型参数
max_v = 1.0 # 最大速度
max_a = 0.5 # 最大加速度
dt = 0.01 # 时间步长
定义动态窗口参数
window_size = 1.0 # 窗口大小
window_center = np.array([0, 0]) # 窗口中心点
机器人当前状态
robot_pos = np.array([0, 0])
robot_vel = np.array([0, 0])
robot_acc = np.array([0, 0])
障碍物信息
obstacles = [np.array([1, 1]), np.array([2, 2])] # 障碍物坐标列表
DWA 算法实现
def dwa(robot_pos, robot_vel, robot_acc, obstacles):
window_params = generate_window(robot_pos, obstacles) # 生成动态窗口参数
trajectories = generate_trajectories(robot_pos, robot_vel, robot_acc, window_params) # 生成轨迹
optimal_trajectory = evaluate_trajectories(trajectories, obstacles) # 评估轨迹并选择最优轨迹
robot_vel, robot_acc = update_robot_state(optimal_trajectory) # 更新机器人状态
return robot_vel, robot_acc
生成动态窗口参数函数
def generate_window(robot_pos, obstacles):
window_size = max(np.abs(robot_pos)) + np.mean([np.abs(obs[0]) for obs in obstacles]) # 计算窗口大小
window_center = robot_pos + np.mean([obs - robot_pos for obs in obstacles], axis=0) # 计算窗口中心点
```

```
return window_size, window_center
```
生成轨迹函数
```
def generate_trajectories(robot_pos, robot_vel, robot_acc, window):
n =  int(max(robot_vel) / min(robot_acc)) + 1 #  计算轨迹数量
dt =  abs(robot_vel) / n #  计算时间步长
trajectories =  [] #  清空轨迹列表
for i in range(n):
a =  min(robot_acc, max(robot_vel - robot_vel[i], 0)) #  计算加速度
v =  robot_vel[i] + a dt #  计算速度
p =  robot_pos[i] + v dt + (1/2) a dt* *
```

6. Q 学习算法

传统的 Q 学习算法用于无人驾驶车辆路径规划时,存在规划效率低和收敛速度慢等情况。为此,有研究提出一种基于改进 Q 学习算法的无人物流配送车路径规划方法。该算法借鉴模拟退火算法的能量迭代原理,对贪婪因子 ε 进行调整,使其在训练过程中动态变化,从而提高规划效率。传统 Q 学习与改进 Q 学习的步数对比和奖励值变化分别如图 5-15 和图 5-16 所示。

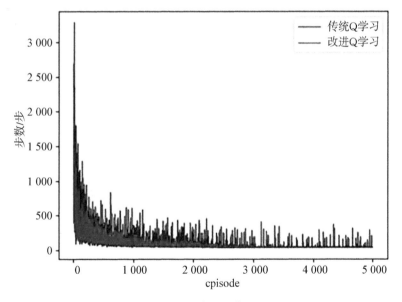

图 5-15　两种算法的步数对比*

有研究在初始时通过 FPA 算法给 Q 值表赋予初始值,实验结果表明合理地赋予 Q 值表初始值能大幅提高系统的学习效率和速度。同样为了减少盲目搜索

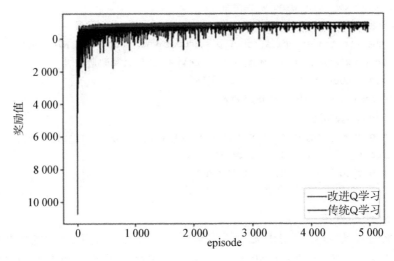

图 5-16 两种算法的奖励值变化*

的浪费,有研究给 Q 学习加入了对比类似情况的环节,在新环境中对比位置、能耗等因素,从已有经验中获得帮助加速学习,提高了 Q 学习面对动态和新环境的性能。另有研究使用基于与 Q 值相关的概率选择策略取代传统 Q 学习的选择最大 Q 值的策略,减少噪音影响和陷入局部最优解的概率,并通过引入来自相关任务领域的先验知识和设定先验规则加速系统训练。

Q 学习是属于值函数近似算法中,蒙特卡洛方法和时间差分法相结合的算法。它于 1989 年由 Watkins 提出,可以说它一经提出就给强化学习带来了重要的突破。

Q 学习假设可能出现的动作 a 和状态 S 是有限多个,这时 a 和 S 的全部组合也是有限多个,并且引入价值量 Q 表示智能体认为做出某个 a 时所能够获得的利益。在这种假设下,智能体收到 S,应该做出怎样的 a,取决于选择哪一个 a 可以产生最大的 Q。表 5-2 显示了动物在面对环境的不同状态时做出的 a 对应着怎样的 Q,这里为了简单说明只分别列举了两种 S 和 a。

表 5-2 动物在面对环境时的状态和动作

状态 S	动作 a	
	向前走 1 m	向后走 1 m
前方有食物	1	0
前方有天敌	−1	0

显然,如果此时 S ="前方有食物",选择 a ="向前走 1 m",得到的利益 Q ="1"显然比选择 a ="向后走 1 m"的 q ="0"要大,所以这时应该选择向前走;相对的前方如果有天敌,往前走显然没有任何利益,这时选择最大的利益就要向后走。这种表格在 Q 学习中称为 Q 表,表中的 S 和 a 需要事先确定,表格主体的数据—— Q 在初始化的时候被随机设置,在后续通过训练得到矫正。

Q 学习的训练过程是 Q 表的 Q 值逐渐调整的过程,其核心是根据已经知道的 Q 值,当前选择的行动 a 作用于环境获得的回报 R 和下一轮 S_{t+1} 对应可以获得的最大利益 Q ,总共 3 个量进行加权求和算出新的 Q 值(用以更新 Q 表):

$$Q(S_t, A_t) = Q(S_t, A_t) + \alpha[R_{t+1} + \gamma \max a Q(S_{t+1}, a) - Q(S_t, A_t)] Q(S_t, A_t)$$
$$= Q(S_t, A_t) + \alpha[R_{t+1} + \gamma \max a Q(S_{t+1}, a) - Q(S_t, A_t)]$$

$$(5-3)$$

式中, $Q(S_{t+1}, a) Q(S_{t+1}, a)$ 是在 $t+1$ 时刻的状态和采取的行动(并不是实际行动,所以公式采用了所有可能采取行动的 Q 的最大值)对应的 Q 值; $Q(S_t, A_t) Q(S_t, A_t)$ 是当前时刻的状态和实际采取的形同对应的 Q 值。折扣因子 γ 的取值范围是 $[0, 1]$,其本质是一个衰减值,如果 γ 更接近 0,趋向于只考虑瞬时奖励值,反之如果更接近 1,则 agent 为延迟奖励赋予更大的权重,更侧重于延迟奖励;奖励值 R_{t+1} 为 $t+1$ 时刻得到的奖励值; α 为学习率。

这里动作价值 Q 函数的目标就是逼近最优的 $q* = R_{t+1} + \gamma \max Q(S_{t+1}, a) q* = R_{t+1} + \gamma \max Q(S_{t+1}, a)$,并且轨迹的行动策略与最终的 $q*$ 是无关的。后面中括号的加和式表示的是 $q*$ 的贝尔曼最优方程近似形式。

将一个结冰的湖看成一个 4×4 的方格,每个格子可以是起始块(S)、目标块(G)、冻结块(F)或者危险块(H),目标是通过上下左右的移动,找出能最快从起始块到目标块的最短路径来,同时避免走到危险块上(走到危险块就意味着游戏结束)。为了引入随机性的影响,还可以假设有风吹过,会随机地让人向一个方向漂移。

如图 5-17 所示,图(a)是每个位置对应的 Q 值表,最初都是 0,一开始的策略是随机生成的,假定第一步是向右(见图 5-18),根据式(5-3),假定学习率 α 是 0.1,折现率 γ 是 0.5,而每走一步,会带来 -0.4 的奖励,那么位置(1,1)的 Q 值就是 $0 + 0.1 \times [-0.4 + 0.5 \times (0) - 0] = -0.04$,为了简化问题,此处这里没有假设湖面有风。

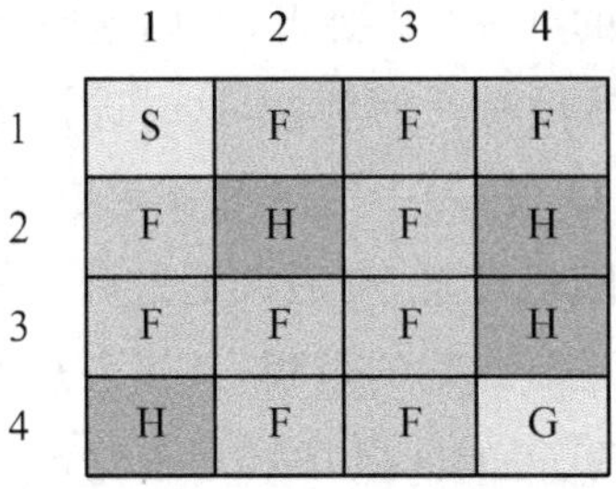

(a)

位置	值
(1, 1)	0
(1, 2)	0
(1, 3)	0
⋮	0
(4, 4)	0

(b)

图 5－17　初始化

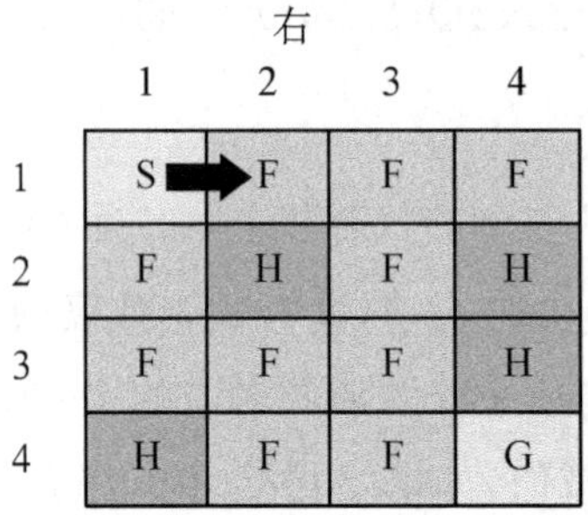

位置	值
(1, 1)	−0.04
(1, 2)	0
(1, 3)	0
⋮	0
(4, 4)	0

图 5－18　向右走一步

假设之后又接着往右走了一步，用类似的方法更新位置(1, 1)的 Q 值了，得到位置(1, 2)的 Q 值仍为－0.04，如图 5－19 所示。

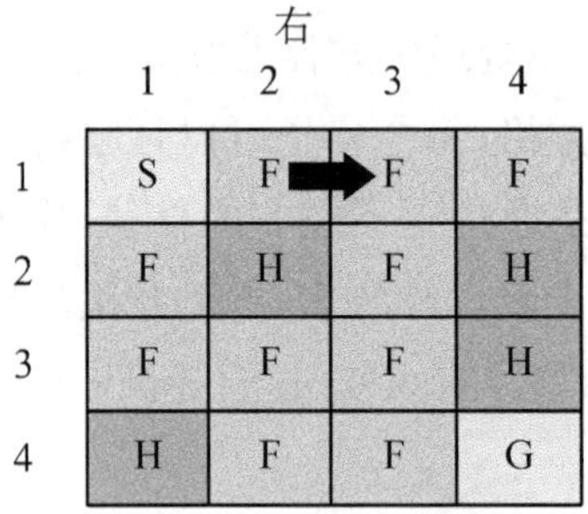

位置	值
(1, 1)	−0.04
(1, 2)	−0.04
(1, 3)	0
⋮	0
(4, 4)	0

图 5－19　再向右走一步

等到了下个时刻，骰子显示要向左走，此时就需要更新位置(1, 3)的 Q 值(见图 5－20)，计算式为

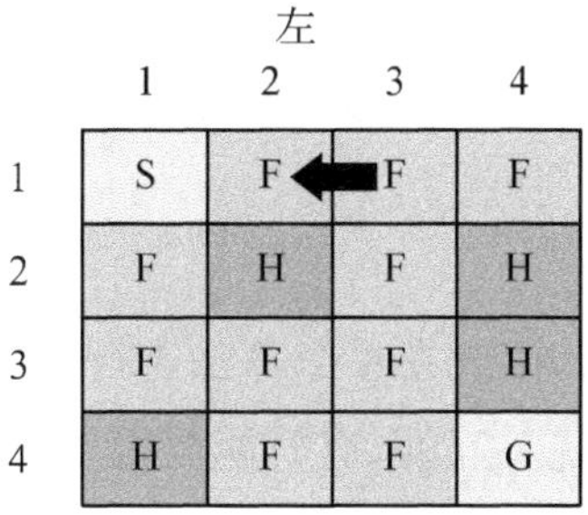

位置	值
(1, 1)	−0.04
(1, 2)	−0.04
(1, 3)	−0.042
⋮	0
(4, 4)	0

图 5 - 20　向左走一步

$$V(s)=0+0.1\times[-0.4+0.5\times(-0.04)-0)]$$

从这里开始，智能体就能学到先向右再向左不是一个好的策略，会浪费时间，依次类推，不断根据之前的状态更新左边的 Q 值表，直到目标达成或游戏结束。

假设现在智能体到达了如图 5 - 21 所示的位置，现在要做的是根据公式，更新(3, 2)这里的 Q 值，由于向下走的 Q 值最低，假定学习率是 0.1，折现率是 0.5，那么(3, 2)这个点向下走这个策略的更新后的 Q 值为

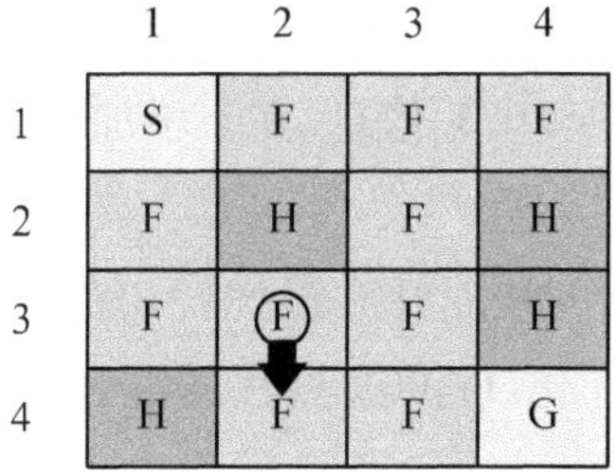

位置	动作	值
(3, 2)	左	0.2
(3, 2)	右	0.4
(3, 2)	下	0.6
(4, 2)	上	0.2
(4, 2)	下	0.4
(4, 2)	右	0.6

图 5 - 21　向下走一步

$$\begin{aligned}&Q[(3,2)\mathrm{down}]\\&=Q[(3,2),\mathrm{down}]+0.1\times\{-0.4+0.5\times\max[Q((4,2)\mathrm{action})]\\&\quad-Q[(3,2),\mathrm{down}]\}Q[(3,2)\mathrm{down}]\\&=Q[(3,2),\mathrm{down}]+0.1\times\{-0.4+0.5\times\max[Q((4,2)\mathrm{action}]\\&\quad-Q[(3,2),\mathrm{down}]\}\end{aligned}$$

$$\begin{aligned}Q[(3,2),\mathrm{down})]&=0.6+0.1\times(-0.4+0.5\times\max[0.2,0.4,0.6]-0.6)\\&=0.53Q[(3,2),\mathrm{down}]=0.6+0.1\times(-0.4+0.5\\&\quad\times\max[0.2,0.4,0.6]-0.6)=0.53\end{aligned}$$

Q 学习算法存在一些缺点,比如状态和动作都假设是离散且有限的,对于复杂的情况处理起来会很麻烦;智能体的决策只依赖当前环境的状态,所以如果状态之间存在时序关联,则学习的效果就不佳。

7. 混合算法

各种路径规划算法各有特点和优劣,因此在单个算法进行改进之外,人们也尝试把不同的算法混合起来,取长补短优势互补,有时能取得单一算法难以得到的效果。

为了实现单舵轮 AGV 在物流场景下的精准自主导航,针对基于 Hybrid A* 算法搜索的路径容易贴近障碍物的缺陷及算法在路径平滑后可能与障碍物冲突的问题,有研究提出一种改进的基于 Hybrid A* 的非完整约束轮式移动机器人路径规划方法。

另有研究提出一种结合维诺区域分割和路径优化的路径规划算法(voronoi region segmentation and path optimization, VSO),实现在大规模室内场景下的快速路径规划。算法使用广义维诺图(generalized Voronoi graph, GVG)从地图中构建拓扑图,在拓扑图上可以快速地获得初始启发式路径。还有其他一些研究,具体如下。

(1)有研究提出一种改进的基于 YOLO V3 的旋转目标检测算法,在 YOLO V3 的基础上,细化障碍物的轴向、长度、宽度和坐标信息,在不增加计算量的情况下提高复杂场景下障碍物检测的召回率。

(2)为提高自主移动机器人路径规划器的快速性和最优性,有研究提出一种改进的基于粒子群优化(PSO)算法和灰狼优化(GWO)算法的混合算法,简称为 H-PSO-GWO 算法。

(3)基于传统的快速扩展随机树(RRT)算法,有研究设计了一种警诫机制,使同时生长的两个随机树能够时刻相互感知,且互为动态障碍来规避彼此;采用交替生长策略改进生长过程,来避免相互间可能出现的无序碰撞、路径交叉和生长抑制等问题。

(4)有研究提出一种将移动机器人行驶时间作为代价且能根据障碍物信息调整启发函数权重的改进 A* 算法,有效地减少了路径规划时的转弯次数和转弯角度,解决了传统的 A* 算法存在的未考虑移动机器人实际行驶时间、路径规划转折点多、无法处理复杂环境中出现的随机障碍物等问题,路径仿真结果如图 5-22 所示。

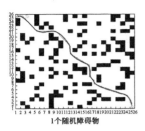 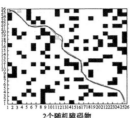 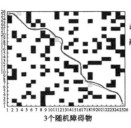

1个随机障碍物　　　　　2个随机障碍物　　　　　3个随机障碍物

- - - - - - 改进A*算法规划路径
—— 融合DWA动态规划路径

图 5-22　融合算法规划的路径仿真

（5）结合人工势场法和 PRM 算法，让障碍物发出排斥力，迫使采样点必须远离障碍物，直到可以认定排斥力为 0 的距离或位于两个障碍物之间的"力平衡点"，从而省略了传统的 PRM 算法的碰撞检查部分，提高了算法的计算速度（见图 5-23）。

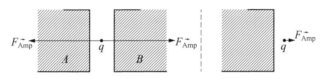

图 5-23　在人工势场中的采样点

（6）有研究提出一种基于 Chaotic Aquila Optimizer 与模拟退火的混合优化方案，用于求解无人机路径规划问题。

（7）结合神经网络深度学习和遗传算法，让遗传算法优化神经网络的一些参数，比如网络的层数、每层的神经元数等，比传统的神经网络深度学习提高了很高的效率。

（8）有研究提出一种基于自主水下航行器（autonomous underwater vehicle，AUV）的海洋地貌调查数据驱动的双模式（DDBP）路径规划算法。当 AUV 在未知区域进行测量时，它利用实时侧扫声呐的观测数据进行环境建模，根据目标的特征密度驱动独立的在线路径重新规划（PRP）。基于 DDBP 算法，AUV 可以自主聚焦目标分布丰富的区域，在事先不了解任务区域的情况下偏离目标分布稀疏的区域。通过关注具有高特征密度的水下探测区域，可以提高基于 AUV 的测量的质量和效率。

（9）结合 RRT 算法和人工势场法，在相对空旷的地方采用人工势场法快速求解，在遇到障碍物时用 RRT 算法避障，该混合算法一方面解决了 RRT 算法计算慢的问题，另一方面避开了传统人工势场法当障碍物在目标点旁边时会导致到达不了目标点的缺陷。

（10）结合 RRT 算法与迪杰斯特拉算法,先用 RRT 算法连接起始点和目标点,然后再用迪杰斯特拉算法在前者得到的结果的基础上搜索最优路径。

5.3 ▶ 行为决策

5.3.1 行为决策简介

行为决策是无人驾驶车辆整个规划控制模块中的第二层。在进入此层的处理步骤前,车辆已经获得了以下几方面的信息。

（1）上一层路由寻径模块所规划出的路径,即按照规划接下来计划经过的道路节点。

（2）无人驾驶车辆自身的状态,包括位置、速度、前进方向、转向角和所在车道等信息。

（3）车辆周围的信息,包括周围车辆、行人的所在位置、速度、轨迹和接下来的行动趋势、车道的宽度、间距信息,以及包括红绿灯、交通指示牌、危险警告牌等在内的交通信息等。

在获得以上三方面信息的基础上,行为决策模块就是要利用这些信息决定当前需要做的事情是什么,即做出驾驶行为的决策。

由于以上三方面的信息都很复杂,将其融合后的复杂度会更大,因此通常情况下自主车辆的行为决策过程难以用一个简单的数学模型进行描述,而此类问题的解决需要大量经验和更加科学的规则设计方法。目前在无人驾驶领域的行为决策方面,使用最广泛的方法是有限马尔可夫决策过程（Markov decision process,MDP）和基于场景划分和规则的行为决策。

5.3.2 有限马尔可夫决策过程

有限 MDP 是以马尔可夫过程理论中的随机动态系统为基础的最优决策过程,它将马尔可夫随机理论和动态规划相结合,是一个随机动态规划的方法。下面简要介绍有限 MDP。

有限 MDP 由一个五元组 $[S, A, P.(\cdot,\cdot), R.(\cdot,\cdot), \gamma]$ 构成,其每个元素的含义如下。

（1）S 是由描述无人驾驶车辆的所有状态（state）构成的有限状态空间。具体的状态划分方法可以根据车辆所处的位置,车辆速度等物理量,以及车辆周围的场景等因素进行选择。例如在物理维度空间中,将空间按照经度、维度、高度等变量划分为若干个格子;根据车辆的速度、行驶挡挡位、加速踏板深度、制动踏板深度、核心动力设备温度等自身物理信息划分出若干个状态。需要注意的是,状态的数量是有限的,尽管可能数量非常巨大。针对不同的车辆,如何抽象出相应需要的状态空间是一件很重要的事,这决定了五元组中其余各元素的确定方式。

(2) A 是无人驾驶车辆所有可能决策(decision)行为构成的有限行为决策空间,即在所有状态下,根据当前的目标,可能做出的所有决策的集合。在实际无人驾驶车辆的决策空间中,一般会有起步、加速、减速、变道、跟车、路口左/右转、停车等待等一系列决策行为。

(3) $P.(\cdot,\cdot)$ 是一个条件概率,由具体的状态和决策行为决定。在给定当前时刻 T 的状态 s 和决策 a 后,$P_a(s,s')=P(s'\mid s,a)$ 表示了在状态 s 和决策 a 下,车辆在下一时刻 $T+1$ 进入状态 s' 的概率。将 s' 取遍所有状态,则所有的 $P(s'\mid s,a)$ 之和必然为 1。

(4) $R.(\cdot,\cdot)$ 是一个输入函数,在给定当前状态 s 和决策 a 后,$R_a(s,s')$ 表示当前时刻 T 在状态 s 和决策 a 下,在下一时刻 $T+1$ 时从状态 s 到另一个状态 s' 所得到的输入。在实际算法设计中,该输入函数的设计是整个过程的重点与难点,该输入函数的设计需将行驶过程中的安全性能、乘坐的舒适度、底层动作规划与控制的难易程度、面对突发情况的应急处理能力等多方面因素列入考虑的范畴。

(5) γ 是输入函数的衰减因子,当前时刻 T 的输入 R 在下一时刻 $T+1$ 中即衰减为 γ 倍,即 γR,而在 $T+2$ 时刻时该项衰减为 $\gamma^2 R$。在设计决策算法时,γ 的取值必然要小于 1,一般可以根据不同的需求和环境(例如车辆是行驶在高速公路,城市道路,还是乡间小路)来确定。γ 的取值小于 1,意味着以往的输入在所有输入中的权重逐渐减小,其重要性逐渐下降。

在以上定义的马尔可夫决策过程中,在每一个状态 s 下都会产生一个对应的决策 $a=\pi(s)$。由此,无人驾驶车辆所需要解决的决策问题可以按照如下方式描述:寻找一个由一系列的五元组 $[S_t,a_t,P_{a_t}(S_t,S_{t+1}),R_{a_t}(S_t,S_{t+1})\gamma]$ 构成的马尔可夫链,在满足要求的前提下,即在路径规划所得结果的路径中,使得从当前时刻到未来的累积输入最优化为

$$\sum_{t=0}^{\infty}\gamma^t R_{a_t}(S_t,S_{t+1}) \tag{5-4}$$

一般地,最优的行为决策可以通过动态规划(dynamic programming)算法求

得。动态规划的一般方法是从终点开始，一步步反向推导并记录从当前位置到终点的输入 $R.(\cdot,\cdot)$，直至推回到起点，即由 $t+1$ 时刻的信息获取 t 时刻的相关信息。在状态转移的条件概率矩阵 $\boldsymbol{P}$ 和输入函数 R 已知的假设下，我们用 $V(S_t)$ 表示未来衰减叠加的累积输入，则最优策略的每一步推导过程为

$$\pi(S_t) \leftarrow \operatorname*{argmax}_a \left\{ \sum_{S_{t+1}} \boldsymbol{P}_a(S_t,\ S_{t+1}) \big[R_a(S_t,\ S_{t+1}) + \gamma V(S_{t+1}) \big] \right\} \quad (5-5)$$

$$V(S_t) \leftarrow \sum_{S_{t+1}} P_{\pi(S_t)}(S_t,\ S_{t+1}) \big[R_{\pi(S_t)}(S_t,\ S_{t+1}) + \gamma V(S_t+1) \big] \quad (5-6)$$

在整个有限 MDP 中，最重要的部分是输入函数 R 的设计，若 R 设计得合理，则可以使决策结果在各个方面都实现比较好的效果，若 R 设计得不合理，则在车辆行驶过程中，乘客在主观感受上会有一定的不满。根据以往的经验，输入函数 R 的设计至少需要考虑以下几个方面。

（1）目的地可达性。本层决策的结果应当使得车辆尽可能地按照上一层路由寻径所找寻的路径行驶。因此，在使用马尔可夫链进行动态规划时可以增设一个代价（cost）函数，若决策动作使得车辆能够沿着路径行驶，则代价函数为 0 或者很小；若动作使得车辆偏离既定路线的幅度较大，则代价函数相应地增大（后续几个方面的考量也会在代价函数上增加一些项）。

（2）车辆行驶安全性。R 的设计除了要保证车辆到达目的地，还要保证能够安全地到达目的地。一般地，当与周围物体（其他车辆或障碍物）距离近且速度较快时可能存在一定的危险性，因此在代价函数中可以加入一项与车速和周围物体距离有关的函数，作为行驶过程中安全性的依据。

（3）下层动作规划和反馈控制的可执行性。行为决策的结果如果不能被动作规划和反馈控制模块正确执行，那么这个动作决策就是没有意义的。因此需要对动作决策部分的输出结果做一定的限制，以保证其可执行性。

（4）乘坐舒适性。在保障安全且能够到达目的地的前提下，乘客在乘坐车辆时的舒适度也是需要考虑的一件事，车辆的行为决策应尽可能地使动作平缓温和，以提升乘坐舒适性。对应于车辆的决策，就是需要让速度、加速度、方向转角等各个变量的变化幅度尽可能小，不要产生突变，因此可以在代价函数中加入表示状态变化剧烈程度的一项，变化越剧烈则对应的代价越高。

5.3.3　基于场景划分和规则的行为决策方法

该方法主要包括场景划分、个体决策、综合决策这 3 个步骤，首先分别介绍这

3个步骤的定义和所做的事情,然后再将三者结合起来,作为一个完整的决策方法。

1. 场景划分

在无人系统中,车辆需要获取周围环境信息来做决策,而环境可以划分成一系列具有相对独立意义的场景。例如,车辆在路口打算右转弯时,如图5-24所示,前方的交通信号灯为一个场景,人行横道上的行人为一个场景,左前方直行车辆又构成了另一个场景。有些场景具备一定的相似性,且要求车辆做出相同的响应,因此我们可以对场景进行聚类,以较少的场景类型覆盖实际车辆行驶过程中可能遇到的绝大多数情况。对车辆周围环境的场景划分,可以使每个小场景中仅包含一个影响车辆行为决策的因素,从而产生对应的个体决策。

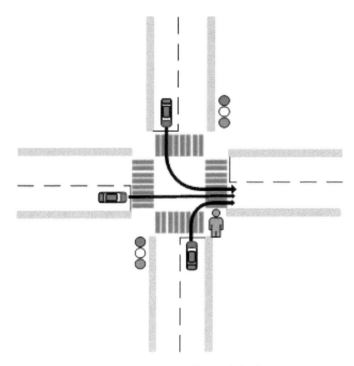

图5-24 路口决策的综合场景

2. 个体决策

在场景划分的基础上,根据交通法规和实际车辆规划的行驶路线,对于每一个场景,我们可以根据具体场景规定车辆的任务,也就是每一个独立感知元件根据感知结果给出的个体决策输出。同样以车辆在路口右转弯为例,根据我国的交通法规,车辆在遇到红灯时仍可以右转弯,因此红灯场景给出的决策是正常向右转弯;前方斑马线上的行人场景给出的决策是停车等待行人通过;而左前方直行车辆(该车辆打算进入的车道和当前无人驾驶车辆路径规划的车道为同一条车道)的场景给出的决策是等待其通过路口。对于每一个场景,车辆的周围环境感知模块在获取场景信息后经过计算,都会产生一个个体决策作为最终综合决策的依据。个体决策常用的决策行为和参数如表5-3所示。

表5-3　个体决策常用的决策行为和参数

个体决策		参数	个体决策		参数
车辆	跟车	跟车对象	车辆	让行	让行对象
		跟车速度			让行距离
		跟车距离			让行时间
	停车	停车对象	行人	停车	停车对象
		停车距离			停车距离
	超车	超车对象		躲避	躲避对象
		超车距离			躲避距离
		超车时间			—

3. 综合决策

综合决策是无人驾驶车辆行为决策模块中最高层的部分,是在得到所有个体决策结果后综合考虑并归纳之后得出的最终决策,相当于整个决策金字塔的顶层。例如车辆在路口右转弯时,红灯场景的个体决策是正常右转,人行道上行人通过的场景个体决策是停车等待其通过,其他方向车辆汇入同一车道的场景对应个体决策是等待其通过后右转。综合以上的个体决策,无人驾驶车辆在此时产生的综合决策结果为等待行人通过斑马线、等待左前方直行车辆进入目标车道后,再前进并完成右转。作为整个决策系统的顶层,综合决策的决策空间和状态空间需要与下游的动作规划与控制匹配,并在决策中需要附带具体的参数,以供下方的动作规划层按照其指令和参数可以沿着之前路径规划的结果行驶。对于之前的个体决策,由于其输出本质上与综合决策的结果很相似,因此也需要附带决策参数。附带的具体参数根据传感器产生的数据、卫星定位的数据、个体决策的结果而定,例如当行人通过、前方其他车辆通过、主车即将右转、转弯的速度、方向盘旋转的角度、跟车的目标、与前车需要保持的距离等,这些都是在综合决策中需要与决策行为一同给出的决策参数。下游执行环节在收到决策结果和参数后,执行当前决策,以使车辆安全地沿着规划的路径行驶。综合决策常用的决策行为和参数如表5-4所示。

表5-4　综合决策常用的决策行为和参数

综合决策	参数	综合决策	参数
行驶	当前车道	转弯	当前车道
	目标车速		目标车道
跟车	当前车道		转弯属性
	跟车对象		转弯车速
	目标车速	变道	当前车道
	跟车距离		变道车道
停车	当前车道		加速变道
	停车对象		减速变道
	停车位置		——

以上是从场景划分开始,产生个体决策并综合考虑产生综合决策的大致步骤。对于绝大多数行车过程的决策,使用以上3个步骤划分方法基本可以完成决策任务。非常有趣的是,在上述提到的车辆在路口右转弯例子中,给出的场景如红绿灯、行人和其他车辆等,都只是单个的基本场景,而它们组合起来就构成了"路口"这样的一个复合场景。一般地,对于可以分层进行场景的定义。主车(无人驾驶车辆)是底层最基本的场景,其他一切场景都是建立在这个底层场景的基础上的,包括交通信号灯、人行横道和行人、前后左右的其他车辆和其他方向的车辆等,由这些基本场景在底层场景的基础上构成第二层的复合场景。

在每一个基本场景中,利用对应算法得出不同场景的个体决策,然后通过场景复合和综合归纳,得到最终符合安全驾驶要求的综合决策。例如,车辆在路口右转弯时,路口的交通信号灯为红灯,按照我国的交通法规,车辆可以右转但相应的优先级较低,需要避让其他优先级高的车辆;同时,其他传感器感知到前方人行道上有行人通过路口,也需要停车让行。在得到以上基本场景的个体决策后,对其进行综合归纳,最终得出的综合决策是针对路口的行人,在斑马线前停车。不过,值得思考的是,不同基本场景给出的个体决策是否会出现相互矛盾的情况?如果出现矛盾,如何处理?这在实际设计车辆的决策系统时是一个非常重要的事情。

5.4 ▶ 动作规划

5.4.1 动作规划概述

动作规划是整个规划与控制系统中的第三层,其主要目的是将上一层行为决策层输出的决策指令转换为基于时间的一系列状态信息的轨迹曲线,然后将该状态轨迹作为最底层反馈控制的输入函数,以对实际车辆的行驶动作进行控制。

无人驾驶车辆与其他的"机器人"相比并没有什么本质上的差异,因此我们可以认为无人驾驶中的动作规划是整个机器人动作规划中的一部分。大多数实际车辆只需要控制两个维度的运动——转角方向和前进速度,即油门、刹车、挡位、方向盘 4 个量的控制。相比于大部分机器人往往需要具备 6 个以上、十几个甚至几十个的自由度,无人驾驶车辆的动作规划是一个相对简单的问题。

在顶层的路径规划问题中,我们得到的路径是以节点和边的形式表示的,这只是一个大致的路径骨架,而车辆行驶的具体路径,也就是从路径规划结果中的节点 A 到邻接节点 B 的轨迹,则需要在动作规划层中得出。因此,动作规划的本质是试图在有约束条件下寻找一定时空范围内的最优轨迹。这个"轨迹"实际上是一个状态空间意义上的轨迹,不仅应包含车辆的位置(或位移)信息,还应包含车辆的速度、加速度、转向角、曲率等与时间相关的信息。在以上的定义下,动作规划问题实际上变成了在满足约束的条件下,去解决一个代价(cost)函数最小化的优化问题。这里的约束主要是轨迹点的平滑性、与周围物体保持的距离(安全性)、下层反馈控制模块的可执行性等。

如果将整个"状态轨迹"作为一个整体来规划,虽然得到的代价函数一般会是最小的,但其算法难度大,可理解性也不强。在动作规划模块中,可以将整个模块划分为两部分——轨迹规划部分和速度规划部分,先单独规划车辆在二维平面上的平滑轨迹,再根据位置进一步确定各点的速度和方向转角。虽然这样划分后得到的结果可能不是真正的全局最优解,但与最优解很接近,并且算法难度相比于整个状态全部一起考虑要小很多。下面将按照这两个部分展开介绍轨迹规划部分和速度规划部分的实际算法。

5.4.2　轨迹规划

1. 车辆运动模型

在建立车辆运动模型过程中,选取 5 个变量作为描述车辆信息的状态: $\bar{x} = (x, y, \theta, \kappa, v)$,并对其做如下定义: (x, y) 是车辆在二维平面中所处的位置。将(局部的)地球表面看作是一个二维平面,车辆在该平面上有对应的 x 坐标和 y 坐标,类似于地球的经纬度信息; θ 为车辆的朝向,即车头方向; κ 为曲率,即朝向 θ 的变化率; v 为车辆的前进速度,即轨迹上点的切线方向的速度。

这些状态满足以下的导数关系:

$$\dot{x} = v\cos\theta \tag{5-7}$$

$$\dot{y} = v\sin\theta \tag{5-8}$$

$$\dot{\theta} = v\kappa \tag{5-9}$$

2. 轨迹模型

当定义了车辆的 5 个状态之后,再考虑车辆行驶的轨迹问题。先假设已有 1 条平滑的轨迹,该轨迹通常为曲线。类似于高等数学中有关多元函数微积分的内容,轨迹在多维空间中是一条曲线,沿着该轨迹前进,将从轨迹起点到当前点所走过的曲线长度定义为距离 s。轨迹点方向与车辆上述状态的关系可以由以下的方程得到:

$$\frac{\mathrm{d}x}{\mathrm{d}s} = \cos[\theta(s)] \tag{5-10}$$

$$\frac{\mathrm{d}y}{\mathrm{d}s} = \sin[\theta(s)] \tag{5-11}$$

$$\frac{\mathrm{d}\theta}{\mathrm{d}s} = \kappa(s) \tag{5-12}$$

需要注意的是,式(5-10)~式(5-12)中,对 θ 和 κ 两个状态量的相互关系并没有给出任何限制,也就是说,在理想状态下,无人驾驶车辆在任意方向 θ 上都可以随意地改变其转弯的曲率 κ 和相应的曲率半径。不过,在实际车辆行驶的过程中,两者往往存在一些限制条件,或者有些变量自身也存在一定的限制条件,比如车辆的方向盘转角有一定的范围限制,向左或向右转向时不能大于某一个角度,即曲率 κ 不能大于限制条件。虽然理想模型与真实模型存在一定的偏差,但这对于轨迹规划的过程和结果并不会产生很大的影响。

3. 道路模型

现实世界中的道路在人眼中观察到的结果都是连续的,然而计算机无法处理连续性的量,因此需要先对道路进行采样,再进行后续分析。道路的采样函数为

$$r(s) = [r_x(s), r_y(s), r_\theta(s), r_\kappa(s)] \tag{5-13}$$

式中,s 为沿着道路中心线方向前进的位移,可以称为纵向位移,相应地有垂直于道路中心线的水平方向的位移 l(横向位移)。在有纵向和横向位移信息的条件下,车辆的状态可以用以下方式进行表示:

$$x_r(s, l) = r_x(s) + l\cos\left[r_\theta(s) + \frac{\pi}{2}\right] \tag{5-14}$$

$$y_r(s, l) = r_y(s) + l\sin\left[r_\theta(s) + \frac{\pi}{2}\right] \tag{5-15}$$

$$\theta_r(s, l) = r_\theta(s) \tag{5-16}$$

$$\kappa_r(s, l) = [r_\kappa(s)^{-1} - l]^{-1} \tag{5-17}$$

式中,曲率 κ_r 与道路的弯曲方向变更和车辆在弯道内的横向距离有关,靠近转弯的内侧时,曲率增大;反之,接近弯道的外侧时曲率减小。

为了让读者更加形象地认识道路模型,图 5-25 给出了道路在 (x, y) 和 (s, l) 坐标系下的不同表示方式。

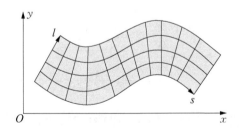

图 5-25　道路在 (x, y) 和 (s, l) 坐标系下的不同表示方式

5.4.3　速度规划

5.4.2 节介绍了一些轨迹规划的参考模型、算法和步骤,根据这些可以按需

要生成最短的轨迹,但并不能得出车辆在各个轨迹点上的速度。本节将在轨迹规划结果的基础上引入速度、加速度等相关信息,即对于给出的轨迹进行速度规划。在速度规划中,需要做的事情就是在满足反馈控制的操作限制、符合行为决策结果的前提下,为各个轨迹点添加速度、加速度等信息。轨迹规划的最后部分已经将静态障碍物的规避作为代价函数设置的一个重要信息,而速度规划则是要对动态障碍物进行规避,即避让行人、其他车辆等。为了让速度规划的步骤和结果更容易理解,这里需要引入 S-T 图这一概念。

S-T 图是在一个平面直角坐标系上,将时间 T 作为横坐标,沿轨迹线方向的位移 S 作为纵坐标的二维时间-位移关系图。轨迹规划的大致步骤如下:

(1)首先获取各种传感器对周围环境感知的结果,确定周围的行人、其他车辆等移动障碍物的位置、距离、速度等信息,并预测其在接下来一小段时间内可能的轨迹和速度。

(2)在产生障碍物轨迹预测结果的基础上,将其轨迹投影在 S-T 图中,按照规律其投影在 S-T 图中的应该是一个平行四边形,覆盖了一定的区域面积。

(3)当得到动态障碍物在 S-T 图中的投影后,速度规划的目标就是在 S-T 图中规划一条无人驾驶车辆自身行驶的时间-位移曲线,以使该曲线与其他动态障碍物的平行四边形没有任何的重叠。

下面以一个无人驾驶车辆向左变更车道的例子介绍速度规划的方法和步骤。

如图 5-26(a)所示,无人驾驶车辆当前位于道路右侧起第 2(右 2)车道,现希望变更到右侧起第 4(右)车道,其中右 4 车道的前后位置各有一辆车 a、b(将其看作动态障碍物车辆)。接下来需要规划主车的速度,以使其能够顺利变入右 4 车道而不影响其他车辆的正常行驶。

图 5-26(b)所示为 a、b 两辆障碍物车辆的 S-T 图投影。首先将 S-T 图划分为等宽等长的矩形块,S-T 图即为由这些矩形块构成的网格图,每个相邻网格之间都有一定的代价值(具体的代价值需要根据道路情况按要求设置);然后将速度规划问题看作在该网格图上的路径规划问题,在网格上找到一条累积代价最低的曲线,即所规划出的 S-T 图中位移-时间关系曲线,这样就完成了速度规划的任务。

速度规划一般需要根据上一层车辆驾驶行为决策的结果进行。在图 5-26 中,速度方案 1～3 分别展示了 3 种行为决策对应的 S-T 图像。如果行为决策层的决策结果是在 a、b 两车通过后再变道,也就是在 a 车通过之后,那么行为决策层应该给出该代价设置方案,使得速度规划部分选出速度方案 1;如果决策结果

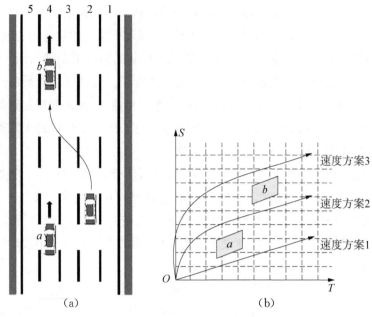

图 5-26 向左变更车道的 S-T 图速度规划

是加速在 b 车进入主车变道的轨迹后，a 车进入之前进行变道，也就是对 a 车辆进行抢先，对 b 车辆进行让先，那么应该给出该代价设置方案，使得车辆按照速度方案 2 行驶；如果行为决策的结果需要车辆加速，在 b 车辆前方进入待变车道，那么应该合理设置该代价的方案，使得速度规划算法选择速度方案 3。

在速度规划部分，S-T 图中各点之间的代价不应该是固定不变的。实际上，正如上述举例一样，在上一层行为决策层的决策结果给出后，应该按照决策结果动态给出各网格点的代价。若决策结果为在 b 车辆之后、a 车辆之前进入目标车道，那么应该将 S-T 图中 b 车预测轨迹以下、a 车预测轨迹以上的一部分网格点代价值适当设置小一些，以使速度规划部分按照预期规划速度；另外还需要将动作的平稳程度（执行模块的执行容易程度、乘客乘坐的舒适度）和安全性纳入考虑范围，尽量使得车辆速度和加速度平稳变化，同时存在障碍物（不论动态还是静态）的网格和其周围网格的代价应当设置得大一些，以免速度规划的结果产生一定的危险性。当 S-T 图上的代价设置完成后，可以使用一系列最短路径算法（包括 Dijkstra 算法、A* 算法、动态规划等）找到在 S-T 图中的最短路径，并根据 S-T 图给出各点处的速度、加速度、曲率等，从而完成对速度等物理量的规划，发送到下一层反馈控制进行实际操作。

综合本节的动作规划内容，一般在路径规划的基础上结合当前道路的实际信息设置轨迹点的代价值,使用动态规划等算法完成无人驾驶车辆的轨迹规划;然后在获取行为决策结果后,展开位移-时间的 S-T 图,在该图上的各个网格点之间动态地设置和调节代价值,并使用 Dijkstra 算法、A* 算法、动态规划等最短"路径"规划算法以完成确定轨迹上的速度规划任务。

本节的主要目标是动作规划,在结合路径规划、行为决策和车辆周围的道路状况信息后,可以给出短时间内的轨迹和各点速度。通常,我们希望轨迹和速度规划的信息能够周期性地产生,以使数据可以较方便地进行处理。在产生规划结果后,接下来需要将这些信息送入下一层的反馈控制模块,通过总线实际控制车辆的底盘,以让车辆按照规划的路径、轨迹和速度、加速度、转向角等物理量,自动地控制执行器,实现车辆的自主运动,这将在下一节中阐述。

5.5 ▶ 反馈控制

5.5.1 反馈控制简介

无人驾驶车辆的动作反馈控制部分其实与绝大多数人工驾驶车辆并没有太大的区别,普通车辆是由驾驶员根据预设的行驶路径和轨迹,通过人眼观察当前车辆与预设路径的偏差来不断反馈控制,修正车辆的动作和状态。无人驾驶车辆也类似,根据感知到的周围环境,不断地计算与预设轨迹的误差,然后对该误差进行跟踪反馈控制。相比于普通车辆,无人驾驶车辆最主要的区别在于需要增加对行人、其他车辆等动静态障碍物的避让,以及路径的自动规划和选择等内容,而这些内容在前面已做介绍,这里不再赘述。无人驾驶车辆的反馈控制部分可以以普通车辆为基础,稍加改善即可使用,读者可以自行查阅汽车构造、车辆控制的相关文献。本节主要介绍车辆动力学和车辆控制中的两个核心部分:①车辆的自行车模型;②无人驾驶车辆的 PID 反馈控制。

5.5.2 自行车模型

自行车模型是车辆反馈控制中最常使用的模型之一。在该模型中,首先建立一个二维的平面坐标系,车辆就处于该平面坐标系内。车辆的姿态在该平面中可以完全由车辆离开原点的位移以及车辆自身朝向与坐标轴单位向量的夹角来表示。一般地,无人驾驶车辆应该属于汽车一类,由两排两列共 4 个接触地面的车轮所支撑起来,其中车头的两个车轮可以转向,车尾的两个车轮其朝向与车身朝向保持一致且不可改动。但为了方便描述其控制模型,我们使用自行车模型进行表示,即将后面的两轮合并,放置于车身中轴上靠后的位置,且仍保持原来两车轮方向不可变动的性质;车辆的两个前轮同样合并放置于车身中轴上靠前的位置,且可在一定的角度范围内自由转动,由方向盘的转动来驱动前轮方向变动,以改变行驶方向。需要注意的是,在该模型下车辆可以做纵向运动和转向运动,但无法在没有前向移动的情况下进行横向(或称为侧向)移动,这是车辆运动学建模中非常重要的一个特性。这里我们认为理想情况下车轮不存在打滑的现象(当然,在大部分实际场景中也很少出现打滑)。下面给出无人驾驶车辆的自行车模型描述。

自行车模型如图 5-27 所示,模型将车辆"变瘦",也就是将车辆宽度压缩至一个车轮宽度的大小,将车头两轮和车后两轮分别看成只有一个位于车身中线上的轮子,并用刚性的连接代表车身。前轮可以产生一定范围内的方向(角度)偏离,后轮无法产生方向偏离,只能前后滚动。在由 $\hat{e}_x$ 和 $\hat{e}_y$ 两个标准正交向量所张成的平面中,p_r 表示车辆后轮与地面接触点的平面坐标,p_f 表示车辆前轮与地面接触点的平面坐标,两个坐标对时间的导数包含了车轮的朝向和速度信息;$\dot{p}_r$ 是后轮速度向量,包含后轮朝向(也是车辆当前朝向的方向)和后轮的瞬时速度,而 $\dot{p}_f$ 则是前轮的速度向量,包含了前轮的方向和速度。

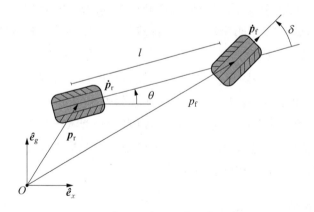

图 5-27　车辆反馈控制中的自行车模型

用车辆的朝向角 θ 表示车身与 x 轴的夹角,也就是 $\dot{p}_r$ 与 $\dot{e}_x$ 的夹角;用方向盘转角 δ 表示车辆前轮朝向与车辆朝向的夹角,也就是 $\dot{p}_f$ 与 $\dot{p}_r$ 的夹角。在自行车模型中,需要满足以下两个关系:

$$(\dot{p}_r \cdot \hat{e}_y)\cos(\theta) - (\dot{p}_r \cdot \hat{e}_x) = 0 \qquad (5-18)$$

$$(\dot{\boldsymbol{p}}_r \cdot \hat{\boldsymbol{e}}_y)\cos(\theta + \delta) - (\dot{\boldsymbol{p}}_r \cdot \hat{\boldsymbol{e}}_x)\sin(\theta + \delta) = 0 \tag{5-19}$$

如果分解到 x 和 y 坐标上,那么对于后轮来说,可以用如下的关系表示:

$$\dot{\boldsymbol{x}}_r = v_r \cos\theta \tag{5-20}$$

$$\dot{\boldsymbol{y}}_r = v_r \sin\theta \tag{5-21}$$

$$\theta = v_r \left(\frac{\tan\theta}{l}\right) \tag{5-22}$$

同样地,对于前轮,也用类似的方式表示:

$$\dot{\boldsymbol{x}}_f = v_r \cos(\theta + \delta) \tag{5-23}$$

$$\dot{\boldsymbol{y}}_f = v_r \sin(\theta + \delta) \tag{5-24}$$

$$\theta = v_f \left(\frac{\sin\delta}{l}\right) \tag{5-25}$$

值得注意的是,在车辆运动的切线方向($\dot{\boldsymbol{p}}_r$ 方向)上,前后轮的速度存在一个与方向盘转角 δ 相关的比例关系:$v_r = v_f \cos\delta$,即前轮在车身朝向的方向上速度总是小于等于后轮的速度。

在这样的自行车模型中,对于车辆的控制只需要在满足限制条件的情况下给定车辆的前向速度 $v_r \in [v_{\min}, v_{\max}]$ 和方向盘转角 $\delta \in [\delta_{\min}, \delta_{\max}]$,即可实现对车辆姿态和动作的完全控制(类似于人开车只需要通过方向盘转角来控制方向,以及通过挡位、油门、刹车等控制车速,车就处于控制理论中"完全可控"的状态)。为了简化计算过程,提高车载计算机计算控制量的效率,相比于使用实际的方向盘转角 δ,一般更倾向于使用车辆前轮朝向的变化率 ω,那么表述形式可以简化为 $\frac{\tan\delta}{l} = \frac{\omega}{v_r} = k$。

5.5.3　PID 反馈控制

在建立了自行车模型后,接下来需要做的就是针对模型(也是整个系统中的执行器)给出合适的控制器和反馈,以便构成一个完整的控制系统,使得控制的效果和性能达到我们对于无人驾驶的要求。

如今在工业界中,使用最广泛、应用最成熟的一种控制算法就是 PID 控制算法。PID 控制算法如图 5-28 所示。

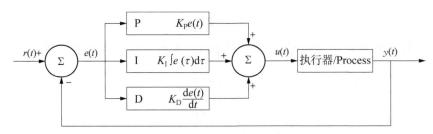

图 5-28　PID 控制算法的示意

在图 5-28 中，$r(t)$ 是控制系统的输入，我们希望系统输出 $y(t)$ 能够与 $r(t)$ 完全一样，按照 $r(t)$ 的设定进行变化，但由于执行器的物理特性，$y(t)$ 不可能严丝合缝地按照 $r(t)$ 来变化，总是与 $r(t)$ 存在一定的偏差，因此用输入 $r(t)$ 与输出 $y(t)$ 的差 $e(t)$ 作为误差信号，传送到 PID 控制器。PID 控制器由 3 个部分构成，第一部分是比例（proportion）控制，将当前的误差信号乘以一个增益 K_P，包含了现在的误差信息；第二部分是积分（integral）控制，对从起始时刻至当前时刻的误差信号进行积分，然后乘以一个增益 K_I，包含了过去所有时刻的误差信息；第三部分是微分（differentiation）控制，对误差信号 $e(t)$ 求导数并乘以一个增益 K_D，包含了未来预测的误差信息。对这 3 部分进行加和，将过去、现在、未来的误差信号统统考虑进来，这就是 PID 控制的基本思想。在 PID 控制器中，3 个增益 K_P、K_I、K_D 是需要不断调试修改的参数，需要凭借经验和不断的尝试来确定。

PID 控制器的三项加和后，作为发送至执行器（plant）的信号来驱动执行器动作。将执行器的实际输出结果 $y(t)$ 与 $r(t)$ 作差，得到误差，再传送至 PID 控制器，如此构成完整的车辆反馈控制系统。在反馈控制部分，我们希望车辆尽可能遵循上层路径规划、行为决策和动作规划中的轨迹来行驶，需要使用两个 PID 控制器来控制方向盘转角 δ 和前进速度 v_r。

方向盘转角的控制器按照 $\delta_n = K_1\theta_e + K_2 l_e/V_s + K_3 \dot{l}_e + K_4 \sum_{i=1}^{n} l_e \Delta t$ 来设计，其中 θ_e 是动作规划的基准轨迹点与当前车辆朝向之间的跟踪角度误差；l_e 是横向位置相对于基准轨迹点的误差；V_s 代表车辆的切向速度。

车辆路径切线方向的 PID 控制器设计则主要考虑上层规划得到的轨迹曲率 $k_{\text{reference}}$ 和当前车辆行驶的实际曲率 k_{vehicle}。根据实际的物理原理，可以设计一个函数 $f(k_{\text{reference}}, k_{\text{vehicle}})$ 来跟踪实际速度和期望速度之间的误差，此时的切向目标速度即为 $V_{\text{desired}} = V_s - f(k_{\text{reference}}, k_{\text{vehicle}})$。因此控制切向速度的控制器可以按照如下方式设计成一个 PID 控制器：

$$V_e = V_{\text{desired}} - V_s \tag{5 - 26}$$

$$U_V = K_P V_e + K_I \sum V_e \Delta t + K_D \Delta V_e / \Delta t \tag{5 - 27}$$

式中，V_e 是速度控制中期望速度与当前实际速度的差值；K_P、K_I、K_D 是比例项、积分项和微分项的系数（增益）；U_V 为该采样时刻（很短的时间段 Δt）内对油门的反馈控制输入。

　　以上为方向和速度所设计的两个 PID 控制器是无人驾驶车辆控制的最基本部分，通过以上两个控制器的设计基本可以让车辆在绝大多数的场景中实现自动驾驶。当然，仍然存在很多的现实场景，诸如转弯的曲率误差较大或需要迅速提速等情况，使用这样的 PID 控制器无法精准完成，则需要更加复杂的控制模型来进行控制。

本章小结

　　本章主要介绍了路由寻径、行为决策、动作规划、反馈控制等方法，其中路由寻径部分包含 Dijkstra 算法、A * 算法、蚁群算法、遗传算法、动态窗口法、Q 学习、混合算法等，行为决策部分包含有限马尔可夫决策过程和基于场景划分和规则的行为决策方法，动作规划部分包含轨迹规划和速度规划，反馈控制部分包含自行车模型和 PID 反馈控制的介绍。

5

6 多传感器融合感知导航系统（SCube）

6.1 ▶ SCube 简介

图 6-1 SCube 示意图

多传感器融合感知导航系统 Sensor Cube(SCube)（见图 6-1)是由 SLAMTEC 公司与上海交通大学联合开发的面向多模态定位、建图、标定等应用领域的科研院所和企业用户的可拓展多模态传感器套件，包含硬同步的激光雷达、相机、IMU、GNSS 等传感器在内的硬件和配套软件程序，能够解决用户搭建传感器平台困难和多传感器时间同步操作整合问题，可实现多模态数据的采集和开源算法的评估与分析。

SCube 体积小巧，结构可靠，外壳材质为 6061 铝材加阳极氧化工艺，强度高，屏蔽性好；内部为多层堆叠结构，并以多层铝板分隔，可单独将某层抽出，便于安装，金属隔板亦可屏蔽各模块之间的干扰。SCube 可多场景应用，以满足不同场合的需要。机身两边可安装把手，把手通过螺栓安装在外壳上，供手持使用；也可以将把手拆卸，用于车载或其他场景，如图 6-2 所示。

在功能方面，SCube 内置工控机安装 Ubuntu 20.04 操作系统，提供多个传感器的数据采集和时间同步，可以完成室内外的高精度定位和导航、地图的构建、优化与维护、自动驾驶算法开发等工作，如图 6-3 所示。

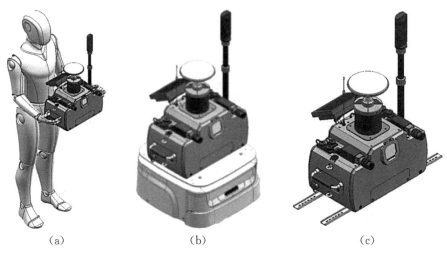

图 6 - 2 SCube 应用场景

(a)手持;(b)底盘移动;(c)可拓展支架

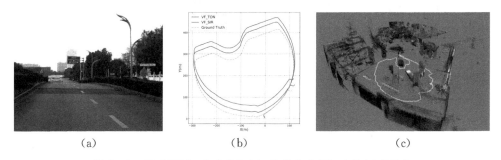

图 6 - 3 利用 SCube 完成感知(a)、轨迹生成(b)、建模(c)等任务

6.2 ▶ SCube 配置

图 6 - 4 所示为 SCube 的具体硬件组成。下面将具体介绍 SCube 中部分重要的硬件组成,并对其产品特性展开介绍。

1. 激光雷达

SCube 装配了两台激光雷达(LiDAR),其中一台激光雷达型号为速腾聚创 RS_Helios 1615,该设备使用了 32 个激光发射组件,具有 360°的水平测角和 +15°~-16°(共 31°)的垂直测角。该雷达测量距离可高达 150 m,测量精度为 ±2 cm。在单回波模式下,该激光雷达的出点数为 576 000 个/s;在双回波模式

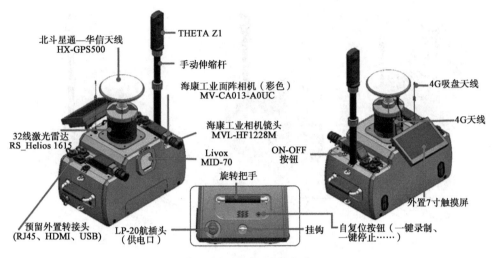

图 6-4 SCube 硬件组成

下,该激光雷达的出点数高达 1152000 个/s。总而言之,该设备具有多线扫描、广阔视场角范围的测量能力,拥有较大的测距范围的同时保证精度,适用于需要环境感知、定位和测距的各种应用场景。

另一台激光雷达的型号为 Livox Mid-70,该雷达的圆形视野在水平和垂直方向延伸至 70.4°,最小检测范围降低至仅仅 5 cm。一方面,更宽的视角和更小的盲区使该设备能够更好地探索周围环境,通过显著扩大垂直视角,减少盲点并提高近距离精确度,LivoxMid-70 提供了更加全面和复杂的点云数据质量。另一方面,该激光雷达传感器可以在 -20~65℃ 的环境温度范围内工作,在稳定的温度下,LivoxMid-70 可以连续运行多达 8000 h,满足商业机器人长期不间断操作的高强度要求,即便在 100 klx[①] 的照明条件下,设备的错误警报率仍然低于万分之一,总而言之,Livox Mid-70 优秀的性能保证该雷达可以安全地用于更多场景。

2. 相机

SCube 配备两台海康工业视觉相机,构成双目相机系统,通过左右图像的视差来求得距离,以此进行测距。相机型号为 MV-CA013-A0UC,最大分辨率为 1280×1024,并能够以 201 帧/s 的速度进行图像捕捉和传输。相机所用镜头为海康工业相机镜头 MVL-HF1228M,焦距为 12 mm,光圈范围为 F2.8~F16,水平方向视角为 40.94°,垂直方向视角为 34.14°,深度距离为 0.1~10 m,该镜头分辨率高,成像质量优秀,透过率高,稳定性好,外形紧凑。

---

① klx,千勒克斯(lx), 1 klx=1000 lx,光照强度单位。

SCube 还配备了一台理光 THETA Z1 全景相机,该全景相机的静态图像分辨率高达 6 720×3 360,并且该相机支持以 4 K 分辨率(3 840×1 920)、29.97 fps 的帧率和 56 Mb/s 的码率进行高质量视频录制,最大连续录制时间可达 25 min。该相机镜头的物距为 40 cm 至距镜头正面无限大,可以在 0~40℃ 的环境中工作。因此,该全景相机可以使用各种拍摄模式来应对多种拍摄场景。

3. 惯性测量单元

SCube 配备了一台惯性测量单元(IMU),型号为 MTi‐300 2A8G4,该设备是一种小型、高性能的惯性测量单元,该 IMU 内置了三轴加速度计,用于测量物体在 3 个轴向上的加速度,该测量计具有 20g 的加速度测量范围。该 IMU 还包含三轴陀螺仪用于测量物体的角速度或旋转速率,该陀螺仪具有±450°/s 的测量范围。Xsens MTi‐300 2A8G4 广泛应用于各种领域,包括姿态测量、运动分析、虚拟现实、无人机和机器人导航等。

4. GNSS 板卡

GNSS 接收器型号为诺瓦泰 OEM 617D,它是一款高精度 GNSS(全球导航卫星系统)接收器,具有紧凑的尺寸,适用于空间有限的应用场景。OEM617D 具备双频双天线输入功能,可以利用 NovAtel CORRECT™ 技术的 RTK(实时动态定位)和 ALIGN(精确航向和相对定位)功能,并且可以同时跟踪 GPS L1/L2/L2C、GLONASS L1/L2、BeiDou3 B1/B2 和 Galileo E1/E5b 等多频卫星信号。该设备适用于地面车辆、船舶或飞机等系统,在静态和动态环境中提供 GNSS 航向和位置数据。

5. GNSS 天线

SCube 使用了一根华信测量天线,型号为 HX‐GPS500,GPS500 是一款涵盖 GPS、GLONASS、BDS 的三系统七频外置测量天线,满足目前测量设备多系统兼容的需求,具体频率范围为 GPS L1/L2、GLONASS L1/L2 和 BDS B1/B2/B3。该天线相位中心稳定,天线单元增益高,方向图波束宽,总增益前后比高,在复杂环境下也能快速锁定卫星稳定输出 GNSS 导航信号,可广泛应用于大地测绘、海洋测量、航道测量、疏浚测量、地震监测、桥梁变形监控、山体滑坡监测、码头自动作业等场合。

6. 4G DTU

4G DTU 使用的是驿唐的经典 4G DTU 产品——MD‐649。与传统的 GPRS DTU 相比,MD‐649 在 4G 网络下工作,具有高速数据传输能力。MD‐649 支持 LTE 4G Cat4(理论下行速率为 100 Mb/s,理论上行速率为 50 Mb/s)和

LTE 4G Cat1(理论下行速率为 5 Mb/s,理论上行速率为 1 Mb/s)网络,并兼容中国联通、中国移动和中国电信的 4G SIM 卡。该设备支持最多 3 个数据中心,可单独指定数据来源,并且该设备提供灵活的数据中心软件选择,其中包括 mServer 和其他厂家的数据中心软件。MD-649 使用工业级元件,能在恶劣环境下工作,温度范围为一40~85℃,因此可以广泛应用于物联网相关的各个行业,实现数据的远程透明传输。

6.3 ▶ SCube 组件

6.3.1 硬件组件

下面介绍 SCube 硬件层面的基本组成,SCube 的正面图、俯视图、侧面图分别如图 6-5、图 6-6、图 6-7 所示。全景相机的伸缩支架可以分别安装在左右两侧的两个固定位上,但未安装全景相机支架。这里需要注意:设备长时间工作时,Livox 激光雷达、速腾聚创激光雷达及其下方的金属板温度很高,使用者应谨防

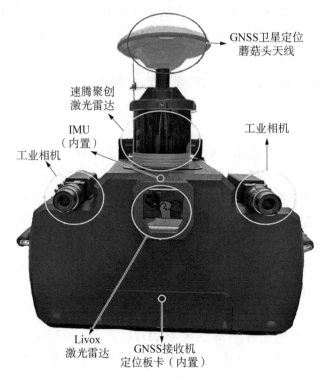

图 6-5 SCube 正面图

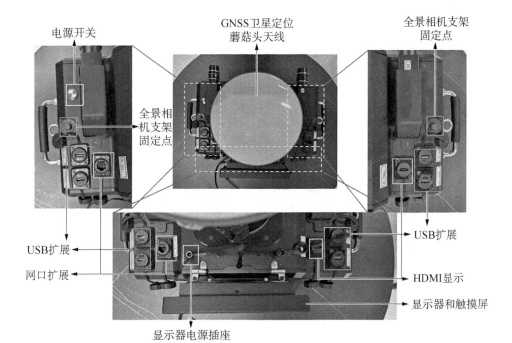

图 6-6 SCube 俯视图

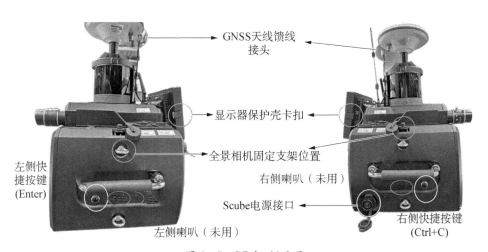

图 6-7 SCube 侧面图

烫伤。另外,USB 拓展接口存在供电能力不足的问题,如果从 SCube 中导出数据,最好使用固态移动硬盘,若使用机械移动硬盘可能供电不足使得硬盘无法正常工作。

6

若使用 SCube 上的显示器,记得要接通显示器电源。当不用 SCube 显示器时,最好拔下显示器电源,这样可以节约电量消耗、减少发热。此外,设备左右两侧各有一个快捷按键,分别充当 Enetr 和 Ctrl+C。

若要为 SCube 供电,则会用到如图 6-8 所示的配件:市电电源、电池、电源转换插头和延长线。

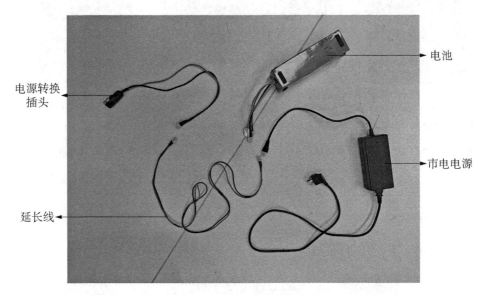

图 6-8　SCube 部分供电配件

其中,市电电源是最常用的。如果实验时有 220 V 交流电供应的条件,比如 SCube 静止调试、在百度 Apollo 小车上使用户外电源,建议优先使用市电电源;如果 SCube 需要比较大范围的移动,比如相机和 IMU 标定、手持 SCube 做数据采集,建议使用电池供电。一般将电池放在背包里,通过延长线接电源转换插头,最终接到 SCube 上。如果电池电量接近耗尽,电池内部保护板会直接停止电量输出,这可能导致 SCube 录制的数据损坏,使用时应注意这一点。

6.3.2　软件组件

目前 SCube 所有的功能均基于 ROS1 实现。如图 6-9 所示,对应的 ROS 工作空间在～/ROSws/SCube_ws 中。

编译工具使用 catkin build,而不是 catkin_make。catkin build 的使用方式与 catkin_make 的基本一致,下面列举两个常用的用法。

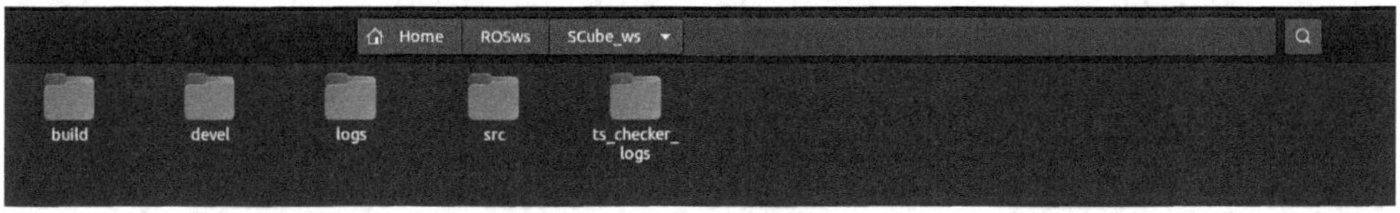

图 6 - 9　SCube 工作空间

1. 重新编译当前工作空间

1.　catkin build

运行结果如图 6 - 10 所示。

图 6 - 10　编译当前工作空间结果

2. 重新编译当前工作空间，并在编译之前清除以前编译的中间结果、强制重新编译

1.　catkin build --pre-clean

运行结果如图 6 - 11 所示。

图 6-11　重新编译当前工作空间并清除

3. 仅使用一个线程编译当前工作空间

```
1.  catkin build - j1
```

需要注意的是，SCube 的 Shell 使用的是 zsh 而不是 Ubuntu 默认的 bash，编译完成后需要按以下方式更新环境变量。

```
source devel/setup.zsh
```

接下来对工作空间下目录进行解释说明。

- build：保存配置和编译过程产生的中间文件；

- devel：保存编译后生成的目标文件；

- logs：保存 catkin build 工具在编译阶段生成的日志文件；

- src：保存所有功能包源码的文件夹；

- ts_checker_logs：时间戳检查功能包 SCubeTool_TimeStampLogger 产生的日志文件。

目前功能包如图 6-12 所示。其中，以 SCube 开头的都是已经完成开发和适配的功能包，如 SCubeDriver_Camera_HIKROBOT 为工业相机驱动功能包，SCubeDriver_Camera_RICOH 为全景相机驱动包，SCubeDriver_GNSSReceiver_

图 6-12 功能包展示

Novatel 为卫星定位板卡驱动包,SCubeDriver_IMU_Xsens 为 IMU 驱动包, SCubeDriver_LiDAR_Livox 为 Livox 激光雷达驱动包,SCubeDriver_LiDAR_ RoboSense 为速腾聚创激光雷达驱动包,SCubeDriver_LiDAR_Livox_R23Live 为速腾聚创激光雷达驱动包。根据 R2Live、R3Live 的要求做了适配, SCubeDriver_SynchronizationBoard_SLAMETC 为同步板驱动包,SCubeSync_ Message 为软同步需要依赖的消息类型定义包,SCubeSync_Monitor 为软同步协调器,同时提供运行 SCube 需要的 launch 文件,SCubeTool_Rslidar2Velodyne 为激光雷达格式转换器,将速腾聚创激光雷达格式转换成为 Velodyne 格式, SCubeTool_TimeStampLogger 为时间戳检查器。目前已经在~/. zshrc~中配置过相关环境变量,每次打开新的终端时会自动执行 source ~/ROSws/SCube_ ws/devel/setup. zsh,因此如果没有对工作空间进行重新编译,可以省略手动这一步骤。

6.4 ▶ SCube 操作

6.4.1 传感器节点启动

1. Launch 文件

若要标定任务,则主要使用 SCubeSync_Monitor。下面用 calib_为前缀的几个 launch 文件完成相关节点的启动。

(1) calib_cameras. launch:启动两台工业相机,适合标定单目相机内参以及两台工业相机组成的双目相机内外参。

(2) calib_imu. launch:启动 IMU,适合标定 IMU 本身参数。

(3) calib_cams_imu. launch:启动两台工业相机和 IMU,适合联合标定相机-IMU 外参。

(4) calib_cams_robosense_lidar. launch:启动速腾聚创激光雷达和两台工业相机,适合联合标定速腾聚创激光雷达和相机外参。注意:已打开速腾激光雷达数据转 Velodyne 数据的节点。

（5）calib_cams_livox_lidar. launch：启动 Livox 激光雷达和两台工业相机，适合联合标定 Livox 激光雷达和相机外参。特别说明：这里 Livox 激光雷达的数据格式已按照 R3Live 的要求做了适配。

若要测试开源算法，则主要使用 SCubeSync_Monitor。下面用 demo_ 为前缀的几个 launch 文件完成相关节点的启动。

（1）demo_gui. launch：GUI 展示。

（2）demo_normal. launch：测试 FAST - LIVO 算法，启动两台工业相机、IMU 和 Livox 激光雷达。

（3）demo_r3live. launch：测试 R3Live 算法，启动两台工业相机、IMU 和 Livox 激光雷达，数据格式为 R3Live 做过适配。

2. 启动

下面以 calib_cams_robosense_lidar. launch 为例展示如何启动。在终端输入以下代码后，等待终端完成各传感器节点的启动和软硬同步状态的初始化，如图 6 - 13 所示。

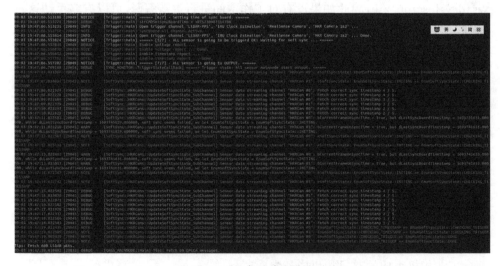

图 6 - 13　传感器节点的启动

```
1.  roslaunch gq_sync_monitor calib_cams_robosense_lidar.launch
```

等待相机和 IMU（本例中未用）同步状态切换到 EnumSoftSyncState：：Done 之后说明同步完成。

3. 软同步正确性检查

如果此时启动了任意一台激光雷达的传感器数据,那么需要进行软同步正确性检查。保持当前启动节点的终端不变,新开终端并执行代码 timestamp_check run. launch,终端会输出大量的传感器消息中时间戳的日志。此时需要检查相邻的激光雷达消息时间戳和相机消息时间戳,如果如图 6 - 14 所示,时间戳相差较大接近 1 s,则说明软同步存在问题,当前的数据不可用。

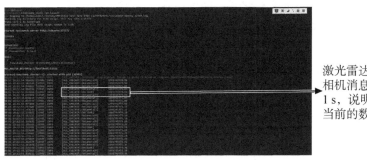

激光雷达消息和相邻的两帧相机消息,时间戳相差接近1 s,说明软同步存在问题,当前的数据不可用

图 6 - 14　时间戳相差较大*

此时需要终止所有启动的 launch 文件,然后重新启动,直到时间戳相差为 0.1~0.4 s,如图 6 - 15 所示,这样才说明当前的数据经过了正确的软硬同步,数据才是合格的,可以供下一步使用。

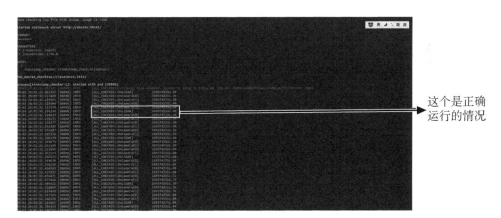

这个是正确运行的情况

图 6 - 15　时间戳相差处于正常状态*

6.4.2　传感器的话题和消息

所有传感器节点均启动时,发布的消息列表如图 6 - 16 所示。

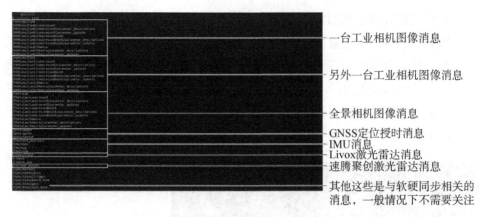

图 6-16　传感器的消息列表*

1. 相机消息

SCube 一共配置了 3 台相机,其中两台为工业相机、一台为全景相机,它们发布的消息有很多相似性。以 Cam0 为例,/HKRCams/Cam0 是所有 Cam0 图像消息共用的 topic 前缀,如果在此基础上无任何后缀,则表示原始图像;若有后缀,紧接着的 compressed、compressedDepth 和 theora 表示不同压缩算法压缩后的图像数据;若还有后缀,parameter_descriptions 和 parameter_updates 表示压缩算法使用的参数,下面总结如下。

(1) /HKRCams/Cam0:原始图像。

(2) /HKRCams/Cam0/compressed:标准压缩图像。

(3) /HKRCams/Cam0/compressed/parameter_descriptions:标准压缩图像对应的参数描述。

(4) /HKRCams/Cam0/compressed/parameter_updates:标准压缩图像中的参数更新。

(5) /HKRCams/Cam0/compressedDepth:针对深度图像,以 16 位色深操作的压缩图像。

(6) /HKRCams/Cam0/compressedDepth/parameter_descriptions:对应的参数描述。

(7) /HKRCams/Cam0/compressedDepth/parameter_updates:参数更新。

(8) /HKRCams/Cam0/theora:以视频流方式的压缩图像。

(9) /HKRCams/Cam0/theora/parameter_descriptions:对应的参数描述。

(10) /HKRCams/Cam0/theora/parameter_updates:参数更新。

对于目前的所有 3 个相机图像,compressedDepth 这个方法并不支持(都是 RGB888 格式的图像),切记不要订阅和录制此图像 topic,否则对应的节点将出现工作不稳定并产生大量报错的情况。一般来说,算法常用原始图像(如/HKRCams/Cam0)和标准压缩图像(如/HKRCams/Cam0/compressed)。如果要订阅压缩图像,需要同时订阅相关的参数描述和参数更新 topic,如对于标准压缩图像,需要同时订阅或录制下面一组话题 topic。

(1) -/HKRCams/Cam0/compressed。

(2) -/HKRCams/Cam0/compressed/parameter_descriptions。

(3) -/HKRCams/Cam0/compressed/parameter_updates。

对于工业相机,所有的消息频率为 25 Hz;全景相机由于无法受硬件同步和触发控制,消息频率为 30 Hz 左右。

2. 定位授时消息

定位授时消息共 3 条,所有消息的发布频率均为 1 Hz,分别如下。

(1) -/gnss/gpgga:定位结果,1 Hz,坐标系为 gnss。在 SCube 外的其他平台上读取和使用,需要安装 nmea_msgs 支持。

(2) -/gnss/gprmc:授时结果,1 Hz,坐标系为 gnss。在 SCube 外的其他平台上读取和使用,需要安装 nmea_msgs 支持。

(3) -/gnss/navsat:ROS 标准定位状态,1 Hz,坐标系为 gnss。

3. IMU 消息

以下 4 条 topic 中的消息均从 IMU 硬件中得出,分别如下。

(1) -/imu/data:加速度计、角速度计和传感器姿态数据,100 Hz,坐标系为 IMU。大部分算法需要使用这个 topic 中的数据。

(2) -/imu/mag:磁力计数据,100 Hz,坐标系为 IMU。

(3) -/imu/baro_pressure:气压计数据,50 Hz,坐标系为 IMU。

(4) -/imu/temp:IMU 设备温度数据,100 Hz,坐标系为 IMU。

4. 速腾聚创激光雷达数据

-/rslidar_points:sensor_msgs/PointCloud2 类型的点云数据消息,10 Hz,坐标系为 rslidar。

5. Livox 激光雷达数据

-/livox/lidar:根据启动的节点不同,数据类型可以为兼容 sensor_msgs/PointCloud2 格式,也可为 Livox 自定义的数据格式,或为 R3Live 适配后的格式。10 Hz,坐标系为 livox_frame。

6

6.4.3　传感器消息的录制

使用 rosbag record 工具进行传感器消息的录制。录制之前，需要切换到"～/data/当前日期"路径下，如这个文档的撰写时间是 2023 年 09 月 03 日，则当天录制数据的文件夹为～/data/230903。以录制压缩后的两台工业相机 0 的图像数据、IMU 数据和 Livox 激光雷达数据为例，需要执行的命令如下：

```
1.  cd ~ /data/230903
2.  rosbag record /HKRCams/Cam0/compressed /HKRCams/Cam0/compressed/parameter_
descriptions /HKRCams/Cam0/compressedDepth/parameter _ updates /imu/data /livox/
lidar - b 0 - o record_demo
```

其中，- b 0 表示使用所有可用内存做数据缓冲，这有助于规避因磁盘写入速度不足而导致数据丢失的风险。- o record_demo 表示为录制的 bag 文件的文件名增加前缀，这样最后录制、保存的 bag 文件名为"指定前缀＋下划线＋录制时间. bag"的格式，达到区分不同 bag 用途的目的。如上述例子中，bag 文件名就是 record_demo_2023 - 09 - 03 - 21 - 13 - 56. bag。

6.4.4　数据导出

导出的数据支持两种方式：USB 传输和网络传输。

1. USB 传输

可以通过将外部移动硬盘、U 盘等，将录制好的 bag 文件先转存到移动硬盘上，再另存到最终处理的计算机上。需要注意的是，SCube 拓展的 USB 接口供电能力有限，建议使用固态移动硬盘，如果使用机械移动硬盘，可能因为供电能力不足出现硬盘无法正常工作的情况。

另外需要格外关注的问题是，由于 bag 文件体积通常很大（近百吉字节），加上移动硬盘和操作系统的拷贝缓存机制，经常会出现虽然复制文件的进度条显示已完成，但数据仍旧在缓冲区传输中的情况，此时如果贸然拔掉硬盘，会导致拷贝的文件损坏。可以按照以下步骤中的方式确保文件传输完成。

（1）首先等待拷贝文件的进度条显示完成，然后单击移动硬盘的"取消挂载"按钮。

（2）此时 Ubuntu 的文件管理器会显示移动硬盘已经取消挂载（取消挂载按钮消失了），但是系统会出现一个提示，告知正在取消挂载文件系统，此时需要再单击一下移动硬盘的图标,尝试进行重新挂载,如图6-17所示。

出现一个"正在取消挂载文件系统"的系统提示

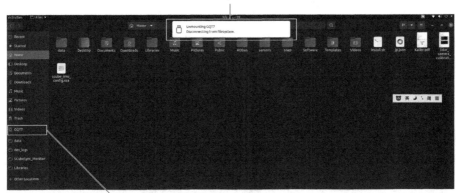

此时再单击一下这个移动硬盘的图标

图6-17　重新挂载操作说明*

(3) 由于上一步的"取消挂载"尚未完成(数据仍旧在从 SCube 计算机的缓冲区中传输到移动硬盘),"重新挂载"的命令将会在上一步的"取消挂载"命令完成之后执行,在此期间移动硬盘盘符右侧会有一个转动的圆圈,表示等待整个流程操作完毕,如图6-18所示。

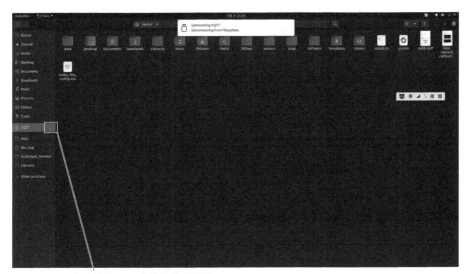

表示等待上一步操作执行完毕

图6-18　等待上一步操作*

6

（4）当所有流程执行完毕后，移动硬盘将重新挂载，如图 6 - 19 所示，此时说明之前的文件复制工作真正地全部完成。此时可以再次单击这个按钮取消移动硬盘系统的挂载，并且从 SCube 上拔出移动硬盘。

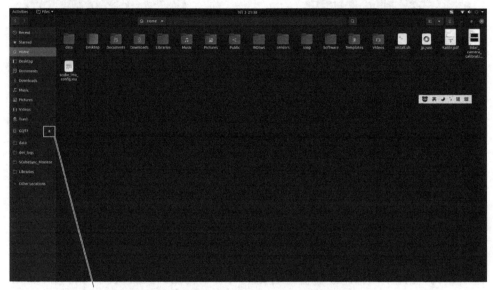

此时说明重新挂载成功，间接说明之前的文件真正地拷贝到了移动硬盘中。此时可以再次单击这个按钮取消移动硬盘文件系统的挂载，之后就可以从SCube上拔出移动硬盘了。

图 6 - 19　挂载成功*

2. 网络传输

非特殊情况下不建议使用网络传输。这种方式更适合做开发调试，而用于传输文件速度比较慢。网络传输前需要将自己的计算机与 SCube 通过网线连接。计算机需要设置为固定 IP，可以参考如图 6 - 20 所示的设置。

设置完成后可能需要重新插拔网线或重新关闭打开网口，设置才会生效。打开 ubuntu 的文件管理器，在"Other Locations"界面，右下角的"Connect to Server"中填入下列信息：sftp://192.168.1.102，如图 6 - 21 所示。

输入完成后按回车键，在弹出的对话框中输入 SCube 的用户名和密码，随后登录成功，此后便可以在 ubuntu 文件管理器中像日常操作文件一样复制 SCube 计算机中的文件，如图 6 - 22 所示。

图 6-20　固定 IP 设置

图 6-21　文件管理器

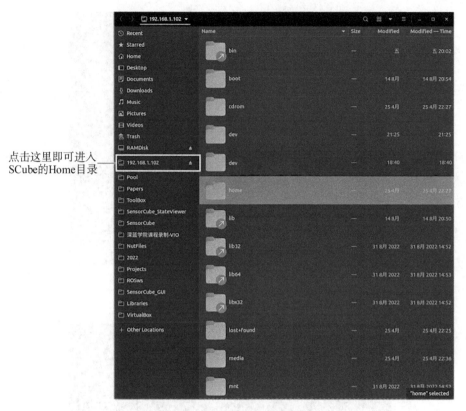

点击这里即可进入
SCube的Home目录

图 6 - 22　SCube 操作界面*

3. 文件一致性验证（可选）

验证复制出来的文件和 SCube 中的原始录制文件的一致性有两种检查方法。

（1）使用 rosbag info 查看复制后文件的信息，执行命令如下：

```
1.  rosbag info xxx.bag
```

通过对比两份文件的内容（文件大小、不同种类的消息数量等）从而确认文件是否一致，如图 6 - 23 所示。

（2）使用 md5sum 工具计算两份文件的指纹，执行命令如下：

```
1.  md5sum xxx.bag
```

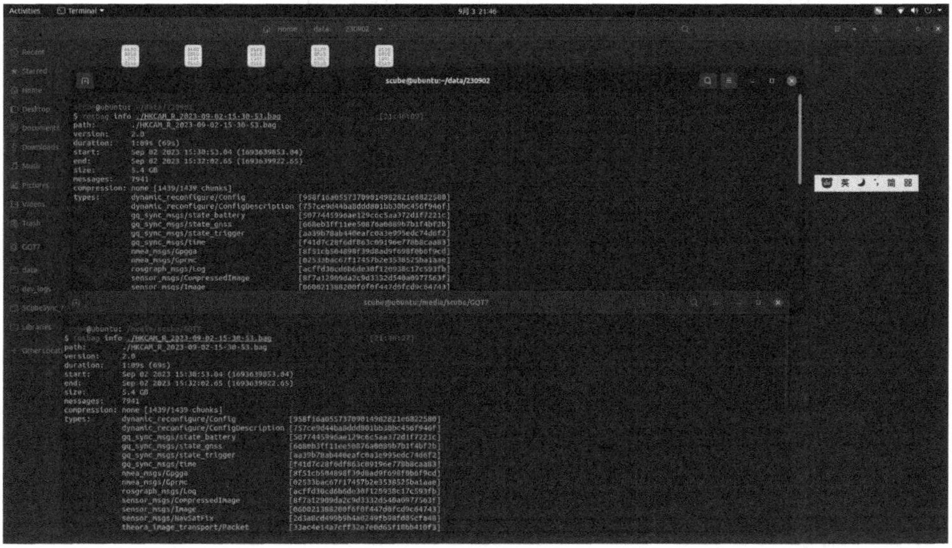

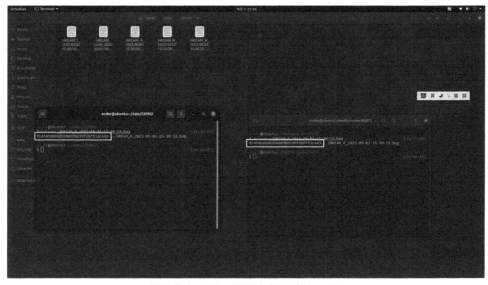

图 6-23　rosbag info 文件一致性验证*

通过比对指纹的内容是否一致，从而确认文件是否一致，如图 6-24 所示。

指纹完全一致，说明文件也完全一致，
文件拷贝过程中没有发生任何错误

图 6-24　md5sum 一致性验证*

除了使用 MD5 外，Sha1 Sha256 等算法工具均可用于相同目的。

本章小结

　　本章围绕多传感器融合感知导航系统 SCube，从 SCube 的配置、组件和操作三方面进行了介绍。其中 SCube 的组件包括硬件和软件组件；SCube 的操作包括传感器节点启动、话题和消息、消息的录制、数据导出等方面。

多源融合定位导航算法实践

7.1 ▸ 概述

多源融合定位导航算法实践通过综合利用多种传感器数据(如视觉、激光雷达、IMU等),实现对复杂环境的高精度定位和导航。该算法通过多模态数据融合、高精度定位和鲁棒导航等技术,增强系统在多变环境下的感知能力和鲁棒性。本章以 SCube 为例,详细开展多源融合定位导航算法的实践。

7.2 ▸ SCube 传感器标定

7.2.1 相机内参★

1. 环境配置

相机内参标定需要使用开源标定工具箱 Kalibr,安装流程可参考官方文档 https://github.com/ethz—asl/kalibr/wiki/installation。

2. 数据录制

```
1.   #  在终端中启动 scube launch 文件
2.   roslaunch gy_syinc_monitor calib_cams_imu.launch
3.   #  录制相机数据
4.   rosbag record /HKRCams/Cam0 - b 0 - o cam0 #  record cam0
5.   rosbag record /HKRCams/Cam0 - b 0 - o cam1 #  record cam1
```

---

① 本章带★号的小节另附参数标定演示视频、标定结果及参数文件,可扫描书封底二维码查看。

录制时需满足以下要求：

(1) 标定板(见图7-1)的位姿尽量丰富一些,让标签尽量均匀地分布在图像里。

图7-1 标定板

(2)遵循"一、四、九"宫格标定法,如图7-2～图7-4所示,在每个宫格里进行正视、上翻、下翻、左翻、右翻5种图像帧,如图7-5所示,内参标定中roll轴垂直于标定版平面,运动对相机内参影响不大,因此不需要在roll轴上翻转标定版。

标定板占满全屏,拍摄1组
标定时要保持相机本身不动,需要保存原始图像,不能用H.264/265压缩的视频

图7-2 一宫格标定示意图

用标定板拍4组照片
注意要覆盖4个角落,保证能看到标定板第二圈
标定时要保持相机本身不动,需要保存原始图像,不能用H.264/265压缩的视频

图7-3 四宫格标定示意图

用标定板拍9组照片
注意要覆盖4个角落，保证能看到标定板第二圈标定时要保持相机本身不动，需要保存原始图像，不能用H.264/265压缩的视频

图 7-4　九宫格标定示意图

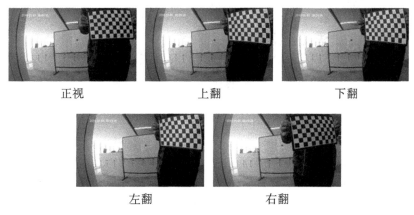

正视　　　　　　　上翻　　　　　　　下翻

左翻　　　　　　　右翻

图 7-5　翻转动作示意图

3. Kalibr 标定相机内参

标定流程可参考官方文档 https://github.com/ethz-asl/kalibr/wiki/multiple-camera-calibration。

（1）配置标定版参数文件。这里以 Aprilgrid 标定板为例，如图 7-6 所示，用户需要根据用到的标定板的实际情况进行相应的修改。其中，如图 7-7 所示，a 表示 Apriltag 的大小，即 tagSize；b 表示标签间的距离大小，通过 b/a 计算 tagSpacing。

```
# Aprilgrid
  target_type: 'aprilgrid'      #gridtype
  tagCols: 6                    #number of apriltags
  tagRows: 6                    #number of apriltags
  tagSize: 0.025                #size of apriltag, edge to edge [m]: a
  tagSpacing: 0.3               #ratio of space between tags to tagSize: b/a
                                #example: tagSize=2m, spacing=0.5m --> tagSpacing=0.25[-]
```

图 7-6　Aprilgrid 标定板参数文件 april_6x6. yaml

7

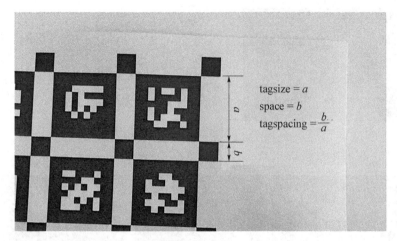

图 7 - 7　Aprilgrid 标定板参数示意图

（2）终端中运行 Kalibr 标定命令，如下：

```
1.   # 标定 Cam0
2.   rosrun kalibr kalibr_calibrate_cameras - - bag cam0.bag - - topics /
HKRCams/Cam0 - - models pinhole- radtan - - target april_6x6.yaml
3.   # 标定 Cam1
4.   rosrun kalibr kalibr_calibrate_cameras - - bag cam0.bag - - topics /
HKRCams/Cam1 - - models pinhole- radtan - - target april_6x6.yaml
```

4. 标定结果分析

Kalibr 计算完成后会输出 3 个文件，分别是 report-cam-％BAGNAME％.pdf、results-cam-％BAGNAME％.txt 和 camchain-％BAGNAME％.yaml。

report-cam-％BAGNAME％.pdf 文件为 PDF 版本的结果报告，包含绘制的图片和标定的参数，以及重投影误差（reprojection errors）以便分析标定结果。results-cam-％ BAGNAME％.txt 文件为以文本文件存储的标定结果。camchain-％BAGNAME％.yaml 文件为以 YAML 格式存储的标定结果，可以直接用来作为 IMU2camera 外部参数标定的输入。

评价标定质量需观察重投影误差，如图 7 - 8 所示，对于配备的分辨率为 1280×1024 的海康工业相机，重投影误差应当在 1 像素（pix）以内。另外，须观察标定版位姿分布情况，标定版应当均匀地分布在相机视野中，以尽量占满整个相机视野不留空白为佳。

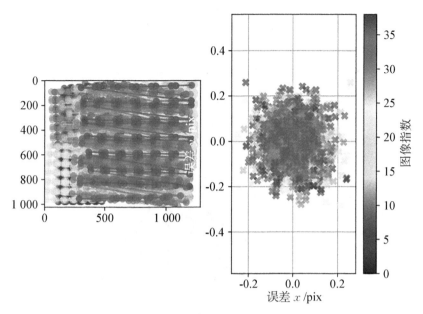

图 7 - 8　内部参数重投影误差示意

7.2.2　IMU 内参★

1. 环境配置

IMU 内参标定需要使用开源标定工具 imu_utils, 安装流程可参考其项目主页 https://github.com/gaowenliang/imu_utils。值得注意的是, imu_utils 的部署依赖 cmake、ceres、eigen、ros 等库, 需要将其预安装并编译。

2. 数据录制

在终端中启动 Scube launch 文件发布 IMU 数据, 启动命令为

```
1.  roslaunch gy_syinc_monitor calib_imu.launch
```

录制 IMU 数据, 数据录制时常需略大于 2 h, 录制时设备保持静止状态, 如图 7 - 9 所示。录制命令为

```
1.  rosbag record /imu/data - b 0 - o imu_static
```

7

图 7-9 SCube 在录制过程中保持平稳静止

3. imu_utils 标定 IMU 内参

1) 修改

修改 imu_utils 中 src 文件夹中的 launch 文件，launch 文件中的参数解释如下：

(1) imu_topic：表示录制的 IMU 话题。

(2) imu_name：IMU 设备名字。

(3) data_save_path：存放的目录，默认在 imu_utils/data 下。

(4) max_time_min：取数据的时长，默认为 120 min。

2) 发布

发布存储 IMU 话题 bag 中的数据，发布命令如下：

```
1.   rosbag play - r 200 imu_static.bag
```

3) 启动

启动 imu_utils 标定程序，启动命令如下：

```
1.   roslaunch imu_utils imu_calibrate.launch
```

其中，imu_calibrate. launch 文件示意如图 7-10 所示。

```
<launch>
    <node pkg="imu_utils" type="imu_an" name="imu_an" output="screen">
        <param name="imu_topic" type="string" value= "/imu/data"/>  # 改为包含imu数据的topic,
这里是/imu/data
        <param name="imu_name" type="string" value= "scube"/>
        <param name="data_save_path" type="string" value= "$(find imu_utils)/data/scube/"/>
# 自定义存储标定结果文件路径
        <param name="max_time_min" type="int" value= "120"/> # bag录制数据的最短时间, 需要大于这
个值, 一般情况下需要录制大于2h的数据
        <param name="max_cluster" type="int" value= "100"/>
    </node>
</launch>
```

图 7 - 10   imu_calibrate. launch 文件示意

4. 标定结果分析

输出结果为陀螺仪与加速度计的白噪声与偏置稳定性,参数说明如图 7 - 11 所示。

参数	YAML元素	符号	单位
陀螺仪白噪声	gyr_n	σ_g	$\dfrac{rad}{s}\dfrac{1}{\sqrt{Hz}}$
加速度计白噪声	acc_n	σ_a	$\dfrac{m}{s^2}\dfrac{1}{\sqrt{Hz}}$
陀螺仪偏置不稳定性	gyr_w	σ_{bg}	$\dfrac{rad}{s}\sqrt{Hz}$
加速度计偏置不稳定性	acc_w	σ_{ba}	$\dfrac{m}{s^2}\sqrt{Hz}$

图 7 - 11   输出文件参数说明

如图 7 - 12 所示的输出数据表明陀螺仪与加速度计的偏差变化较小,相对稳定。

```
type: IMU
name: scube
Gyr:
    unit: " rad/s "
    avg-axis:
        gyr_n: 1.1 031 923 309 933 035×10⁻²
        gyr_w: 6.4 570 812 978 652 695×10⁻²
    x-axis:
        gyr_n: 6.6 378 186 226 642 424×10⁻²
        gyr_w: 4.2 300 575 019 647 184×10⁻²
    y-axis:
        gyr_n: 1.1 868 344 103 285 605×10⁻²
        gyr_w: 6.1 787 841 487 566 758×10⁻²
```

```
        z-axis:
            gyr_n: 1.4 589 607 203 849 256 ×10⁻²
            gyr_w: 1.4 523 307 976 755 423 ×10⁻²
    Acc:
        unit: " m/s^2 "
        avg-axis:
            acc_n: 5.7 991 979 748 876 488 ×10⁻²
            acc_w: 2.5 995 227 062 557 465 ×10⁻²
        x-axis:
            acc_n: 7.8 398 805 986 735 362 ×10⁻²
            acc_w: 5.4 900 709 845 768 112 ×10⁻²
        y-axis:
            acc_n: 7.4 523 776 664 505 492 ×10⁻²
            acc_w: 1.6 669 283 239 268 248 ×10⁻²
        z-axis:
            acc_n: 2.1 053 356 595 388 581 ×10⁻²
            acc_w: 6.4 156 881 026 360 320 ×10⁻²
```

图 7-12　输出文件示例

7.2.3　IMU 与相机外参★

1. 环境配置
IMU 和相机外参的标定同样需要使用开源标定工具箱 Kalibr。

2. 数据录制
1）启动

在终端中启动 Scube launch 文件,发布 IMU 及相机数据,启动命令如下:

```
1.    roslaunch gy_syinc_monitor calib_cams_imu.launch
```

2）录制数据

录制 IMU 和相机数据,录制命令如下:

```
1.  #  cam0 + imu
2.  rosbag record /imu/data /HKRCams/Cam0 - b 0 - o T_imu_cam0
3.  #  cam1 + imu
4.  rosbag record /imu/data /HKRCams/Cam1 - b 0 - o T_imu_cam1
```

3）录制注意事项

（1）标定板表面平整,保证每个格子大小完整且清晰可见,令标定版静止不动。

（2）IMU 运动过程中视觉保证被标定的相机视野中的标定板尽量清晰完整，不要移动太快，避免出现运动模糊，运动尽量保持平滑。

（3）运动过程中，在保证视觉的前提下令 IMU 的各个轴尽量充分激励，动作参考视频 https://m. youtube. com/watch? v＝puNXsnrYWTY，具体如下：①保持标定板在相机视野中，设备沿着 pitch 轴来回旋转 3 次，需要保证旋转的过程缓慢、平滑、图像中不要出现模糊，设备沿着 yaw 轴来回旋转 3 次，设备沿着 roll 轴来回旋转 3 次。②接下来标定加表，这个过程不需要保持标定物在相机视野中。设备沿着上下轴来回平滑运动 3 次，设备沿着左右轴来回运动 3 次，设备沿着相对标定板的前后轴来回运动 3 次。③接下来需要保持标定物在相机视野中，并且设备做平滑的随机平移和旋转运动。

3. IMU 和相机外参标定

1）准备配置文件

（1）标定版配置文件：april_6x6_max. yaml，见 5.4.1 节。

（2）IMU 内参文件：imu. yaml，需要将 IMU 内参标定后得到的 yaml 文件修改为适配 Kalibr 读入的格式。原文件格式和修改后文件格式如图 7－13 和图 7－14 所示。

```
%YAML:1.0
---
type: IMU
name: scube
Gyr:
  unit: " rad/s"
  avg-axis:
    gyr_n: 1.1031923309933035e-02 # gyroscope_noise_density
    gyr_w: 6.4570812978652695e-04 # gyroscope_random_walk
  x-axis:
    gyr_n: 6.6378186226642424e-03
    gyr_w: 4.2300575019647184e-04
  y-axis:
    gyr_n: 1.1868344103285605e-02
    gyr_w: 6.1787841487566758e-05
  z-axis:
    gyr_n: 1.4589607203849256e-02
    gyr_w: 1.4523307976755423e-03
Acc:
  unit: " m/s^2"
  avg-axis:
    acc_n: 5.7991979748876488e-02 # accelerometer_noise_density
    acc_w: 2.5995227062557465e-03 # accelerometer_random_walk
  x-axis:
    acc_n: 7.8398805986735362e-02
    acc_w: 5.4900709845768112e-03
  y-axis:
    acc_n: 7.4523776664505492e-02
    acc_w: 1.6669283239268248e-03
  z-axis:
    acc_n: 2.1053356595388581e-02
    acc_w: 6.4156881026360320e-04
```

图 7－13　原文件格式

```
#Accelerometers
accelerometer_noise_density: 5.7991979748876488e-02   #Noise density
(continuous-time)
accelerometer_random_walk:   2.5995227062557465e-03   #Bias random walk

#Gyroscopes
gyroscope_noise_density:     1.1031923309933035e-02   #Noise density
(continuous-time)
gyroscope_random_walk:       6.4570812978652695e-04   #Bias random walk

rostopic:                    /imu/data       #the IMU ROS topic
update_rate:                 100.0           #Hz (for discretization of the
values above)
```

图 7 - 14   修改后文件格式：imu. yaml

(3) 相机内参文件：cam0. yaml(cam1. yaml 同理)由单目相机的内参标定得到，如图 7 - 15 所示。

```
cam0:
  cam_overlaps: []
  camera_model: pinhole
  distortion_coeffs:
  - -0.02338635168884257
  - 0.37455961817723343
  - -0.0007675889251621896
  - -0.0005810477561974239
  distortion_model: radtan
  intrinsics:
  - 2586.5569519619803
  - 2585.6029500453014
  - 631.4045682111582
  - 491.0535975517554
  resolution:
  - 1280
  - 1024
  rostopic: /HKRCams/Cam0
```

图 7 - 15   相机内参文件 cam0. yaml 示例

2）运行命令

在存放配置文件及录制 bag 的文件夹路径下打开终端，并运行以下命令

```
    1.   rosrun kalibr kalibr_calibrate_imu_camera - - target april_6x6_max.
yaml - - cam [cam0|cam1].yaml - - imu imu.yaml - - bag [cam0|cam1].bag - - bag-
from- to t_start t_end
```

需要注意 bag-from-to 参数，目的是截取 bag 中的读入部分，需要将开始和结束时的无效数据排除计算范围提高精度。

4. 标定结果分析

Kalibr 计算结束后会输出 3 个文件，分别为 results-imucam-％BAGNAME％. txt（结果摘要的文本文件）、camchain-imucam-％ BAGNAME％. yaml、report-imucam-％BAGNAME％. pdf。

以 IMU 到 cam0 为例，txt 文本文件中的结果参数解释与分析如下。

1）标定结果

归一化残差 normalized residuals 计算如图 7 - 16 所示，残差 residuals 计算如图 7 - 17 所示，变换矩阵 transformation（cam0）计算如图 7 - 18 所示，timeshift 为相机和 IMU 时间戳之间的时间间隔，gravity vector in target coords 为重力向量。

```
# 归一化残差
Normalized Residuals
----------------------------
# 重投影误差
Reprojection error (cam0):     mean 0.11966976791916094, median
0.0901291812317518, std: 0.1208643016027344
# 陀螺仪误差
Gyroscope error (imu0):        mean 0.04018531786564876, median
0.029105365289895362, std: 0.0349251356186605
# 加速度计误差
Accelerometer error (imu0):    mean 0.052570916415376444, median
0.03610760951432328, std: 0.04635575966968814
```

图 7 - 16　归一化残差计算

```
# 残差
Residuals
----------------------------
# 重投影误差
Reprojection error (cam0) [px]:    mean 0.11966976791916094, median
0.0901291812317518, std: 0.1208643016027344
# 陀螺仪误差
Gyroscope error (imu0) [rad/s]:    mean 0.004433213448791191, median
0.0032108815778571246, std: 0.0038529141773407326
# 加速度计误差
Accelerometer error (imu0) [m/s^2]: mean 0.03048691520140389, median
0.020939517597349754, std: 0.026882622760083397
```

图 7 - 17　残差计算

```
# 变换矩阵
Transformation (cam0):
-----------------------
T_ci:  (imu0 to cam0):
[[-0.00742131 -0.99997227  0.0006199   0.04905044]
 [-0.01581759 -0.00050245 -0.99987477 -0.01057806]
 [ 0.99984735 -0.00743018 -0.01581342 -0.03043241]
 [ 0.         0.         0.         1.        ]]


T_ic:  (cam0 to imu0):
[[-0.00742131 -0.01581759  0.99984735  0.03062446]
 [-0.99997227 -0.00050245 -0.00743018  0.04881765]
 [ 0.0006199  -0.99987477 -0.01581342 -0.01108838]
 [ 0.         0.         0.         1.        ]]
```

图 7 - 18　变换矩阵计算

2）标定配置参数

cam0 参数计算如图 7 - 19 所示，IMU 配置参数计算如图 7 - 20 所示，yaml 配置文件中的参数解释如图 7 - 21 所示。

```
cam0
-----
  # 相机模型
  Camera model: pinhole
  # 焦距
  Focal length: [2586.5569519619803, 2585.6029500453014]
  # 主点
  Principal point: [631.4045682111582, 491.0535975517554]
  # 畸变模型
  Distortion model: radtan
  # 畸变系数
  Distortion coefficients: [-0.02338635168884257, 0.37455961817723343,
-0.0007675889251621896, -0.0005810477561974239]
  Type: aprilgrid
  Tags:
    Rows: 6
    Cols: 6
    Size: 0.025 [m]
    Spacing 0.0075 [m]
```

图 7 - 19　cam0 计算

```
IMU0:

  ----------------------------
  Model: calibrated
  Update rate: 100.0
  # 加速度计
  Accelerometer:
    # 噪声密度
    Noise density: 0.05799197974887649
    # 噪声密度（离散）
    Noise density (discrete): 0.5799197974887649
    # 随机游走
    Random walk: 0.0025995227062557465
  # 陀螺仪
  Gyroscope:
    # 噪声密度
    Noise density: 0.011031923309933035
    # 噪声密度（离散）
    Noise density (discrete): 0.11031923309933034
    # 随机游走
    Random walk: 0.000645708129786527
  T_ib (imu0 to imu0)
    [[1. 0. 0. 0.]
     [0. 1. 0. 0.]
     [0. 0. 1. 0.]
     [0. 0. 0. 1.]]
  time offset with respect to IMU0: 0.0 [s]
```

图 7 - 20　IMU 配置参数计算

```
cam0:
 # 从IMU到相机坐标的转换
 T_cam_imu:
 - [-0.007421306064226252, -0.9999722695865316, 0.0006198985885639274,
0.04905044475008289]
 - [-0.015817586722059573, -0.0005024477381876946, -0.9998747679067408,
-0.010578055600220211]
 - [0.9998473524326548, -0.007430181978216599, -0.01581341927539326,
-0.030432411258312343]
 - [0.0, 0.0, 0.0, 1.0]
 # 与该相机看到相同画面的相机id
 cam_overlaps: []
 # 相机投影类型 (针孔/全向)
 camera_model: pinhole
 # 畸变参数向量
 distortion_coeffs: [-0.02338635168884257, 0.37455961817723343,
-0.0007675889251621896, -0.0005810477561974239]
 # 镜头畸变类型 (radtan / equidistant)
 distortion_model: radtan
 # 包含给定投影类型的内部参数的向量。要素如下:
 # pinhole: [fu fv pu pv]
 # omni: [xi fu fv pu pv]
 # ds: [xi alpha fu fv pu pv]
 # eucm: [alpha beta fu fv pu pv]
 intrinsics: [2586.5569519619803, 2585.6029500453014, 631.4045682111582,
491.0535975517554]
 # 相机分辨率
 resolution: [1280, 1024]
 # 摄像机图像流的主题
 rostopic: /HKRCams/Cam0
 # 相机和IMU时间戳之间的时间间隔,以秒为单位 (t_imu = t_cam + shift)
 timeshift_cam_imu: -0.01935437613412583
```

图7-21　yaml配置文件中的参数解释

3) PDF 文件

PDF 文件可以衡量标定结果的准确性。

（1）IMU 采样率。图 7-22 中的 IMU 时间戳出现问题，IMU 每隔 6 ms 会以 1 ms 的速率传送结果。图 7-23 中的 IMU 没有时间戳问题，每次读取间有固定的 10 ms 间隔。

（2）加速度计/陀螺仪。加速度计/陀螺仪的误差范围保证误差结果符合 3σ 准则，如图 7-24 的误差范围在虚线内。加速度计/陀螺仪偏差范围保证误差结果符合 3σ 准则，如图 7-25 的误差范围在虚线内。

（3）相机重投影误差。在良好情况下重投影误差应当在 1.5 个像素内，如图 7-26 所示。

7

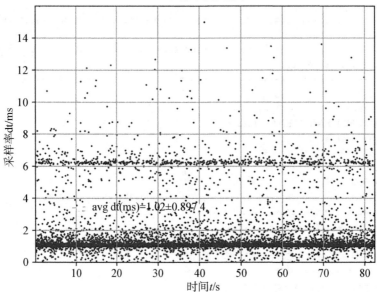

图 7-22 错误的 IMU 时间戳

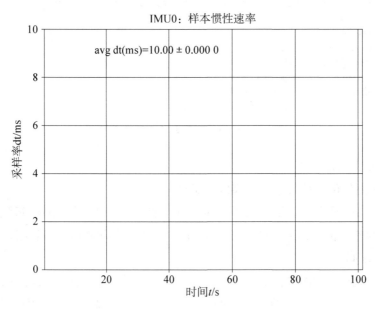

图 7-23 正确的 IMU 时间戳

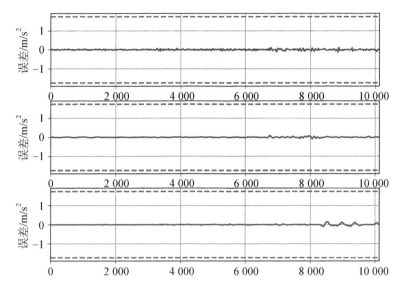

图 7-24 加速度计误差示意

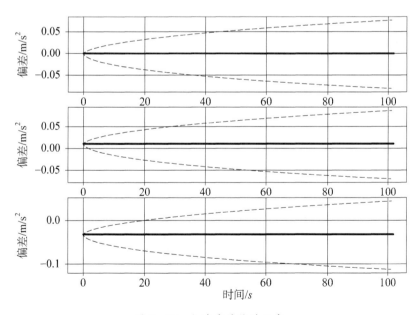

图 7-25 加速度计偏差示意

7

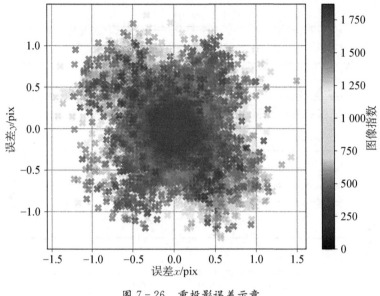

图 7 - 26　重投影误差示意

7.2.4　相机与速腾聚创激光雷达的外参★

采用 3D - 3D 点的对应关系来标定相机和 32 线速腾聚创激光雷达的外参。

1. 标定板制作

首先需要打印两个 ArUco 二维码(二维码在线生成链接：https://chev. me/ arucogen/)，下面举例说明，以 ArUco 二维码 ID 为 26 和 582 为例，如图 7 - 27 所示。

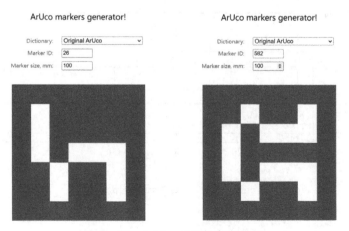

图 7 - 27　ArUco 二维码在线生成

接着需要裁剪两个硬纸板（正方形或长方形），按照图 7－28 所示分别将两个二维码贴在硬板纸的角上，然后将其悬挂起来。

图 7－28　标定板悬挂示例

在标定过程中两块标定板需要悬空且静置，并且为了保证标定结果的准确性，可以在标定板后方放置白色的背景板，去除噪点。

2. 环境配置

执行如下命令进行环境的配置：

```
1.   sudo apt- get install - y python- catkin- tools python- catkin- pkg python-
rosdep python- wstool ros- melodic- cv- bridge ros- melodic- image- transport
2.   sudo apt- get install - y ros - melodic - nodelet- core ros - melodic -
ddynamic- reconfigure
3.   sudo apt- get install - y ros- melodic- velodyne- pointcloud
4.
5.   # 进入工作空间
6.   cd ~ /catkin_ws/src
7.   git clone https://github.com/ankitdhall/lidar_camera_calibration? spm=
wolai.workspace.0.0.3c8b385dw3xy5c
8.
9.   # 移动依赖项
10.  mv lidar_camera_calibration/dependencies/aruco_ros aruco_ros
11.  mv lidar_camera_calibration/dependencies/aruco_mapping aruco_mapping
12.
13.  # 切换分支
```

7

```
14.   cd lidar_camera_calibration
15.   git checkout melodic
16.
17.   # 编译
18.   cd ../..
19.   rosdep install - - from- paths src - - ignore- src - r - y
20.   catkin_make - DCATKIN_WHITELIST_PACKAGES= "aruco;aruco_ros;aruco_msgs"
21.   catkin_make - DCATKIN_WHITELIST_PACKAGES= "aruco_mapping;lidar_camera_
calibration"
22.   catkin_make - DCATKIN_WHITELIST_PACKAGES= " "
```

3. 配置文件修改

（1）修改文件 lidar_camera_calibration/launch/find_transform. launch 的相机话题以及相机内参文件路径，执行如下命令：

```
1.   < ? xml version= "1.0"? >
2.   < launch>
3.     < ! - - < param name= "/use_sim_time" value= "true"/> - - >
4.
5.
6.     < ! - - ArUco mapping - - >
7.     < node pkg= "aruco_mapping" type= "aruco_mapping" name= "aruco_mapping"
output= "screen">
8.       < remap from= "/HKRCams/Cam0" to= "/frontNear/left/image_raw"/>
9.
10.      < param name= "calibration_file" type= "string" value= "/home/wll/
ROS_ws/lidar_camera_calibration_ws/src/aruco_mapping/data/geniusF100.ini" />
     # 根据之前 kalibr 标定的相机内参,修改文件数据（注意 cam0 cam1 的内参文件不同）
11.      < param name= "num_of_markers" type= "int" value= "2" />
12.      < param name= "marker_size" type= "double" value= "0.32"/>    # 两个
标定板不一样大,这里需要通过程序手动调
13.      < param name= "space_type" type= "string" value= "plane" />
14.      < param name= "roi_allowed" type= "bool" value= "false" />
15.
16.
17.    < /node>
18.
19.
20.      < rosparam command = " load" file = "/home/wll/ROS _ws/lidar _ camera _
```

```
calibration_ws/src/lidar_camera_calibration/conf/lidar_camera_calibration.
yaml" />
    21.    < node pkg= "lidar_camera_calibration" type= "find_transform" name=
"find_transform" output= "screen">
    22.    < /node>
    23.    < /launch>
```

（2）修改文件 lidar_camera_calibration/conf/config_file. txt，对内参进行设置如下：

```
    1.  1280 720                          // 图像分辨率  width  height
    2.
    3.  //用不同的标准过滤点
    4.  //x- 和 x+ ,y- 和 y+ ,z- 和 z+    用来过滤点云中不需要的点,做了一个空间上的
限制
    5.  //过滤后的点包括：  x in [ x- , x+ ] , y in [ y- , y+ ] , z in [ z- , z+ ]
    6.  - 2.5 2.5                        // x-  x+
    7.  - 4.0 4.0                        // y-  y+
    8.  0.0 1.7                          // z-  z+
    9.  //过滤强度低于指定值的点,运行良好的默认值是 0.05。在标记时,如果纸板边缘似
乎有缺失/较少的点,调整此值可能会有所帮助。
    10. 0.0004                           // cloud_intensity_threshold
    11. 2                                // number_of_markers
    12. 0                                // use_camera_info_topic? bool 值
    13.
    14. 611.651245 0.0 642.388357 0.0    // fx 0 cx 0
    15. 0.0 688.443726 365.971718 0.0    // 0 fy cy 0
    16. 0.0 0.0 1.0 0.0                  // 0 0 1 0
    17.
    18. 100                             // MAX_ITERS   最大迭代轮次
    19. //在使用时,第一次迭代需要用户手动标记,标记只在最初完成,用户画的四边形需要
足够大,这样可使得即使标定板微小移动,边缘点仍在四边形内
    20.  1.57 3.14 0                    //initial_rot_x（roll）initial_rot_y（pitch）
initial_rot_z（yaw）
    21.                                 //指定激光雷达相对于相机的初始方向,以弧度为单位
    22. 0 0 0
    23. 0                              //用于指定激光雷达类型。0 对于 Velodyne；1 适用于
Hesai-Pandar40P
```

7

（3）修改文件 lidar_camera_calibration/conf/marker_coordinates. txt 如下：

```
1.  2          //当前正在使用的 ArUco 标定板的数量
2.  //第一个 ArUco 标定板的 5 个参数（这里的测量单位为 cm）
3.  46.7       //s1
4.  46.1       //s2
5.  2.6        //b1
6.  0.75       //b2
7.  27.65      //e
8.  //第二个 ArUco 标定板的 5 个参数
9.  45.6       //s1
10. 45.9       //s2
11. 1.4        //b1
12. 1.1        //b2
13. 26.9       //e
```

ArUco 标定板的 5 个参数分别为 $s1$、$s2$、$b1$、$b2$、e，分别定义如下：$s1$ 为标定纸板的长度；$s2$ 为标定纸板的宽度；$b1$ 为 ArUco 二维码边缘距离纸板长边的距离；$b2$ 为 ArUco 二维码边缘距离纸板宽边的距离；e 为 ArUco 二维码的长度，如图 7 - 29 所示。

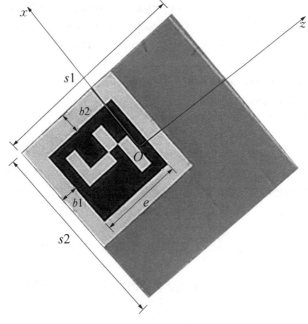

图 7 - 29　标定板参数示意

（4）修改文件 lidar_camera_calibration/conf/lidar_camera_calibration. yaml 话题名称如下：

```
1.  lidar_camera_calibration:
2.     camera_frame_topic: /HKRCam/cam0       # 图片 topic /HKRCam/cam0
3.     # camera_info_topic: /frontNear/left/camera_info      # 相机内参的 topic，
需要先标定相机内参，再在驱动力或单独写一个 ros 节点发布
4.     velodyne_topic: /velodyne_points                    # 点云需要 rs 转 vlp
```

（5）修改文件 preprocessutils. h 中雷达线数如下：

```
1.  std::vector < std::vector< myPointXYZRID * > >  rings(32);
```

4. 代码运行

执行如下命令：

```
1.  roslaunch gq_sync_monitor
2.  roslaunch calib_cams_robosense_lidar.launch
3.  roslaunch lidar_camera_calibration find_transform.launch
```

执行后弹出 3 个标定窗口，分别为 cloud、polygon、Mono8 窗口，如图 7 - 30 所示。

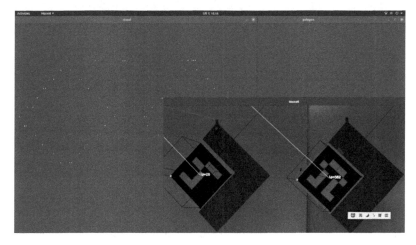

图 7 - 30　标定窗口*

7

在 cloud 窗口中勾选矩形的边,按照顺时针的方向用四边形框住矩形标定板的边,每选择一个点,就用鼠标在屏幕上单击,然后任意按一个按键进行确认,选完第一个矩形标定框的第一个边之后,在 polygon 上就会出现勾选的四边框,如图 7 - 31 所示。

图 7 - 31　勾选过程*

依次勾选 8 条边(两个标定板),会出现如图 7 - 32 所示的界面。

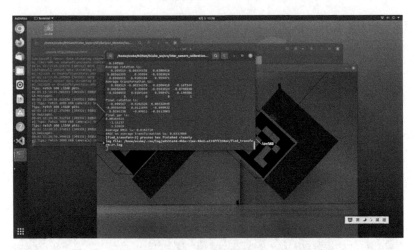

图 7 - 32　勾选完成界面*

此时系统在不断迭代计算相机与激光雷达框架之间的刚体变换,最终会输出迭代 100 次后的结果:

```
1.   After 100 iterations
2.   ------------------------------------------------------------
   ----
3.   Average translation is:
4.   - 0.167344
5.   - 0.0740938
6.   - 0.140586
7.   Average rotation is:
8.      0.999519 - 0.00334378    0.0308418
9.   0.00366309     0.99994  - 0.0103024
10.   - 0.0308055   0.0104104     0.999471
11. Average transformation is:
12.    0.999519 - 0.00334378   0.0308418  - 0.167344
13.  0.00366309     0.99994  - 0.0103024  - 0.0740938
14.  - 0.0308055   0.0104104     0.999471  - 0.140586
15.          0          0          0           1
16. Final rotation is:
17.   - 0.999567  - 0.0292526  0.00332049
18. - 0.00364668   0.0111044  - 0.999932
19.    0.0292138    - 0.99951  - 0.0112063
20. Final ypr is:
21. 0.00364824
22.    - 3.11237
23.    1.55959
24. Average RMSE is: 0.0162758
25. RMSE on average transformation is: 0.0337086
```

5. 结果分析

最终会在 lidar_camera_calibration/conf/目录下输出文件 point.txt 和 transform.txt,本节以 point.txt 为例进行说明。

```
1.   8
2.   - 0.380133 - 0.377095 3.34145
3.   - 0.0665937 - 0.0692625 3.27764
4.   - 0.384522 0.262186 3.32314
5.   - 0.689901 - 0.0642251 3.40049
6.   0.394599 - 0.377376 3.24578
7.   0.706425 - 0.0600556 3.16044
```

8. 0.438943 0.273873 3.26868

9. 0.095517 - 0.0410693 3.3045

10. - 0.450792 - 0.507959 3.20276

11. - 0.130287 - 0.184253 3.13196

12. - 0.452586 0.148173 3.19283

13. - 0.773091 - 0.175533 3.26363

14. 0.316599 - 0.49035 3.0795

15. 0.643733 - 0.177772 3.0023

16. 0.341682 0.156149 3.07439

17. 0.014548 - 0.156429 3.15159

其中,第一行的 8 为角点的个数,每个相机有 4 个角点;第 2～5 行表示第 1 块 ArUco 标定板在雷达坐标系下的三维坐标;第 6～9 行表示第 2 块 ArUco 标定板在雷达坐标系下的三维坐标;第 10～13 行表示第 1 块 ArUco 标定板在相机坐标系下的三维坐标;第 14～17 行表示第 2 块 ArUco 标定板在相机坐标系下的三维坐标。

此外,为了证明外参标定的合理性,可以进行如下验证。

(1) 在同一个位置上,两个相机的 RMSE 和变换矩阵数值相似,如图 7 - 33 所示。

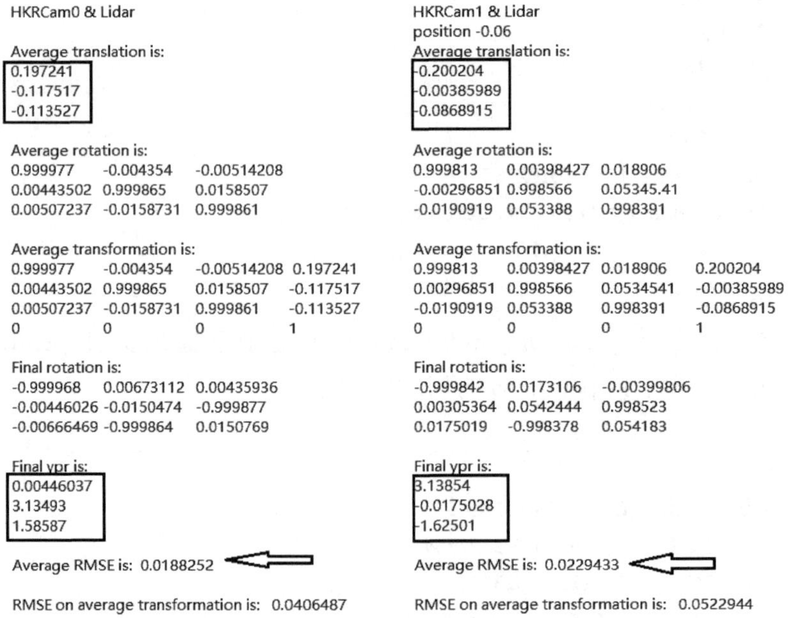

图 7 - 33　标定结果合理性说明

（2）标定误差 RMSE 与 SCube 所在位置有关,关于 SCube 和标定板的相关位置为当 SCube 的一个相机正对标定板时,RMSE 误差较小。

7.2.5　相机与 Livox 激光雷达的外参★

1. 数据准备

利用设备录制一组包含 Livox 和 Camera 数据的 rosbag 文件。录制的对象选择包含丰富纹理信息的物体,如立柱、标定板等。录制时,保持设备相对位置、整体设备不动,时长 1 min 左右。

2. 数据提取

在录制完一组 rosbag 文件之后,需要提取图片与 Livox 录制的点云文件,这一步主要利用脚本 pcd_merge. py 来完成。

1）修改变量名

（1）修改脚本中的变量 bag_filename,改为第一步中录制的 rosbag 包路径。

（2）修改变量 output_pcd_filename,改为 pcd 文件存储的路径(假设这里 pcd 文件路径为". /1. pcd")。

（3）修改 image_save_directory,改为图片保存的目录(这里可以修改 image_filename 为图片的名字,这里假设为". /1. png")。

2）运行脚本

稍等一段时间,可以在指定路径下得到 pcd 文件和图片。其中,pcd 文件查看方式可以用以下命令:

```
1.  pcl_viewer 1.pcd
```

3. 编译标定代码

按照 https://github. com/hku－mars/livox_camera_calib 中的指示,编译标定代码。

4. 标定

按以下步骤进行标定。

（1）将图片和雷达数据复制到工作区下,这里假设数据复制到"～/catkin_ws/src/ livox_camera_calib/data"下。

（2）修改配置文件"～/catkin_ws/src/ livox_camera_calib/config/calib. yaml":①设置 image_file、pcd_file 为步骤(1)中的图片路径与雷达数据路径,设

置 result_file 为标定结果路径(标定结果为 txt 文件);②设置相机内参与畸变参数;③设置 calb_config_file 路径,指向正确的 config_indoor. yaml。

(3) 修改配置文件"~/catkin_ws/src/ livox_camera_calib/config/config_indoor. yaml":①修改初始外参矩阵 ExtrinsicMat 下的 data 为 Livox 和相机之间的大致位姿变换(可以默认不变);②其他参数默认保持不变,可以根据自己需求自行修改。

(4) 执行如下命令:

```
1.   roslaunch livox_camera_calib calib.launch
```

(5) 当命令行中出现"push enter to publish again"时,表明标定结束,可以关闭程序。

(6) 最后,在第(2)步①中设置 result_file 目录下获得 Livox 与相机的标定结果。

7.3 ▶ 多源融合定位导航算法部署

7.3.1　FAST‐LIO算法

本章将介绍如何使用 docker 运行 FAST‐LIO。在开始之前,请确保你的计算机已经安装了以下软件:①docker;②ROS;③rspoint2velodyne 格式转换工具。

1. 镜像制作

```
1.   git clone git@ github.com:GoldenUpwinds/Scube_fast_lio.git
2.   cd Scube_fast_lio
3.   cmhod + x build_image.sh
4.   ./build_image.sh
```

2. 运行容器

```
1.   chmod + x run.sh
2.   ./run.sh
3.   cd /ROS_WS
4.   source ./devel/setup.bash
5.   #  在容器中修改 fast‐lio 的 roslaunch 文件
```

```
6.  vim ./src/FAST_LIO/mapping_velodyne.launch # 删除 rviz 部分
```

修改后文件为

```
1.  < launch>
2.    < ! - - Launch file for velodyne16 VLP- 16 LiDAR - - >
3.
4.      < rosparam command= "load" file= "$ (find fast_lio)/config/velodyne.
yaml" />
5.
6.      < param name= "feature_extract_enable" type= "bool" value= "0"/>
7.      < param name= "point_filter_num" type= "int" value= "4"/>
8.      < param name= "max_iteration" type= "int" value= "3" />
9.      < param name= "filter_size_surf" type= "double" value= "0.5" />
10.     < param name= "filter_size_map" type= "double" value= "0.5" />
11.     < param name= "cube_side_length" type= "double" value= "1000" />
12.     < param name= "runtime_pos_log_enable" type= "bool" value= "0" />
13.     < node pkg= "fast_lio" type= "fastlio_mapping" name= "laserMapping"
output= "screen" />
14.
15. < /launch>
```

3. 运行 FAST‑LIO

请按顺序执行,不同终端序号代表需要开启多个不同的终端,将运行容器的终端记为终端 2。

终端 1(roscore)执行命令:

```
1.  roscore
```

终端 2(容器内)执行命令:

```
1.  roslaunch fast mapping_velodyne.launch
```

终端 3(数据存放位置)执行命令:

```
1.  rosbag play - - pause - - clock your_ros_bag.bag
```

7

终端 4（rspoint2velodyne 格式转换工具）执行命令：

```
1.  按照该工具启动说明启动
```

终端 5（rviz）执行命令：

```
1.  rosrun rviz rviz - d {your local fast-lio}/rviz_cfg/loam_livox.rviz
```

回到终端 3 播放数据，可以在 rviz 中看到 FAST - LIO 运行效果，如图 7 - 34 所示。

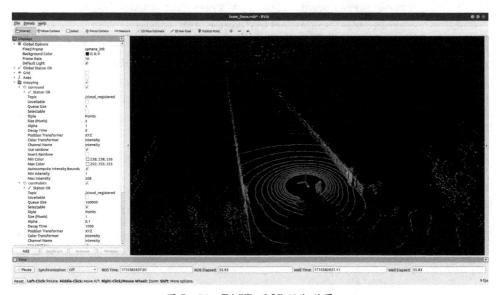

图 7 - 34　FAST - LIO 运行效果

7.3.2　FAST - LIVO 算法

在开始前，请确保你的计算机已经安装了 docker。

1. 镜像制作

```
1.  git clone https://github.com/Dismac/fast_livo_dockerfile.git
2.  cd fast_livo_dockerfile
3.  sudo docker build - t fast- livo:1.0 .
```

2. 容器生成

```
1.  sudo docker run - it - v $ 你的路径$ :/data - - group- add video - - volume
    = /tmp/.X11- unix:/tmp/.X11- unix - - env= "DISPLAY= $ DISPLAY"  - - env
    = "QT_X11_NO_MITSHM= 1" - - name= fast- - livo fast- livo:1.0
```

在这一步骤中,需要把 $ 你的路径 $ 改为本地计算机的数据存放路径,如 home/midir/data。

3. 容器使用

终端 0(新开一个本地终端)执行命令:

```
1.  xhost +
```

终端 1 执行命令:

```
1.  sudo docker start - ia 你的容器 id /bin/bash   （若之前已将 docker run 的终端关
掉则可以利用此命令进入,否则不需要该步骤）
```

可以通过 sudo docker ps -a 查看容器 id,具体为

```
1.  source catkin_ws/devel/setup.bash
2.  roslaunch fast-livo mapping_avia.launch
```

顺利启动 rviz 界面。

终端 3(新开一个容器终端)执行命令:

```
1.  docker exec - ia   你的容器 id /bin/bash
2.  source /opt/ros/noetic/setup.bash
3.  source /root/catkin_ws/devel/setup.bash
4.  rosbag play 你的数据.bag
```

7.3.3　GVINS 算法

(1) 下载算法,命令如下:

7

```
1.  cd ~ /catkin_ws/src/
2.  git clone https://github.com/HKUST-Aerial-Robotics/GVINS.git
```

（2）编译算法，命令如下：

```
1.  cd ~ /catkin_ws/
2.  catkin_make
3.  source ~ /catkin_ws/devel/setup.bash
```

（3）运行算法，命令如下：

```
1.  source devel/setup.bash
2.  roslaunch gvins scube.launch
```

以下命令中的 scube.yaml 为测试时所使用的配置文件，在后续使用中还需要先进行标定的工作，根据标定结果修改对应的内容，具体如下：

```
1.  % YAML:1.0
2.
3.  # common parameters
4.  # 根据数据包的内容修改 IMU 和相机的对应 topic
5.  imu_topic: "/imu/data"
6.  image_topic: "/HKRCams/Cam1_lt"
7.  # 根据需求设置输出文件的位置
8.  output_dir: "~ /output/"
9.
10. # camera calibration
11. # 根据标定结果填写相机参数
12. model_type: PINHOLE
13. camera_name: camera
14. image_width: 1280
15. image_height: 1024
16. distortion_parameters:
17.   k1: 0.001138908853298711
18.   k2: 0.16115599182387597
19.   p1: - 0.0011792049376527316
20.   p2: - 0.0010579183810346395
```

```
21. projection_parameters:
22.    fx: 2592.8786931447703
23.    fy: 2594.7958496064402
24.    cx: 628.1173535361007
25.    cy: 495.29055715412017
26.
27. gnss_enable: 1                                  # 是否启动 gnss 约束
28. # 根据数据包的内容修改卫星数据对应的 topic
29. gnss_meas_topic: "/gnss/range_meas"             # GNSS raw measurement topic
30. gnss _ ephem _ topic: "/gnss/ephem"               # GPS, Galileo, BeiDou ephemeris
31. gnss_glo_ephem_topic: "/gnss/glo_ephem"        # GLONASS ephemeris
32. gnss_iono_params_topic: "/ublox_driver/iono_params"   # GNSS broadcast ionospheric parameters
33. gnss_tp_info_topic: "/ublox_driver/time_pulse_info"   # PPS time info
34. # 根据结果调制卫星参数
35. # gnss_elevation_thres: 20          # satellite elevation threshold (degree)
36. # gnss_psr_std_thres: 8.0           # pseudo-range std threshold
37. # gnss_dopp_std_thres: 8.0          # doppler std threshold
38. # gnss_track_num_thres: 20          # number of satellite tracking epochs before entering estimator
39. # gnss_ddt_sigma: 0.1
40. gnss _ elevation _ thres: 20          # satellite elevation threshold (degree)
41. gnss_psr_std_thres: 2.0           # pseudo- range std threshold
42. gnss_dopp_std_thres: 2.0          # doppler std threshold
43. gnss_track_num_thres: 20          # number of satellite tracking epochs before entering estimator
44. gnss_ddt_sigma: 0.1
45. # 是否开启卫星与设备时间差的估计
46. gnss _ local _ online _ sync: 0          # if perform online synchronization betwen GNSS and local time
47. local_trigger_info_topic: "/external_trigger"   # external trigger info of the local sensor, if `gnss_local_online_sync` is 1
48. gnss_local_time_diff: 18          # difference between GNSS and local time (s), if `gnss_local_online_sync` is 0
49. # 初始的电离层参数
50. gnss_iono_default_parameters: !! opencv- matrix
51.    rows: 1
```

52.　　cols: 8

53.　　dt: d

54.　　data: $[0.1118E-07,\ 0.2235E-07,\ -0.4172E-06,\ 0.6557E-06,$

55.　　　　$0.1249E+06,\ -0.4424E+06,\ 0.1507E+07,\ -0.2621E+06]$

56. # 根据标定结果修改 IMU 和相机间的外参

57. # Extrinsic parameter between IMU and Camera.

58. estimate_extrinsic: 0   # 0 Have an accurate extrinsic parameters. We will trust the following imu^R_cam, imu^T_cam, don't change it.

59.　　　　　　　　　# 1 Have an initial guess about extrinsic parameters. We will optimize around your initial guess.

60.　　　　　　　　　# 2 Don't know anything about extrinsic parameters. You don't need to give R,T. We will try to calibrate it. Do some rotation movement at beginning.

61. # If you choose 0 or 1, you should write down the following matrix.

62. # Rotation from camera frame to imu frame, imu^R_cam

63. extrinsicRotation: !! opencv-matrix

64.　　rows: 3

65.　　cols: 3

66.　　dt: d

67.　　data: $[-0.007421306064226252,\ -0.9999722695865316,\ 0.0006198985885639274,$

68.　　　$-0.015817586722059573,\ -0.0005024773381876946,\ -0.9998747679067408,$

69.　　　$-0.9998473524326548,\ -0.007430181978216599,\ -0.01581341927539326]$

70. # Translation from camera frame to imu frame, imu^T_cam

71. extrinsicTranslation: !! opencv-matrix

72.　　rows: 3

73.　　cols: 1

74.　　dt: d

75.　　data: $[0.04905044475008289,\ -0.010578055600220211,\ -0.030432411258312343]$

76.

77. # feature traker paprameters

78. max_cnt: 150　　　　　# max feature number in feature tracking

79. min_dist: 15　　　　　# min distance between two features

80. freq: 0　　　　　　　# frequence(Hz) of publish tracking result. At least 10 Hz for good estimation. If set 0, the frequence will be same as raw image

81. F_threshold: 0.7　　　# ransac threshold (pixel)

82. show_track: 1　　　　# publish tracking image as topic

83. equalize: 1　　　　　# if image is too dark or light, trun on equalize to find enough features

84. fisheye: 0　　　　　　# if using fisheye, trun on it. A circle mask will be loaded to remove edge noisy points

85.

86. # optimization parameters

87. max_solver_time: 0.04 # max solver itration time (ms), to guarantee real time

88. max_num_iterations: 2 # max solver itrations, to guarantee real time

89. keyframe_parallax: 5.0 # keyframe selection threshold (pixel)

90. # 根据标定结果修改 IMU 的参数

91. # IMU parameters   The more accurate parameters you provide, the better performance

92. acc_n: 5.7991979748876488e-02   # accelerometer measurement noise standard deviation.

93. gyr_n: 1.1031923309933035e-02   # gyroscope measurement noise standard deviation.

94. acc_w: 2.5995227062557465e-03   # accelerometer bias random work noise standard deviation.

95. gyr_w: 6.4570812978652695e-04   # gyroscope bias random work noise standard deviation.

96. g_norm: 9.81007   # gravity magnitude

97.

98. # unsynchronization parameters

99. estimate_td: 0   # online estimate time offset between camera and imu

100.td: 0.0   # initial value of time offset. unit: s. readed image clock + td = real image clock (IMU clock)

在第二个终端启动 rviz 可视化界面,命令如下:

1. rviz-d~/catkin_ws/src/GVINS/config/gvins_rviz_config.rviz

在第三个终端播放数据,命令如下:

1. rosbag play 你的数据.bag

选用 Scube 自采数据集进行测试序列做测试,在 rviz 可视化工具中得到的轨迹如图 7-35 所示。

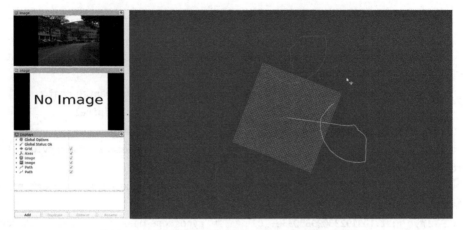

图 7-35　GVINS 在 SCube 自采数据集上的测试轨迹

7.3.4　InGVIO 算法

（1）下载 InGVIO 算法和测试数据集（链接：https://github.com/ChangwuLiu/InGVIO），按照步骤编译算法，本节选用 fw_gvi_easy 序列做测试。

（2）在 Linux 系统下运行以下命令：

```
1.  source devel/setup.bash
2.  roslaunch ingvio_estimator ingvio_mono_fw.launch
```

（3）测试结果。

在 rviz 可视化工具中得到的轨迹如图 7-36 所示。

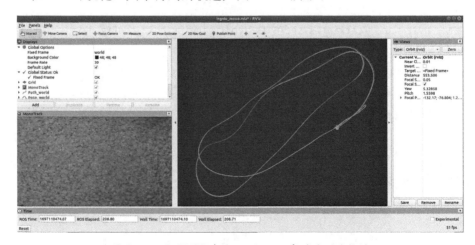

图 7-36　InGVIO 在 fw_gvi_easy 序列的测试轨迹

本章小结

　　本章主要介绍了环境感知多源融合定位导航算法实践相关的内容,包括 SCube 平台主要传感器的标定和多源融合定位导航算法。其中,SCube 平台上的主要传感器包括相机、IMU、速腾聚创激光雷达、Livox 激光雷达等。同时本章以 FAST - LIO、FAST - LIVO、GVINS、InGVIO 等为例对多源融合定位导航算法实践进行了介绍。

学习考核表

表 1 硬件部分考核内容

序号	作业内容	配分	作业项目	分值	扣分	备注
1	设备了解	15	了解设备的功能、使用场景	4		
			认识安装设备上的各类传感器	5		
			熟记每个传感器的作用以及重要参数	6		
2	SCube 操作使用	25	SCube 设备传感器驱动节点开启	12		
			SCube 设备传感器数据录制	8		
			导出录制好的数据	5		
3	相机内参标定	10	相机内参标定操作	10		
4	IMU 内参标定	10	IMU 内参标定操作	10		
5	IMU 和相机外参标定	10	IMU 和相机外参标定操作	10		
6	相机和速腾聚创激光雷达外参标定	15	标定板制作	5		
			配置文件修改	5		
			输出迭代 100 次后的标定结果	5		
7	相机和 Livox 激光雷达外参标定	15	标定数据录制与格式转换	6		
			配置文件设置	4		
			输出标定结果并验证标定精度	5		

表 2 软件部分考核内容

序号	作业内容	配分	作业项目	分值	扣分	备注
1	FAST - LIO 运行测试	30	在 docker 容器中完成 FAST - LIO 的启动并在数据集上验证建图效果	30		
2	FAST - LIVO 运行测试	20	在 docker 容器内启动 rviz 界面并展示数据包在 FAST - LIVO 上的定位建图效果	20		
3	GVINS 运行测试	30	启动 rviz 界面并展示数据包在 GVINS 上的定位效果	30		
4	InGVIO 运行测试	20	在单双目不同模式下,测试并比较 InGVIO 在数据包上的定位效果	20		

测试题及答案

一、选择题

1. Scube 上安装的操作系统是什么？（　　）。

A. Windows
B. MacOS
C. Ubuntu
D. 麒麟操作系统（Kylin OS）

2. SCube 上搭载的激光雷达的有效测量范围与误差是多少？（　　）。

A. 140 m±5 cm　　B. 150 m±3 cm　　C. 150 m±2 cm　　D. 155 m±2.5 cm

3. 以下哪个传感器不是 SCube 安装的传感器？（　　）。

A. 单目相机
B. 惯性测量单元
C. 旋转式扫描激光雷达
D. 毫米波雷达

4. 下列哪一项指标能最直观地评估相机内参标定结果的准确性？（　　）。

A. 预估位姿　　B. 重投影误差　　C. 异常角点位置　　D. 方位角误差

5. 一般情况下 IMU 数据的录制时长不得低于多少？（　　）。

A. 15 min　　　B. 30 min　　　C. 1 h　　　　D. 2 h

6. IMU 和相机的外参标定需要对 Scube 进行以下哪些操作？（　　）。

① 围绕设备的 pitch、yaw、roll 三轴缓慢旋转设备，该过程需要保持标定板在相机视野中；

② 沿设备上下、左右、前后三轴缓慢移动设备，该过程无须保持整个标定板均处于相机视野中；

③ 执行设备的随机平移和旋转动作进行综合标定。

A. ①②　　　　B. ①③　　　　C. ②③　　　　D. ①②③

7. 在标定相机和速腾聚创激光雷达外参时，以下哪个说法是错误的？（　　）。

A. 标定过程中，需要保证两块标定板悬空且静置

B. 若同一个位置上两个相机的 RMSE 和变换矩阵数值相似，可以验证外参标定的合理性

C. 当 SCube 的两个相机正对标定板时,标定误差 RMSE 较小

D. 标定误差 RMSE 和 SCube 所在的位置相关

8. 在标定相机和 Livox 激光雷达外参时,以下哪个说法是正确的?（　　）。

A. 在标定数据录制时,需要移动 Scube 进行充分的运动激励

B. 可以面向任意场景录制标定数据

C. 因为标定只需要一张图像,所以数据只需要几秒的时间录制

D. 在标定数据录制时,需要静置 Scube 录制 1 min 左右的数据

9. 在 FAST‑LIO 的使用过程中,以下哪个说法是正确的?（　　）。

A. FAST‑LIO 算法需要的模态是视觉数据和激光雷达数据。

B. FAST‑LIO 计算量较大,一般无法实时运行。

C. FAST‑LIO 如果正确运行能在 rviz 中看到建图效果。

D. FAST‑LIO 建图效果能够看到环境的颜色信息。

10. 关于 FAST‑LIVO 和 docker,以下说法正确的是（　　）。

① FAST‑LIVO 里 LIV 的含义是指 lidar-inertial-visual,即算法处理的数据模态;

② 在测试容器内的 FAST‑LIVO 算法时,需要先在本地启动 rviz 窗口,然后才能在容器播放数据包;

③ 相机和激光雷达的内外参等具体数值都被详细完整地记录在 launch 文件中;

④ 在 docker 容器运行时,若要打开容器另一个终端,需要用到 docker run 指令。

A. ①　　　　　B. ①②　　　　　C. ①③　　　　　D. ①②③④

11. 关于 GVINS,以下说法正确的是（　　）。

A. 在 GNSS 不可用时,GVINS 会退化为 VINS。

B. GNSS 初始化失败的情况下,GVINS 将不能运行。

C. GVINS 必须要在接收到 4 颗及以上卫星的信号时,才能减弱 VIO 飘逸。

D. GVINS 使用 PPP(精密单点定位)获得世界坐标系的位置。

12. 关于 InGVIO,以下说法错误的是（　　）。

A. 在开启 GNSS 更新但没有 GNSS 信号的情况下,InGVIO 将不能运行

B. InGVIO 是一套紧耦合的 GNSS 视觉惯性里程计算法

C. InGVIO 仅仅使用了 GNSS 的伪距和多普勒频移量测

D. 在 GNSS 信号不连续的情况下,InGVIO 仍然可以输出全局的平滑轨迹

二、判断题

1. Scube 上搭载的全景相机工作时间可达 30 min。　　　　　　（　　）

2. Scube 上搭载的 IMU 具有 20 g 的加速度测量范围。　　　　（　　）

3. SCube 数据录制过程中,只要数据录制保存完成,就可以直接进行关机。

（　　）

4. 使用棋盘格标定版进行相机内参标定时,需要保证标定版整体均在相机视野内。　　　　　　　　　　　　　　　　　　　　　　　　（　　）

5. 标定 SCube 的 IMU 内参时,可以对 Scube 进行移动。　　（　　）

6. 在标定 IMU 和相机外参的过程中,对 Scube 进行 roll, pitch, yaw 三轴的旋转操作时,无须保持标定板在相机视野内。　　　　　　　　（　　）

7. 在使用 lidar_camera_calibration 工具标定相机和激光雷达外参时,悬挂 ArUco 码按降序排列:ArUco 码对应的数字大的悬挂在左边。　（　　）

8. 相机和 Livox 激光雷达标定时需要对所录制的点云数据进行融合,增加稠密程度。　　　　　　　　　　　　　　　　　　　　　　　（　　）

9. FAST - LIO 能够输出轨迹信息,如果需要看到建图输出需要配置其他模块。　　　　　　　　　　　　　　　　　　　　　　　　　（　　）

10. 若本地系统没有安装 livox 雷达驱动程序,则在制作完整的 docker 容器内无法正常运行 FAST - LIVO。　　　　　　　　　　　　　（　　）

11. GVINS 是 GNSS -视觉-惯性的松组合。　　　　　　　　（　　）

12. InGVIO 需要在传感器载体静止情况下启动。　　　　　　（　　）

三、简答题

1. 请简单列举 Scube 的使用场景与功能(各举两个以上的例子)。

2. 请列出在 SCube 上搭载的传感器参数。

3. 请简述从 SCube 上电、开启传感器驱动节点和数据录制的大致过程。

4. 请简述相机内参标定所遵循的 1+4+9 宫格标定法。

5. 请解释 IMU 内参标定结果各参数的含义。

6. 请简述在进行 IMU 和相机外参标定时需要注意哪些事项。

7. 使用 lidar_camera_calibration 标定相机和速腾聚创激光雷达的外参后,可以通过哪些方式评估得到的外参是否准确?

8. 请问应当在什么场景下进行 Livox 激光雷达-相机标定数据的录制? 为什么要静止录制 1 min 左右的数据?

9. 请简述进入容器后,FAST - LIO 的启动过程。

10. 请解释 ROS 系统中 config 文件（yaml）、launch 文件、topic 和 message 的含义。

11. 请简述 GVINS 的启动过程。

12. InGVIO 的初始化需要选择什么样的场景？

答案

一、

1—12：C C D B D D C D C A A A

二、

1—12：×√×√×××√×××√

三、

1. 使用场景：手持、车载、底盘移动、拓展支架使用。

功能：多个传感器的数据采集和时间同步、可以完成室内外的高精度定位和导航、地图的构建、优化与维护、自动驾驶算法开发等工作。

2. 参数如下：

（1）激光雷达工作环境温度，−20℃～65℃。

（2）双目相机最大分辨率以及帧率，1 280×1 024、201 帧。

（3）全景相机最大分辨率以及帧率，4 K 分辨率（3 840×1 920）、30(29.97) fps 的帧率

3. 过程如下：

（1）SCube 开机上电，等待进入系统。

（2）使用 roslaunch scube lgvi. luanch 指令开启传感器驱动节点。

（3）等待所有传感器驱动节点的同步状态初始化成功后，使用 rosbag record 命令开启录制数据，可以后面跟需要用到的传感器 topic，也可以使用−o 选项修改保存的文件名前缀。

（4）此时运动 SCube，SCube 同步录制数据。

（5）需要停止时，在 rosbag record 命令的终端窗口中按"Ctrl＋C"结束数据录制。

4. 标定时固定相机保持不动，移动标定版分别使其占据屏幕的全部、1/4 和 1/9，并让标定版遍历所划分的所有宫格（1＋4＋9），在每个宫格里重复正视、上翻、下翻、左翻、右翻 5 种图像帧的操作。

5. 各参数含义如下：

（1）陀螺仪"白噪声"（gyr_n），gyr_n 表示陀螺仪测量中的随机噪声水平。白噪声是一种随机噪声，它在所有频率上具有均匀强度。这个值越小，表示陀螺仪的测量数据越精确，噪声干扰越小。

（2）加速度计"白噪声"（acc_n），acc_n 表示加速度计测量中的随机噪声水平，类似于陀螺仪的白噪声。这也是一种全频率均匀的噪声，加速度计的白噪声值越低，意味着其测量结果越可靠，噪声影响越小。

（3）陀螺仪"偏差稳定性"（gyr_w），gyr_w 表示陀螺仪在长时间内偏差（或误差）的稳定性，偏差稳定性越好，意味着陀螺仪在长期使用中其偏差变化越小，可靠性越高。

（4）加速度计"偏差稳定性"（acc_w），acc_w 表示加速度计在长时间内偏差的稳定性，类似于陀螺仪，加速度计的偏差稳定性越好，其长期内的偏差变化越小，表示其性能越稳定可靠。

6. 注意事项如下：

（1）激发所有 IMU 轴（旋转和平移），在标定过程中，确保通过各种运动模式激活 IMU 的所有轴，包括旋转轴（如 pitch、yaw、roll）和平移轴（如上下、左右、前后）。

（2）避免冲击，在拾起或放下传感器时，尤其要小心，避免在开始和结束阶段产生冲击，这可能会对 IMU 数据产生不良影响。

（3）保持低运动模糊，为了获得清晰的图像数据，应使用低快门时间并确保良好的照明条件。

（4）确保时间戳的低抖动，在相同的时钟下确保时间戳的低抖动，这对于数据的精确同步和分析至关重要。

7. 方式如下：

（1）查看结果中的 Average rotation 矩阵是否近似于单位阵，并判断 Average RMSE 是否接近于 0。Final rotation ＝ initial rotation ＊ Average rotation，如果 Average rotation 矩阵近似于单位阵，则说明 lidar_camera_calibration/conf/config_file.txt 中设置的初始外参旋转角度是正确的。

（2）在保持设备静止的条件下，用相机拍摄照片并用激光雷达记录当前环境的点云。使用得到的外参及相机内参，将点云重投影到图片上。如果重投影后的点云和图像结构基本重合，则说明标定结果较为准确。

8. 第 1 问：应该在高度结构化，特别是具有线结构的环境中录制标定数据，并且需要在录制环境中保证没有动态运动的物体。

第 2 问：因为标定算法需要稠密的点云来提取线特征，而激光雷达扫描得到稠密点云需要时间累计，因此需要静止录制 1 min 左右的数据。

9. 启动过程如下：

（1）新建终端，启动 roscore。

（2）新建终端，运行 launch 文件（roslaunch fast mapping_velodyne. launch）。

（3）新建终端，播放 rosbag 数据。

（4）新建终端，启动 rspoint2velodyne 格式转换工具。

（5）新建终端，启动 rviz（rosrun rviz rviz -d {your local fast-lio}/rviz_cfg/loam_livox. rviz）。

（6）播放数据。

10. 含义分别如下：

（1）cofig 文件配置和参数化 ROS 节点的行为，在 FAST - LIVO 中用于指示 topic，设置特征提取、滤波、地图生成等的参数，设置相机和激光雷达的内外参。

（2）launch 文件启动和配置 ROS 节点，设置输入输出。在 FAST - LIVO 中用于选择并加载 config 文件，设置并启动 rviz，发布、订阅、处理 topic。

（3）topic 是消息（message）传递的话题/通道，用于在不同的 ROS 节点之间传递数据。一个节点（发布者）发布消息（message）到一个特定的 topic，而其他节点（订阅者）则从该 topic 订阅并接收消息（message）。

（4）message 是一种数据结构，用于在 ROS 节点之间传递信息。消息可以包含各种数据类型，如整数、浮点数、字符串、数组等。

11. 启动过程如下：

（1）新建终端，运行 launch 文件（roslaunch gvins. launch）。

（2）新建终端，启动 rviz（rosrun rviz rviz -d {your local GVINS}/src/GVINS/config/gvins_rviz_config. rviz）。

（3）播放数据。

12. 首先，需要在机器人静止时启动以完成 VIO 的初始化。其次，在开启 GNSS 更新的情况下，机器人应当在各个维度上有足够充分的运动，比如飞行场景。当部署在地面场景下时，需要保证机器人在偏航角上有充足的运动激励，避免在退化场景下初始化 InGVIO。

参考文献

［1］ 李骏,李克强,王云鹏. 智能网联汽车导论[M]. 北京:清华大学出版社,2022.

［2］ 刘坤,裴凌. 弱纹理环境下基于线条的图像位姿恢复[J]. 信息技术,2019,43(04):128-130+134. DOI:10.13274/j.cnki.hdzj.2019.04.028.

［3］ Raul M A, Montiel J M M, Tardos J D. ORB-SLAM: a versatile and accurate monocular SLAM system [J]. IEEE transactions on robotics 31.5 (2015):1147-1163.

［4］ Raul M A, Tardós J D. Orb-slam2: An open-source slam system for monocular, stereo, and rgb-d cameras [J]. IEEE transactions on robotics 33.5 (2017):1255-1262.

［5］ 夏宋鹏程,裴凌,朱一帆,等. 基于 GNSS 硬件在环的多源融合定位高逼真仿真方法[J]. 中国惯性技术学报,2020,28(02):265-272. DOI:10.13695/j.cnki.12-1222/o3.2020.02.020.

［6］ Jakob E, Schöps T, Cremers D. LSD-SLAM: Large-scale direct monocular SLAM. European conference on computer vision. Cham: Springer International Publishing, 2014.

［7］ Jakob E, Koltun V, Cremers D. Direct sparse odometry [J]. IEEE transactions on pattern analysis and machine intelligence 40.3(2017):611-625.

［8］ 谢晓佳. 基于点线综合特征的双目视觉 SLAM 方法[D]. 杭州:浙江大学,2017.

［9］ 孙永全,田红丽. 视觉惯性 SLAM 综述[J]. 计算机应用研究,2019,36(12):3530-3533+3552. DOI:10.19734/j.issn.1001-3695.2018.08.0589.

［10］ Tong Q, Li P, Shen S. Vins-mono: A robust and versatile monocular visual-inertial state estimator [J]. IEEE Transactions on Robotics 34.4(2018):1004-1020.

［11］ Wolfgang H, et al. Real-time loop closure in 2D LIDAR SLAM [J]. 2016 IEEE international conference on robotics and automation (ICRA). IEEE, 2016.

［12］ Ji Z, Singh S. LOAM: Lidar odometry and mapping in real-time [J]. Robotics: Science and systems. Vol.2. No.9. 2014.

［13］ 裴凌,李涛,花彤,等. 多源融合定位算法综述[J]. 南京信息工程大学学报(自然科学版),2022,14(6):635-648. DOI:10.13878/j.cnki.jnuist.2022.06.001.

［14］ Qi W, et al. 360-VIO: A Robust Visual-Inertial Odometry Using a 360° Camera. IEEE Transactions on Industrial Electronics (2023).

［15］ D J, et al. Nerf-loam: Neural implicit representation for large-scale incremental lidar odometry and mapping [C]. Proceedings of the IEEE/CVF International Conference on Computer Vision. 2023.

［16］ Tao Li, et al. P³-VINS: Tightly-coupled PPP/INS/visual SLAM based on optimization approach [J]. IEEE Robotics and Automation Letters 7.3(2022):7021-7027.

[17] 朱一帆,裴凌,吴奇,等.基于局部几何特征的稠密点云配准方法[J].导航定位与授时,2020,7(06):53-59. DOI:10.19306/j.cnki.2095-8110.2020.06.007.

[18] Morgan Q, et al. ROS: an open-source Robot Operating System [J]. ICRA workshop on open source software. Vol.3. No.3.2. 2009.

[19] Florian T, et al. Versavis—an open versatile multi-camera visual-inertial sensor suite [J]. Sensors 20.5(2020):1439.

[20] Edwin O. AprilTag: A robust and flexible visual fiducial system [C]. 2011 IEEE international conference on robotics and automation. IEEE, 2011.

[21] 权美香,朴松昊,李国.视觉 SLAM 综述[J].智能系统学报,2016,11(6):768-776.

[22] 刘彦博,孙伟奇,史瑞,等.基于 MBD 的线控底盘实验设计方法[J].实验室研究与探索,2022,41(5):192-196+215.

[23] Jérôme M, Furgale P, Siegwart R. Self-supervised calibration for robotic systems [J]. 2013 IEEE Intelligent Vehicles Symposium (IV). IEEE, 2013.

[24] Hou H, Naser E S. Inertial sensors errors modeling using Allan variance [C]. Proceedings of the 16th International Technical Meeting of the Satellite Division of The Institute of Navigation (ION GPS/GNSS 2003). 2003.

[25] Paul F, Rehder J, Siegwart R. Unified temporal and spatial calibration for multi-sensor systems [C]. 2013 IEEE/RSJ International Conference on Intelligent Robots and Systems. IEEE, 2013.

[26] Paul F, Barfoot T D, Sibley G. Continuous-time batch estimation using temporal basis functions [C]. 2012 IEEE International Conference on Robotics and Automation. IEEE, 2012.

[27] 胡宏宇,刁小桔,高菲,等.自动驾驶汽车-行人交互研究综述[J].汽车技术,2021,No.552(9):1-9.

[28] 刘彦博,申赞伟,魏峥,等.基于无人驾驶方程式赛车的电池箱联合仿真实验设计[J].实验室研究与探索,2023,42(6):90-94.

[29] Yuan C, Liu X, Hong X, et al, Pixel-Level Extrinsic Self Calibration of High Resolution LiDAR and Camera in Targetless Environments [J]. IEEE Robotics and Automation Letters, vol.6, no.4, pp.7517-7524, Oct. 2021, doi: 10.1109/LRA.2021.3098923.

[30] Wei X, Zhang F. FAST-LIVO: A fast, robust lidar-inertial odometry package by tightly-coupled iterated kalman filter [J]. IEEE Robotics and Automation Letters 6.2(2021):3317-3324.

[31] Zheng C, Zhu Q, Xu W, et al, FAST-LIVO: Fast and tightly-coupled sparse-direct lidar-inertial-visual odometry [J]. 2022 IEEE/RSJ International Conference on Intelligent Robots and Systems (IROS), Kyoto, Japan, 2022, pp.4003-4009, doi: 10.1109/IROS47612.2022.9981107.

[32] Cao S, Lu X, Shen S, GVINS: tightly coupled GNSS-visual-inertial fusion for smooth and consistent state estimation [J]. in IEEE Transactions on Robotics, vol.38, no.4, pp.2004-2021, Aug. 2022, doi: 10.1109/TRO.2021.3133730.

[33] Liu C, Jiang C, Wang H. InGVIO: A consistent invariant filter for fast and high-

accuracy GNSS-visual-inertial odometry [J]. IEEE Robotics and Automation Letters 8. 3 (2023):1850 – 1857.

[34] Cao S, Lu X, Shen S. GVINS: Tightly coupled GNSS-visual-inertial fusion for smooth and consistent state estimation [J]. IEEE Transactions on Robotics, 2022,38(4): 2004 – 2021.

[35] 漆钰晖. 基于激光 SLAM 的 3D 点云配准优化方法研究[D]. 南昌:南昌大学,2019.